入門 GMCR

―― コンフリクト解決のためのグラフモデル

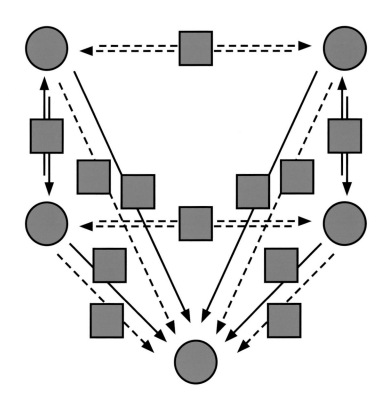

猪原 健弘

keiso shobo

はじめに

　本書では，複数の意思決定主体が関わるコンフリクトに対する数理的アプローチの1つである「コンフリクト解決のためのグラフモデル（The Graph Model for Conflict Resoution: GMCR)」について，その数理的な基盤を解説する。特に，グラフモデルの構成要素，グラフモデルを用いたコンフリクトの表現，合理分析・効率分析・提携分析の方法について，数理的な定義と適用例を用いて詳述する。また，グラフモデルやその分析方法についてのさまざまな概念の性質や関係に関して，数理的な命題とその証明を掲載する。さらに，演習問題やチャレンジ問題，あるいは，課題を用意することで，内容のより深い理解，発展的内容への興味の喚起，研究トピックの広がりの把握を促す。

　GMCR の数理的な基盤を解説する際に用いられる「数理」は，論理や集合に関する記号や初歩的な概念である。さまざまな概念の定義やそれらに関する命題と証明の理解のために，1.5 節に付録として，本書で用いる論理や集合に関する記号や概念のリストを掲載する。

　第1章から第7章の各章は大学の高学年ないしは大学院での授業1回分の内容がある。序章の内容を第1章とともに，そして，終章の内容を第7章とともに用いれば，講義中心の科目1単位分を構成することができる。また，演習問題・チャレンジ問題・課題に取り組み，それらについての検討や解説を行う授業を各章についてそれぞれ1回設ければ，講義と演習からなる科目2単位分を構成することができる。実際，東京工業大学の大学院課程の「意思決定論 D」，および，東京工業大学社会人アカデミーの「GMCR セミナー」の「①基盤クラス」において，講義中心の科目1単位分に相当する授業を本書の内容を用いて実施した実績がある。

　本書の執筆と出版にあたっては株式会社勁草書房編集部の宮本詳三氏が，『合理性と柔軟性』(2002 年)，『感情と認識』(2002 年)，『合意形成学』(2011年) にひきつづき大変なご尽力をくださった。執筆，出版の機会を与えてくださったことに心から感謝を申し上げたい。本書の内容については，2005 年3月から 2006 年2月の約1年間の滞在から始まった，カナダ・Waterloo 大学

の研究グループ Conflict Analysis Group （`https://uwaterloo.ca/conflict-analysis-group/`（図1）を参照）の Keith W. Hipel 教授（カナダ・Waterloo 大学），D. Marc Kilgour 教授（カナダ・Wilfrid Laurier 大学），Liping Fang 教授（カナダ・Ryerson 大学）との学術的な交流に負うところが極めて大きい。私を研究グループの一員として受け入れてくださり，また，福山敬教授（鳥取大学），Kevin W. Li 教授（カナダ・Windsor 大学），Amer Obeidi 教授（カナダ・Waterloo 大学）などと繋いでくださったうえ，現在に至るまで交流を継続してくださっていることに感謝を申し上げるとともに，GMCR の提案・開発とその発展への長きにわたる多大な貢献に敬意を表したい。私が所属している大学や関係の部署の方々，私の研究グループのメンバーや修了生の方々，授業やセミナーで知り合う受講生の方々，学外でのさまざまな機会にお目にかかる方々からは，絶え間ない支援と刺激をいただいている。毎日，新鮮な気持ちでいられていることにお礼を申し上げたい。つねに前向きな妻や私たちの親，カナダ滞在時に比べすっかり大人になった3人の子供たち，また，多くの親類には，いつも元気と新しいアイデアをもらっている。そして，多くの尊敬してやまない先生方やすばらしい先輩や同級生や同僚，そして，優れた後輩に恵まれてきたことを実感している。私と関わりのあるすべての方々のお陰で現在の私があり，本書の執筆と出版を実現することができたと感じている。本書が少しでも，みなさまへの恩返しとなれば，そして，今後の GMCR の発展への貢献となれば幸いである。

図1 Conflict Analysis Group の Web サイトの URL の二次元バーコード

2023 年 5 月吉日

猪 原 健 弘

目　次

図 目 次

表 目 次

序 章

ようこそ，GMCRの世界へ！

序.1　本書の目的は何か

　本書の目的は，コンフリクトの表現や分析が「コンフリクト解決のためのグラフモデル（The Graph Model for Conflict Resoution: GMCR）」という数理的アプローチによって可能であることを読者に示すことである。そのためにここでは，本書で扱うコンフリクトとは何か，またGMCRとは何か，そして本書で考える数理的アプローチとは何かを明確にし，あわせて本書の構成を説明する。

序.2　コンフリクトとは何か

　本書で扱うコンフリクトとは，複数の意思決定主体（以下単に，主体）が巻き込まれていて，主体たちの振る舞いの組み合わせによって達成される状態が定まり，そして，達成されうる状態に対して主体たちが持っている選好を通じて主体間の相互作用が生じている意思決定状況を指す。コンフリクトの具体例は第1章で，そのストーリーを紹介することによって示される。

　「主体（decision maker）」は，自身の振る舞いによってコンフリクトの状態を変化させることができ，かつ，コンフリクトの状態からの影響を受けると仮定される。しかし，コンフリクトの状態を変化させることはできないがコンフリクトの状態からの影響は受ける主体や，逆にコンフリクトの状態を変化させることはできるがコンフリクトの状態からの影響は受けない主体，さらには，コンフリクトの状態を変化させることもできずコンフリクトの状態からの影響も受けない主体を考える場合もある。

　「状態（state）」は，主体に関するものではなく，コンフリクトに関するも

のを指す。コンフリクトの 1 つの状態は，複数の主体の行動やオプションの選択の組み合わせによって定まると想定される。したがって各主体は，自分の選択を変化させることでコンフリクトの状態を変化させることができる。主体の選択の変化によって引き起こされるコンフリクトの状態の変化のことを，コンフリクトの「状態遷移 (state transition)」と呼ぶ。各主体は，自分がコンフリクトの状態に対して持っている選好に照らし，また，自分が実行できるコンフリクトの状態遷移を用いて，コンフリクトの状態を自分にとってより好ましいものにしようとしている。

　主体は達成されうるコンフリクトの状態に対する「選好 (preference)」を持っている。ある状態は他のある状態以上に好ましい，ある状態は他のある状態よりも好ましい，ある状態は他のある状態と同程度に好ましい，あるいは，ある状態は他のある状態と好ましさを比較できない，というように，2 つの状態の間の比較を繰り返し，積み重ねることで，主体はコンフリクトの状態全体に対する選好を作り上げている。そして，主体それぞれが持つ選好が異なることで主体間の利害関係や相互作用が生じる。

　本書では，主体・状態・状態遷移・選好という 4 つの構成要素からなるコンフリクトを，「コンフリクト解決のためのグラフモデル (GMCR)」という数理的アプローチを用いて表現し，また，分析する。

序.3　GMCR とは何か

　GMCR (The Graph Model for Conflict Resolution: コンフリクト解決のためのグラフモデル) は，コンフリクトを数理的に表現し，また，分析することができる数理的なフレームワークである。

　GMCR に関する研究トピックは多岐にわたり，特に英語で書かれた研究論文や専門書がこれまでに数多く出版されている。ここでは，先駆的論文と最初の書籍，および，最近のレビュー論文を紹介する。

　GMCR に関する先駆的な論文は 1987 年に発表された文献 [9] である。グラフモデルによるコンフリクトの表現方法と分析方法が提案されている。また最初の書籍は，1993 年に出版された文献 [1] である。グラフモデルによるコンフリクトの表現方法と分析方法を網羅的に紹介し，達成されうるコンフリクトの状態の数がそれぞれ，49，37，28，13，16 であるような現実のコンフリク

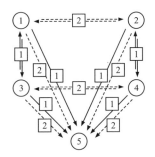

図序.1　超大国の核対立のグラフモデルの例
（文献 [9] の図 5 に基づいて著者が作成）

トの表現例と分析例を与えている。そして，GMCR の 30 年以上にわたる発
展のレビュー論文として，2020 年に発表された文献 [4] と 2021 年に発表され
た文献 [3] が挙げられる。GMCR の基盤的内容のより深い理解と発展的内容
および研究トピックの広がりの把握に有用な文献である。

　GMCR は，現実のコンフリクトの多様な側面を扱えるようにするために，
さまざまな方向に拡張されている。それらの共通の基盤は，コンフリクトを主
体・状態・状態遷移・選好という 4 つの構成要素で表現することである。こ
のことは既に文献 [9] で提案されており，本書もこの 4 つの構成要素からなる
コンフリクトを対象とする。この 4 つの構成要素についての詳しい説明や数
理的な表現は 1.3 節で扱われる。

　文献 [9] では，GMCR の数理モデルとしての柔軟性を示す点として，無移
動（no move: 状態遷移ができない主体が存在する状態がある場合），共通移動
（common move: 2 つの状態の間の状態遷移が複数の主体によって実行可能な場
合），不可逆移動（irreversible move: 2 つの状態の間の状態遷移がある主体にとっ
て一方向のみ実行可能で逆方向の状態遷移が実行可能でない場合）の 3 つの場合を
表現可能であることを挙げており，これら 3 つの場合をすべて含んでいるコ
ンフリクトの例として「超大国の核対立」（文献 [9] の図 5 を参照）を紹介して
いる。ただし，コンフリクトの主体・状態・状態遷移・選好という 4 つの構
成要素のうち，主体・状態・状態遷移の 3 つだけが描かれていて，選好の情
報は与えられていない。図序.1 は，文献 [9] の図 5 に基づいて著者が作成し
たものである。

　「超大国の核対立」のコンフリクトにおける主体は 2 つの超大国に対応す

る主体 1 と主体 2 で，これらは図序.1 の中では①と②で表現されている。また，状態には 5 つあり，図序.1 の中では①，②，③，④，⑤で表されている。状態遷移は，主体 1 が実行できるものが実線の矢印で，主体 2 が実行できるものが点線の矢印で描かれている。図の中でのコンフリクトの構成要素の表現方法やその例について詳しくは，本書の 1.3 節や 1.4 節を参照してほしい。

　「超大国の核対立」のコンフリクトの現実世界における文脈において，図序.1 の中の各状態と各状態遷移は次のように解釈される。①は 2 つの超大国が平和を維持している状態を表していて，②は主体 2 が，③は主体 1 が，通常兵器で他方を一方的に攻撃している戦争状態を表している。④は 2 つの超大国が互いに通常兵器で攻撃しあっている戦争状態である。①と③の間と，②と④の間の主体 1 による状態遷移，および，①と②の間と，③と④の間の主体 2 による状態遷移は可逆的である。つまり通常兵器による攻撃を行っていない状態から行っている状態への状態遷移と，通常兵器による攻撃を行っている状態から行っていない状態への状態遷移の，両方の向きの状態遷移が可能である。

　そして⑤は，核攻撃が行われて「核の冬」が起こった状態に対応している。この⑤は，他のどの状態からも，そして，2 つの超大国のいずれか，あるいは，両方によって達成可能である。また，一度この状態が他の状態からの状態遷移によって達成されてしまうと，元の状態に戻すことはできない。この状態遷移の不可逆性は，⑤に向かう実線の矢印と点線の矢印は描かれているが，⑤から他の状態に向かう実線の矢印や点線の矢印は描かれていないということで表現されている。

　図序.1 には，無移動，共通移動，不可逆移動という，グラフモデルの数理モデルとしての柔軟性を示す 3 つの場合がすべて含まれている。実際，主体 1 も主体 2 も，⑤からはコンフリクトの状態遷移を実行できないので，これは無移動の場合に当てはまる。また，⑤への他の状態からの状態遷移は，主体 1 と主体 2 の両方によって実行可能であるため，これは共通移動の場合に当てはまる。さらに，⑤への他の状態からの状態遷移は，逆方向の状態遷移ができないので，これは不可逆移動の場合に当てはまる。

　この「超大国の核対立」のコンフリクトについては，本書の 2.2.2 節の例 2.2.8 において，同じ 2.2.2 節の定義 2.2.6 で定義される構造的安定性（STR）の概念を用いた分析例を示してある。

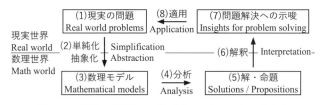

図序.2　現実の問題への数理的アプローチの考え方

　コンフリクトが主体・状態・状態遷移・選好という4つの構成要素を用い
て表現されると，さまざまな分析を実行することが可能になる。本書では，
基盤的な3つの分析方法である，合理分析・効率分析・提携分析を紹介する。
分析方法は，分析者が知りたいこと，つまり，分析の目的に応じて選択され
る。合理分析・効率分析・提携分析を実行する目的は，それぞれ，1.2.1節，
1.2.2節，1.2.3節に述べられている。

序.4　数理的アプローチとは何か

　現実の問題への数理的アプローチについて，本書での考え方を図序.2に示
す。
　数理的アプローチを用いて問題解決を行いたい対象は，現実の社会の中で
起こるさまざまな事柄，特に，意思決定に関わる諸問題である。このような
「現実の問題（Real world problem）」（図序.2の(1)）は，小規模なものであっ
ても通常とても複雑なので，それを何らかの方法で表現し分析することで問題
解決への示唆を得るためには，表現や分析の目的に応じて現実の問題を単純化
（Simplification）したり抽象化（Abstraction）したりする（図序.2の(2)）こと
になる。単純化や抽象化が必要であることは選択するアプローチによらない。
　数理的アプローチを用いる場合，現実の問題の単純化や抽象化の結果として
得られるものは「数理モデル（Mathematical model）」（図序.2の(3)）である。
数理モデルは，現実の問題の表現や分析の目的を達成するために現実の問題か
ら抽出された，現実の問題の本質的な構成要素を含むように作られる。数理モ
デルは，同じ現実の問題についてのものであっても，表現や分析の目的の違い
や本質的な構成要素の捉え方の違いによって異なりうる。
　次に「分析（Analysis）」（図序.2の(4)）が行われる。この分析の対象は，現

実の問題を単純化・抽象化して得られた数理モデルである。元の複雑な現実の問題そのものではない。そして分析の結果得られるのは，数理的な言葉で表現される「解・命題（Solutions / Propositions）」（図序.2 の (5)）である。解や命題は数理的な言葉で表現されるので，ここで止めてしまうと，数理的な知見しか得られない。数理的アプローチを用いて表現や分析を行いたい対象は現実の問題であり，その目的は問題解決への示唆を得て，その示唆を現実の問題に適用することなので，分析の結果得られた解や命題を現実の問題の文脈において「解釈（Interpretation）」（図序.2 の (6)）する必要がある。

解釈の結果「問題解決への示唆（Insights for problem solving）」（図序.2 の (7)）が得られた場合，その示唆の「適用（Application）」（図序.2 の (8)）を元の現実の問題（図序.2 の (1)）に対して行う。ただし，解や命題からいつも問題解決への示唆が有意義な形で得られるとは限らず，また，問題解決への示唆が有意義な形で得られたとしても，さまざまな制約条件があるために現実の問題への適用が難しい場合もあり，さらに，適用が可能だとしても現実の問題がいつも解決に向かうとも限らない，ということに注意すべきである。あわせて，現実の問題は同じ事柄が何度も繰り返し起こるわけではなく，むしろ，唯一無二の事柄の連続である，ということにも注意が必要である。問題の解決のために示唆を適用すれば，それによって起こった変化は通常，元に戻すことができないので，示唆の適用は慎重であるべきである。

現実の問題は通常とても複雑であるため，示唆を適用しても予想されていた効果がさまざまな要因によって弱められてしまうことが考えられる。また逆に，示唆を適用することで予想されていなかった影響が生じることも考えられる。ここでの問題解決の対象は現実の社会の中で起こる現実の問題（図序.2 の (1)）であり，そこには主体として現実の人や人の集団，組織，社会が巻き込まれている。示唆が現実の問題に適用されることになった場合，主体はそれを知ることになり現実の問題の捉え方や自らの振る舞いを変える可能性がある。主体の振る舞いの変化により現実の問題の構造が変化することが考えられ，その構造の変化により，適用された示唆の効果が弱まる，あるいは，予想外の影響が生じることがあり得る。これも現実の社会の中で起こる現実の問題の解決を難しくする要因である。

問題解決への示唆を現実の問題に適用したあと，現実の問題が十分に解決したかどうかを見極める。解決が十分なら問題解決のプロセスを終了する。解決

が不十分な場合には，現実の問題の表現や分析の目的，および，本質的な構成要素を再検討し，単純化・抽象化の方法を見直し，数理モデルを新たに再構成する。本書における数理的アプローチでは図序.2 の (1) から (8) のサイクルを繰り返すことで現実の問題の適切な把握と十分な解決を目指す。

現実世界と数理世界

　本書における数理的アプローチには現実世界（Real world）と数理世界（Math world）が想定されている。図序.2 の左端の記述の通り，図序.2 の上半分が現実世界で下半分が数理世界である。図序.2 の (1) から (8) のサイクルには現実世界と数理世界の間の行き来がある。サイクルの中の各ステップにおいて，そのステップが現実世界と数理世界のどちらの世界にあるのか，あるいは，現実世界と数理世界の境界をまたごうとしているのかを意識すると，そのステップで行うべきことがより明確になる。

　現実の問題（図序.2 の (1)）は現実世界にある。したがって現実の問題の把握には，現実世界からの情報の入手が必要である。単純化・抽象化（図序.2 の (2)）は現実世界から数理世界へと境界をまたぐ活動である。現実の問題を把握し，問題の表現や分析の目的を設定し，問題の本質的な構成要素を捉え，単純化や抽象化を行って，数理モデルを作るという個別活動が含まれ，そこには，活動する者の判断や主観が関わってくる。単純化・抽象化の結果として得られる数理モデル（図序.2 の (3)）が，さまざまに異なりうるのはそのためである。

　数理モデル（図序.2 の (3)）は数理世界にある。その分析（図序.2 の (4)）も数理世界で行われる。分析に用いられるのは数理世界の言葉である論理や集合に関する記号や概念であるため，分析を行う者の判断や主観は関わってこない。分析の結果得られる解・命題（図序.2 の (5)）も数理世界にあり，論理や集合に関する記号や概念などの数理世界の言葉で明確に表現される。

　解釈（図序.2 の (6)）は数理世界から現実世界へと境界をまたぐ活動である。これは，解・命題で用いられている数理的な概念や，解・命題で述べられている数理的な概念の間の関係が，現実世界における何に相当するのかを対応付けて，問題解決への示唆（図序.2 の (7)）を得る活動である。対応付けは，現実世界にある元の現実の問題の文脈において，概念の定義や概念の間に成立する関係に忠実に行われるべきものである。しかし，対応付けが明確に一意に定

まらない場合には，再度，活動する者の判断や主観が関わってくる。したがって，解釈の結果得られる問題解決への示唆は，活動する者の判断や主観に応じて異なりうる。

　問題解決への示唆は現実世界にあり，また，元の現実の問題に対する問題解決への示唆の適用（図序.2 の (8)）も現実世界にある。適用は，現実の問題に対する実際の働きかけであるため，その影響が現実の問題の文脈において広く注意深く検討されたうえで，適切に実行される必要がある。

序.5　本書の構成

　本書の構成は次の通りである。この序章では，まず本書の目的，本書で扱うコンフリクトとは何か，そして，本書で考える数理的アプローチとは何かについて述べた。序章の残りの部分では，本書で用いられる記号，および，本書で紹介されるコンフリクトの例の分析の際に用いられる計算プログラムとその使用方法が紹介される。

　第 1 章では，まず，コンフリクトの例を与える。これは表現や分析の対象となる現実の問題（図序.2 の (1)）である。次に，本書で扱う 3 つの分析方法である，合理分析・効率分析・提携分析について，それぞれの分析目的を紹介し，さらに，グラフモデルの構成要素が主体・状態・状態遷移・選好の 4 つであることを説明する。これは現実の問題の単純化や抽象化（図序.2 の (2)）のガイドとなる。そして，グラフモデルを用いたコンフリクトの表現の例を示す。これは，現実の問題の単純化や抽象化を経て得られる数理モデル（図序.2 の (3)）である。つまり第 1 章では，図序.2 の (1) から (8) からなる本書における数理的アプローチのサイクルの中の (1) から (3) までを扱う。こうして数理モデル（図序.2 の (3)）として表現されるコンフリクトのグラフモデル（第 1 章の定義 1.3.1）が，第 2 章から第 7 章で紹介される合理分析・効率分析・提携分析という方法で分析される対象となる。

　第 2 章ではグラフモデルの標準的な分析方法である合理分析の目的と定義を与える。これは，数理的アプローチのサイクルの中の分析（図序.2 の (4)）にあたる。そして，続く第 3 章で，合理分析の結果と，そこから解釈を経て得られる問題解決への示唆の例を紹介する。これは，数理的アプローチのサイクルの中の解・命題（図序.2 の (5)）と，解釈（図序.2 の (6)），および，問題

解決への示唆（図 序.2 の (7)）に対応する。

第 4 章と第 5 章は効率分析についての解説に充てられる。まず第 4 章で効率分析の目的と定義を述べ，次の第 5 章で効率分析の結果の例とそこから得られる示唆を示す。第 4 章と第 5 章の内容も，数理的アプローチのサイクルの中の分析，解・命題，解釈，および，問題解決への示唆に相当する。

第 6 章と第 7 章では提携分析を扱う。提携分析の目的と定義が第 6 章で述べられ，提携分析の結果の例とそこから得られる示唆が第 7 章で示される。第 6 章と第 7 章の内容も，数理的アプローチのサイクルの中の (4) から (7) に対応している。

コンフリクトのグラフモデルやその分析方法についてのさまざまな概念の性質や関係についての数理的な命題は，その証明とともに，第 2 章から第 7 章の各章に与えられる。また，各章の最後に，演習問題やチャレンジ問題，あるいは，課題を設ける。これらに取り組むことで，対応する各章の内容をより深く理解し，発展的内容に興味を持ち，研究トピックの広がりを把握してほしい。

本書の最後の終章では，本書のまとめを行い，その後，主体間の人間関係を表す「態度」をグラフモデルに導入する新たな展開を展望する。そして，参考文献と索引の前に，各章の演習問題とチャレンジ問題についての解説と解答例を示す。

序.6 記号

ここでは，本書で用いられる記号のリストを与える。

- N: 主体全体の集合（定義 1.3.1（25 ページ））
- C: コンフリクトの状態全体の集合（定義 1.3.1（25 ページ））
- A_i: 主体 i が実行できる状態遷移全体の集合（定義 1.3.1（25 ページ））
- $\succsim_i, \succ_i, \sim_i$: 主体 i が状態に対して持っている選好（それぞれ，「以上に」好ましい，「より」好ましい，「同程度に」好ましい（定義 1.3.1（25 ページ），1.5.3 節の 9, 10, 11（45 ページ））
- G_i: (C, A_i) で与えられる主体 i のグラフ（定義 1.3.1（26 ページ）の後の説明）

- $(N, C, (A_i)_{i \in N}, (\succsim_i)_{i \in N})$: コンフリクトのグラフモデル（定義 1.3.1（25 ページ））
- $S_i(c)$: c からの主体 i による個人移動全体の集合（定義 2.2.1（55 ページ））
- $S_i^+(c)$: c からの主体 i による個人改善全体の集合（定義 2.2.2（56 ページ））
- $S_H(c)$: c からの H による個人移動の列によって達成される状態全体の集合（定義 2.2.3（58 ページ）），c からの提携 H による提携移動によって達成される状態全体の集合（定義 6.2.1（175 ページ））
- $S_H^+(c)$: c からの H による個人改善の列によって達成される状態全体の集合（定義 2.2.4（62 ページ））
- $\phi_i^{\widetilde{\sim}}(c)$: 主体 i にとって c と同等以下の状態全体の集合（定義 2.2.5（64 ページ））
- $C_i^{\mathrm{STR}}, C^{\mathrm{STR}}$: 主体 i について STR である状態全体の集合，STR 均衡全体の集合（定義 2.2.6（66 ページ））
- $C_i^{\mathrm{Nash}}, C^{\mathrm{Nash}}$: 主体 i について Nash である状態全体の集合，Nash 均衡全体の集合（定義 2.2.7（69 ページ））
- $C_i^{\mathrm{GMR}}, C^{\mathrm{GMR}}$: 主体 i について GMR である状態全体の集合，GMR 均衡全体の集合（定義 2.2.8（73 ページ））
- $C_i^{\mathrm{SMR}}, C^{\mathrm{SMR}}$: 主体 i について SMR である状態全体の集合，SMR 均衡全体の集合（定義 2.2.9（79 ページ））
- $C_i^{\mathrm{SEQ}}, C^{\mathrm{SEQ}}$: 主体 i について SEQ である状態全体の集合，SEQ 均衡全体の集合（定義 2.2.10（85 ページ））
- $S_H^{++}(c)$: c からの提携 H による提携改善全体の集合（定義 6.2.2（179 ページ））
- $\mathbb{P}(H)$: 提携 H の中の主体で形成可能なすべての提携の族（定義 6.2.3 の前の説明（184 ページ））
- $S_{\mathbb{F}}(c)$: c からの $\mathbb{F}$ の中の提携による提携移動の列によって達成される状態全体の集合（定義 6.2.3（184 ページ））
- $S_{\mathbb{P}(N \setminus H)}(c)$: c からの $\mathbb{P}(N \setminus H)$ の中の提携による提携移動の列によって達成される状態全体の集合（例 6.2.4 の中の説明（185 ページ））
- $S_{\mathbb{F}}^{++}(c)$: c からの $\mathbb{F}$ の中の提携による提携改善の列によって達成される状態全体の集合（定義 6.2.4（187 ページ））
- $S_{\mathbb{P}(N \setminus H)}^{++}(c)$: c からの $\mathbb{P}(N \setminus H)$ の中の提携による提携改善の列によって達

成される状態全体の集合（例 6.2.5 の中の説明（187 ページ））

- $\phi_{\widetilde{H}}(c)$: 提携 H にとっての c と同等以下の状態全体の集合（定義 6.2.5（190 ページ））
- C_H^{CSTR}, C_i^{CSTR}, C^{CSTR}: 提携 H について CSTR である状態全体の集合，主体 i について CSTR である状態全体の集合，CSTR 均衡全体の集合（定義 6.2.6（191 ページ））
- C_H^{CNash}, C_i^{Nash}, C^{Nash}: 提携 H について CNash である状態全体の集合，主体 i について CNash である状態全体の集合，CNash 均衡全体の集合（定義 6.2.7（193 ページ））
- C_H^{CGMR}, C_i^{CGMR}, C^{CGMR}: 提携 H について CGMR である状態全体の集合，主体 i について CGMR である状態全体の集合，CGMR 均衡全体の集合（定義 6.2.8（196 ページ））
- C_H^{CSMR}, C_i^{CSMR}, C^{CSMR}: 提携 H について CSMR である状態全体の集合，主体 i について CSMR である状態全体の集合，CSMR 均衡全体の集合（定義 6.2.9（201 ページ））
- C_H^{CSEQ}, C_i^{CSEQ}, C^{CSEQ}: 提携 H について CSEQ である状態全体の集合，主体 i について CSEQ である状態全体の集合，CSEQ 均衡全体の集合（定義 6.2.10（206 ページ））

序.7　計算プログラムの提供について

　本書に掲載されている合理分析，効率分析，提携分析の分析結果の導出には，著者が作成した計算プログラムを用いている。主体の数は 3 まで，状態の数は 10 まで入力可能である。この計算プログラムは，東京工業大学社会人アカデミーの GMCR セミナーの Web サイト：
https://www.shs.ens.titech.ac.jp/~inohara/GMCR-seminar/index.html（図 序.3 を参照）
の中の資料のページ：
https://www.shs.ens.titech.ac.jp/~inohara/GMCR-seminar/material.html（図 序.4 を参照）
で「Rationality_Efficiency_Coalition_Analysis_EC_2023_05_13.xlsx」というファイル名で公開している。このファイルには，本書の 1.4.5 節にある

図序.3　GMCR セミナーの Web サイトの URL の二次元バーコード

図序.4　資料のページの URL の二次元バーコード

図 1.8 で表現されるエルマイラのコンフリクトのグラフモデルの情報を 1 つ目のシートに入力してある。

　この計算プログラムを使用する際には，1 つ目のシートにグラフモデルの情報を入力する必要がある。

　まず，各主体が実行可能な状態遷移の情報を，「Step 1」の部分にある各主体（DM1，DM2，DM3 と表記してある）に対応する行列に 0 か 1 で入力する。例えば，主体 i がコンフリクトの状態を c から c' に遷移させることができる場合には，DM i の行列の c 行 c' 列に 1 を入力し，遷移させることができない場合には 0 を入力する。

　次に，各主体の選好の情報を 1 から 10 までの整数で入力する。1 つ目のシートの「Step 2」の部分の行列のその主体に対応する行に，もっとも好ましい状態からもっとも好ましくない状態に対して 10，9，8，⋯ となるように，大きい数字から小さい数字を順に各状態に対応する列に入力する。同程度に好ましい状態に対しては同じ大きさの数字を入力する。数字で選好の情報を入力するため，選好は完備かつ推移的である必要がある。

　そして，1 つ目のシートの「Step 1」と「Step 2」の部分に状態遷移の情報と選好の情報を入力すると，同じシートの「Step 3」の部分に合理分析，効率分析，提携分析の分析結果が自動的に表示される。計算は他のシートで行っている。合理分析の安定性概念（GMR，SMR，SEQ，Nash）と提携分析の安定性概念（CGMR，CSMR，CSEQ，CNash）が各列に割り当てられており，最後の「Pareto」の列に効率性（E 効率性）が割り当てられている。ある状態がある安定性概念について均衡であるかどうか，また，効率性を満足す

るかどうかは，その状態に対応する行に表示されている 0 か 1 の値を見ることで知ることができる。1 が均衡であること，あるいは，効率性を満足することを意味し，0 は均衡ではないこと，あるいは，効率性を満足しないことを意味する。2 つ目のシートには，各主体，あるいは，各提携について，各状態が安定であるかどうかが合理分析と提携分析の安定性概念ごとに表示される。提携分析の各提携についての安定性を表示する部分では，提携を数字の列で記載してある。例えば「12」は提携 $\{1, 2\}$ を，「123」は提携 $\{1, 2, 3\}$ を意味する。3 つ目以降のシートは計算に用いられている。

　この合理分析，効率分析，提携分析のための計算プログラム以外にも著者は，主体の数が 2 から 3，状態の数が 2 から 4 などのコンフリクトについての効率分析のための計算プログラムを提供可能である。詳しくは，著者の Web サイト：

`https://www.shs.ens.titech.ac.jp/~inohara/lab/`（図序.5 を参照）

図序.5　著者の Web サイトの URL の二次元バーコード

などに掲載されているメールアドレス宛にお問い合わせいただきたい。

　また，大規模なグラフモデルについて合理分析を行うには，カナダ・Waterloo 大学の研究グループ Conflict Analysis Group が開発している「GMCR+」が有用である。このアプリケーションの入手については GMCR+ の Web サイト：

`http://www.eng.uwaterloo.ca/~rkinsara/`（図序.6 を参照）

図序.6　GMCR+ の Web サイトの URL の二次元バーコード

をご参照いただきたい。

第 1 章

グラフモデルで表現できるものは何か

　この章ではまず，グラフモデルによる表現や分析が可能なコンフリクトの例について，そのストーリーと分析目的の例を紹介する。次に，グラフモデルの構成要素が主体・状態・状態遷移・選好という4つであることを説明し，さらに，グラフモデルを用いたコンフリクトの表現の例を示す。

1.1　コンフリクトのストーリーには何があるか

　この節では，複数の意思決定主体がかかわるコンフリクトの代表例である，囚人のジレンマ，チキンゲーム，共有地の悲劇，および，エルマイラ（Elmira）のコンフリクトについて，その背景の説明にあたるストーリーを紹介する。これらはグラフモデルによる表現や分析の対象となる現実の問題（序章の図序.2の(1)）である。

1.1.1　囚人のジレンマのストーリー

　囚人のジレンマはしばしば次のような，取り調べを受けている2人の囚人と，取り調べを行っている取調官についてのストーリーとともに紹介される（例えば文献 [11] の pp.116-121 を参照）。

　　「2人組の殺人犯が，それぞれ，殺人とは別の軽犯罪でつかまり，別々の部屋で取り調べを受けている。取調官は，この2人が共謀して殺人を犯したようだと考えているが，それを示す証拠がない。殺人犯として2人を捕まえるためには，2人の自白が必要である。そこで取調官は，2人それぞれに次の提案をした。

　　『(i) あなたがもう1人よりも先に殺人について自白したら，取り調べに協力的だったとのことで，殺人についても軽犯罪についても罪に問われず，

無罪放免となる。そのときは，もう 1 人が殺人の罪に問われ，もっとも重い罰（例えば，終身刑）が科される。(ii) 逆に，もう 1 人が先に殺人について自白したら，あなたは殺人の罪をひとりで問われてもっとも重い罰を科され，もう 1 人が無罪放免となる。(iii) あなたともう 1 人が同時に自白したら，2 人ともが殺人犯として裁かれ，長い懲役刑（例えば，懲役 30 年）を受ける。(vi) あなたともう 1 人が黙秘し続けたら，2 人ともが軽犯罪者として裁かれ，短い懲役刑（例えば，懲役 1 年）を受ける。』」

　このストーリーをグラフモデルで表現したり分析したりする場合，少なくとも次の 2 点に注意すべきである。(1) 取調官は，コンフリクトに巻き込まれている主体ではなく，2 人の囚人が巻き込まれているコンフリクトを生み出した者として登場している。(2)「囚人」，「自白」，「黙秘」などの言葉は，主体や行動の区別のための単なるラベルとして使われている。

　(1) については，取調官を 3 人目の主体として数理モデルを作ることもできる。しかし囚人のジレンマは，通常，2 人の囚人によるコンフリクトとして扱われる。(2) について例えば，ある囚人が自白することを「もう 1 人の囚人に対する裏切りなので望ましい行動ではない」と考える場合もあるかもしれない。しかしグラフモデルでの表現や分析においては，「自白」という行動そのものの良し悪しの評価を「自白」という言葉が持つ意味に基づいて考えることはない。評価は，複数の主体の行動やオプションの選択の組み合わせによって定まるコンフリクトの状態に対して行われる。

　囚人のジレンマのコンフリクトの説明として，次のような「ゴミのポイ捨て」のストーリーも挙げられる。

　　「主体 1 と主体 2 という 2 人の主体にはそれぞれ，『ポイ捨てをしない』と『ポイ捨てをする』という 2 つの行動の選択肢がある。2 人の行動の選択の組み合わせによって全部で 4 つの状態が起こりうる。
　　1 人だけがポイ捨てをすると，捨てられたゴミで周囲の生活環境が少し損なわれてしまうが，ポイ捨てをした主体は自分の手元のゴミがなくなって快適である。しかしポイ捨てをしなかった主体は，自分の手元にゴミがあり，かつ，もう 1 人の主体が捨てたゴミで周囲の生活環境が少し損なわれるので，とても不快である。2 人ともがポイ捨てをしなければ，2 人ともがそれぞれの手元に自分のゴミを持つことになるが，生活環境が損なわ

れることはなく，あまり不快ではない。2人ともがポイ捨てをすると，2人とも自分のゴミが手元からなくなるが，捨てられたゴミで生活環境が大きく損なわれるので不快である。」

　このストーリーの登場人物は2人だけなので，囚人と取調官のストーリーにおける取調官の扱いのような難しさはない。一方，「ポイ捨て」という言葉がラベルとして使われていることに注意が必要であることは，囚人と取調官のストーリーにおける「自白」の場合と同じである。グラフモデルでの表現や分析においては，「『ポイ捨てをする』のは悪いことである」というように行動を直接評価するのではなく，2人の主体の「ポイ捨てをしない」と「ポイ捨てをする」という2つの行動に対する選択の組み合わせに応じて定まるコンフリクトの状態を評価する。「ゴミのポイ捨て」のストーリーの場合，コンフリクトの起こりうる4つの状態は，各主体の手元にゴミがあるかどうかと周囲の生活環境が損なわれる程度を用いて表現されている。そして，4つの状態それぞれの快不快の程度を各主体が評価している。

　囚人のジレンマのコンフリクトは次のように，多段階の行動を考えた拡張も考えられる。

　「主体1と主体2という2人の主体にはそれぞれ，『ポイ捨てをしない』と『ポイ捨てをする』という2つの行動の選択肢があり，また，各主体の手元にはゴミが3つある。2人は互いに相手が捨てたゴミの数を見ながら自分が捨てるごみの数を決める。この2人の場合，一方がポイ捨てをするゴミの数は，他方がポイ捨てをするゴミの数との差が1以内になるようにしている。つまり，一方がポイ捨てをしていなければ，他方はポイ捨てをしないか，あるいは，1つのゴミをポイ捨てする。一方がゴミを1つポイ捨てしていれば，他方はポイ捨てをしないか，あるいは，1つか2つのゴミをポイ捨てする。一方が2つのゴミをポイ捨てしていれば，他方がポイ捨てするゴミの数は1から3のいずれかである。一方が3つのゴミをポイ捨てしている場合，他方がポイ捨てするゴミは2つか3つである。

　各主体の快不快の程度は，自分の手元にあるゴミの数とポイ捨てされたゴミの数に応じて決まる。この2人の場合，自分の手元にあるゴミ1つによる不快さの方が，ポイ捨てされたゴミ1つによる不快さよりも大き

い。具体的には，ポイ捨てされたゴミ1つによる不快さを1とした場合に，自分の手元にあるゴミ1つによる不快さは1.5である。つまり，例えば主体1にとってもっとも不快でないのは主体1がゴミを1つポイ捨てし主体2がポイ捨てをしない状態であり，主体1にとってもっとも不快なのは，主体1がゴミを2つポイ捨てし主体2が3つのゴミをポイ捨てしている状態である。」

1.1.2　チキンゲームのストーリー

チキンゲームは2人の若者の肝試しのストーリーを用いて説明される。

「2人の若者が『勇気』を競っている。2人はそれぞれの車に乗り，離れたところから互いに向かって全速力で走る。途中で怖くなって避けた方は『弱虫』（負け）となり，避けなかった方は『勇者』（勝ち）として仲間からたたえられる。両者が同時に避けた場合には引き分けだが，両者ともが避けなかった場合には車は正面衝突し，車は壊れ，2人ともひどい怪我をする。若者は2人とも，ゲームには勝ちたいが，車が壊れひどい怪我をするくらいならゲームに負けた方がいいと思っている。」

1.1.3　共有地の悲劇のストーリー

共有地の悲劇は文献 [2] で扱われたコンフリクトで，「3人以上の主体が巻き込まれている囚人のジレンマ」ともみなされる。

「3人の牛飼いがいる。それぞれが自分の私有牧場を持っていて，さらに3人の共有牧場もある。それぞれが育てている牛のうち何頭かは3人の共有牧場に，残りは自分の私有牧場にいる。いま，牛飼いはそれぞれ，自分の私有牧場にいる牛を共有牧場に移動するどうかを考えている。ある牛飼いが牛を移動すると，私有牧場の維持費が減るため，その牛飼いは得をする。しかしその他の牛飼いは共有牧場の荒廃のために損をする。」

1.1.4　エルマイラ（Elmira）のコンフリクトのストーリー

エルマイラのコンフリクトは，1990年頃にカナダ・オンタリオ州のエルマイラ（Elmira）町で発生したコンフリクトであり，以下が文献 [10] の記述に基づく概要である。

「エルマイラ町はカナダ・オンタリオ州の南西に位置する人口約 7,500 人の農業地域で，農業のために地下水を利用していた。コンフリクトの主要な主体は，(1)1989 年にエルマイラ町の地下水の汚染を発見したオンタリオ州環境省（以下，主体 M），(2) 汚染の原因と疑われる化学プラントをエルマイラ町に所有していたユニロイヤル化学社（以下，主体 U），および，(3) エルマイラ町やその周辺地域の多様な利害集団の代表である地方自治体（以下，主体 L）の 3 者である。主体 M は汚染の発見後に主体 U に対して汚染除去を含む厳しい管理命令を発行する。主体 M は管理当局として権限を効率的に行使したいと考えている。管理命令を受けた主体 U は管理命令の解除や緩和を狙って異議申立の権利を行使する。主体 L は地域の住民と産業基盤を守りたいと考えている。

主体 M は管理命令を不可逆的に緩和することができる。ただし，ここでの不可逆的とは，いったん管理命令を緩和したら元の厳しい管理命令には戻せないことを指す。主体 U は，(a) 異議申立の手続きを遅延させて時間稼ぎを続ける，(b) 元の厳しい管理命令か，あるいは，緩和された管理命令を不可逆的に受け入れる，(c) 化学プラントを不可逆的に放棄する，という 3 つのオプションを持っており，これらのうち 1 つだけを選ぶ必要がある。ただし，(b) の不可逆的とは，いったん管理命令を受け入れたら，その受け入れを撤回することはできないことを指し，(c) の不可逆的とは，いったん化学プラントを放棄したら，放棄を撤回することはできないことを指す。主体 L は，元の厳しい管理命令の適用を主張することができる。」

1.2　ストーリーについて知りたいことは何か

　現実の問題（序章の図序.2 の (1)）としてのコンフリクトのストーリーはグラフモデルによる表現や分析の対象となる。ストーリーをグラフモデルで表現するのは，数理モデル（序章の図序.2 の (3)）としてのグラフモデルを分析するためである。では何を知るためにコンフリクトのグラフモデルを分析するのか。

　本書では合理分析・効率分析・提携分析という 3 つの分析方法について解説する。各分析方法にはそれぞれの目的がある。ここでは，各分析方法の目的を明らかにすることで，コンフリクトのストーリーについて知りたいことは何

かを明確にする。

　分析（序章の図序.2 の (4)）は数理世界の中で行われる。しかし分析の目的は現実世界で設定される。つまり，数理世界の中の分析の際には，現実世界で設定された分析目的が達成されるような分析方法が選ばれる必要がある。また，分析は数理モデル（序章の図序.2 の (3)）に対して行われるので，選ばれた分析方法が実行できるような数理モデルが作られる必要がある。さらに，そのような数理モデルが得られるように，現実の問題（序章の図序.2 の (1)）の単純化や抽象化（序章の図序.2 の (2)）が行われる必要がある。

　コンフリクトのグラフモデル（1.3 節の定義 1.3.1 を参照）は，以下で目的が紹介される合理分析・効率分析・提携分析のいずれもが実行できる数理モデルである。

1.2.1　合理分析の目的

　合理的な個人による振る舞いに注目して，達成されうるコンフリクトの状態のうちどれが各主体について安定であるか，あるいは，安定ではないかを知ることが合理分析の目的である。また，すべての主体について安定である状態を均衡と呼び，コンフリクトの状態のうちどれが均衡か，あるいは，均衡でないかを知ることも合理分析の目的である。

　ここでの合理的な個人とは，自分自身の選好に照らしてできるだけ好ましい状態を達成しようとしている主体を指す。

　複数の主体が巻き込まれている現実世界のコンフリクトで達成される状態は，主体間の利害関係に加えて主体間の人間関係にも左右される。しかし，合理的な個人は主体間の人間関係を考慮しない。さらに，合理的な個人は自分自身の選好だけに基づいて達成されうるコンフリクトの状態を評価する。状態の評価の際に他の主体の選好は参照しない。例えば，今の状態よりも自分にとってより好ましい状態が達成されそうならば，それがほんの少しの改善であったとしても，また，他の主体が誰であっても，さらに，他のある主体にとっての好ましさが大きく損なわれても，あるいは逆に，他のある主体にとっての好ましさが大きく改善されても，合理的主体はその状態を達成しようとする。また例えば，自分がほんの少しの犠牲を引き受けたら，他のある主体にとってきわめて好ましい状態が達成されるとしても，あるいは逆に，他のある主体にとってきわめて好ましくない状態が達成されるとしても，また，それら他の主体が

誰であっても，合理的な主体はそのほんの少しの犠牲を引き受けようとすることはない。

　合理分析では合理的な主体それぞれが単独で振る舞うことが想定されている。コンフリクトによっては，主体それぞれによる単独でのコンフリクトの状態遷移を積み重ねるよりも，複数の主体が振る舞いを互いに調整しあいながら，主体の集まりとしてコンフリクトの状態遷移を実行した方が，調整に参加した主体全員にとってより好ましい状態を達成できることがある。しかし合理分析では，このような複数の主体の集まりによる状態遷移の実行は考慮されない。一方，主体による振る舞いだけでなく複数の主体の集まりによる振る舞いも考慮に入れて分析を行う方法に，1.2.3 節で説明される提携分析がある。

　合理分析の結果としてわかることは，達成されうるコンフリクトの状態のうち各主体について安定である状態はどれか，あるいは，安定ではない状態はどれか，ということである。あるコンフリクトの状態がある主体について安定である場合，その主体はその状態からのコンフリクトの状態遷移を実行しないとみなすことができる。すると，あるコンフリクトの状態がすべての主体について安定である場合，すなわち，あるコンフリクトの状態が均衡である場合には，その状態からのコンフリクトの状態遷移をどの主体も実行しないとみなすことができる。ある状態からのコンフリクトの状態遷移をどの主体も実行しないのであれば，コンフリクトの状態は，その状態からそれ以上遷移しないことになる。したがって均衡は，コンフリクトが決着する状態，あるいは，コンフリクトの結末の状態として捉えられる。一方，あるコンフリクトの状態が均衡ではない場合，その状態は少なくとも 1 人の主体について安定ではない。そして，その主体はその状態からのコンフリクトの状態遷移を実行すると考えられるので，均衡ではないコンフリクトの状態は，そこからの状態遷移が予想される，コンフリクトの経過の途中にあたる状態として捉えられる。

　このように，合理分析の結果として得られる各主体について安定である状態や均衡である状態は，各主体がコンフリクトの状態遷移を止める状態やコンフリクトの決着・結末の状態として捉えられる。また，各主体について安定ではない状態や均衡ではない状態は，少なくとも 1 人の主体がコンフリクトの状態遷移を実行しうる状態やコンフリクトの経過の途中の状態として捉えられる。したがって合理分析の結果，各主体について安定である状態や均衡である状態，あるいは，各主体について安定ではない状態や均衡ではない状態がわか

れば，過去に実際に起こったコンフリクトの経過や決着・結末の記述および説明，また，現在進行中のコンフリクトのこれまでの経過や現在の状態の記述および説明，さらには，　コンフリクトが現在の状態からどのような経過をたどり，達成されうるコンフリクトの状態のうちどの状態が達成されそうかの予想などに役立つ。

1.2.2　効率分析の目的

　達成されうるコンフリクトの状態に対して合理的な主体が持っている選好に注目して，主体全体からなる社会にとって達成されるべき状態がどれかを知ることが効率分析の目的である。社会科学全般でよく知られているパレート最適（Pareto optimal）な状態，あるいは，パレート効率的（Pareto efficient）な状態を求めることにあたる。

　注目するのは達成されうるコンフリクトの状態と主体の選好であり，また，達成されるべき状態を知ることが目的なので，効率分析に必要なコンフリクトの構成要素は，主体・状態・選好の3つだけである。状態遷移の情報は効率分析の実行には必要ない。

　効率分析における達成されるべきコンフリクトの状態とは，主体全員が同時にその状態より好ましいと考える状態が達成されうる状態の中にはない，という条件を満たす状態を指し，そのコンフリクトの状態は効率的であるという。主体全員が同時にその状態以上に好ましいと考え，かつ，少なくとも1人の主体がその状態より好ましいと考える状態が，達成されうる状態の中にはない，というより強い条件を課す場合もある。

　あるコンフリクトの状態が効率的である場合，主体全員が同時により好ましいと考える他の状態は存在しない。逆に，あるコンフリクトの状態が効率的でない場合には，主体全員が同時により好ましいと考える他の状態が少なくとも1つ存在する。主体全員が同時により好ましいと考える他の状態が存在するにもかかわらず，それを達成せず元の状態を達成することは，主体全体からなる社会にとって無駄がある。無駄がない状態が効率分析の結果として得られる効率的な状態であり，効率的な状態を達成されるべき状態として捉える。効率分析の結果，効率的な状態がわかれば，過去に実際に起こったコンフリクトで決着・結末として達成されるべきだった状態の特定，また，現在進行中のコンフリクトの現在の状態が達成されるべき状態であるかどうかの判定，さらには，

コンフリクトの決着・結末の目標としてどの状態が達成されるべきかの設定な
どに役立つ。

1.2.3　提携分析の目的

　主体の集まりのことを提携（coalition）と呼ぶ。1 人の主体だけからなる主
体の集まりも提携とみなす。主体が 1 人もいない主体の集まりは提携とはみ
なさない。

　提携分析の目的は，提携による合理的な振る舞いに注目して，達成されうる
コンフリクトの状態のうちどれが各提携について安定であるか，あるいは，安
定ではないかを知ることである。また，すべての提携について安定である状態
を均衡と呼び，コンフリクトの状態のうちどれが均衡か，あるいは，均衡でな
いかを知ることも提携分析の目的に含まれる。

　合理分析では合理的な主体が単独でコンフリクトの状態遷移を実行すること
が想定されている。一方，提携分析では，各主体が単独で実行する状態遷移だ
けでなく，複数の主体からなる提携が実行する状態遷移も考慮される。

　コンフリクトの状態遷移を実行するのが主体なのか提携なのかという違いを
のぞけば，合理分析の目的と提携分析の目的は同じである。すなわち，提携分
析の結果として得られる各提携について安定である状態や均衡である状態は，
各提携がコンフリクトの状態遷移を止める状態やコンフリクトの決着・結末の
状態として捉えられる。また，各提携について安定ではない状態や均衡ではな
い状態は，少なくとも 1 つの提携がコンフリクトの状態遷移を実行しうる状
態やコンフリクトの経過の途中の状態として捉えられる。したがって提携分析
の結果，各提携について安定である状態や均衡である状態，あるいは，各提携
について安定ではない状態や均衡ではない状態がわかれば，過去に実際に起こ
ったコンフリクトの経過や決着・結末の記述および説明，また，現在進行中の
コンフリクトのこれまでの経過や現在の状態の記述および説明，さらには，コ
ンフリクトが現在の状態からどのような経過をたどり，達成されうるコンフリ
クトの状態のうちどの状態が達成されそうかの予想などに役立つ。

　複数の主体を考え，その中の主体による単独でのコンフリクトの状態の改善
を積み重ねることと，その複数の主体が提携を形成してコンフリクトの状態
の改善を行うことの違いを考えよう。ただしここでの改善とは，状態遷移のう
ち，それを実行する主体あるいは提携にとって，その前の状態よりも後の状態

の方が好ましいということが成り立っているようなもののことを指す。複数の主体の中の各主体による改善を積み重ねる場合，それぞれの改善については，それを実行する主体にとってその前の状態よりも後の状態の方が好ましい。しかし，最初の状態から改善が積み重ねられることによって達成される最後の状態は，改善の積み重ねに参加した各主体にとって最初の状態よりも好ましいとは限らない。最後の状態が最初の状態よりも好ましくないということが，改善の積み重ねに参加したすべての主体に当てはまることもありうる。一方，複数の主体が提携を形成してコンフリクトの状態の改善を行う場合，その改善は提携にとっての改善なので，提携の中のすべての主体にとって，改善後の状態は改善前の状態よりも好ましい。また，提携にとっての改善が，提携の中の主体の改善の繰り返しによって達成できるとは限らない。この，提携による改善の中には主体による改善の積み重ねでは実現できないものが存在し，逆に，主体による改善の積み重ねの中には提携による改善では実現できないものがあるという，主体による改善の積み重ねと提携による改善の間の違いが，合理分析と提携分析の結果の違いを生み出す。

　合理分析と提携分析とでは，主体や提携の振る舞いについての想定が異なり，そのため，分析結果も異なりうる。問題解決の対象である現実の問題（序章の図序.2 の (1)）で想定される主体や提携の振る舞いに応じて，合理分析あるいは提携分析を分析方法として選択することになる。

1.3　グラフモデルの構成要素は何か

　序章の中の序.2 節「コンフリクトとは何か」にある通り，本書で扱うコンフリクトは，(1) 主体，(2) コンフリクトの状態，(3) コンフリクトの状態遷移，(4) 主体がコンフリクトの状態に対して持っている選好，という 4 つの構成要素からなる。コンフリクトのグラフモデルは，これら 4 つの構成要素を表現するための数理モデルである。この数理モデル（序章の図序.2 の (3)）は数理世界にあり，本書では論理や集合に関する記号や初歩的な概念を用いて記述される。本書で用いられる論理や集合に関する記号や概念については，それぞれ 1.5.1 節と 1.5.2 節のリストを参照してほしい。

　コンフリクトのグラフモデルの数理的な定義は，定義 1.3.1 の通りである。

定義 1.3.1（コンフリクトのグラフモデル）　コンフリクトのグラフモデルとは 4 つの構成要素の組 $(N, C, (A_i)_{i \in N}, (\succsim_i)_{i \in N})$ のことを指す。N はコンフリクトに巻き込まれている主体全体の集合であり，C は達成されうるコンフリクトの状態全体の集合である。A_i は主体 i が実行可能なコンフリクトの状態遷移全体の集合を表し，N の中のすべての主体 i についての A_i のリストが $(A_i)_{i \in N}$ である。$\succsim_i$ は主体 i がコンフリクトの状態に対して持っている選好を指し，N の中のすべての主体 i についての $\succsim_i$ のリストが $(\succsim_i)_{i \in N}$ である。　　　　　　　　　　　　　　　　　　　　　　　　　　　　　　　□

　N の要素，すなわち各主体は，1，2，3 などの数字や，i，j，k などの文字，あるいは，M，U，L などの主体のイニシャルで表現される。図の中では，状態と区別するため，$\boxed{1}$，$\boxed{i}$，$\boxed{\text{M}}$ などの四角で囲まれた数字や文字，イニシャルなどで表記されることもある。

　主体の数は有限であり，したがって $N = \{1, 2, \ldots, i, j, k, \ldots, n\}$ などと表すことができると仮定される。ただし n は，N の要素の数 $|N|$，つまり主体の総数を表し，また，コンフリクトには複数の主体が巻き込まれていることが想定されるため，しばしば $n \geq 2$ であると仮定される。

　C の要素，すなわちコンフリクトの各状態は，1，2，3 などの数字や，c，c'，c'' や c_0，c_1，c_2 などの文字で表現される。図の中では，主体と区別するため，①，ⓒ，$\textcircled{\tiny c}$ などの丸で囲まれた数字や文字で表記されることもある。C の要素の数 $|C|$，つまり達成されうるコンフリクトの状態の総数も有限であると仮定され，また，達成されうるコンフリクトの状態は複数であることが想定されるため，通常は $|C| \geq 2$ であると仮定される。

　主体 $i \in N$ が実行可能なコンフリクトの状態遷移全体の集合 A_i は，主体 i がコンフリクトのある状態 $c \in C$ から別の状態 $c' \in C$ への状態遷移を実行できる場合に，c と c' の組 (c, c') を A_i の要素とすることで与えられる。一般に，2 つの状態 c と c' の組 (c, c') は，状態全体の集合 C を 2 つ直積した集合 $C \times C$（1.5.2 節のリストの 10 を参照）の要素である。実際 $C \times C$ は $\{(c, c') \mid (c \in C) \wedge (c' \in C)\}$ で定義される。したがって，A_i の各要素は $C \times C$ の要素であるため，$A_i \subseteq C \times C$ が成立する。そして，$(c, c') \in C \times C$ に対して，$(c, c') \in A_i$ であれば主体 i はコンフリクトの状態を c から c' へと遷移させることができることを意味し，$(c, c') \notin A_i$ であれば主体 i はコンフリクト

の状態を c から c' へと遷移させることができないことを意味する。

　各 $i \in N$ に対して，C と A_i の組 (C, A_i) を主体 i のグラフ（graph）と呼び G_i で表す。ここでの「グラフ」はグラフ理論におけるグラフを指す。C がグラフの頂点（vertex）全体の集合にあたり，A_i がグラフの弧（arc）全体の集合にあたる。主体が実行可能なコンフリクトの状態遷移がその主体のグラフによって表現されることから「グラフモデル」という名称が用いられている。

　本書では，グラフモデルの表現や分析の単純化のため，どの $i \in N$ の A_i に対しても，(1) どの $c \in C$ に対しても $(c, c) \notin A_i$ であり，かつ，(2)$[c \neq c'$ かつ $c' \neq c''$ かつ $c \neq c'']$ であるようなどの $c \in C$，$c' \in C$，$c'' \in C$ に対しても，もし $[(c, c') \in A_i$ かつ $(c', c'') \in A_i]$ ならば $(c, c'') \in A_i$ である，という 2 つのことを仮定する。(1) の仮定は，ある状態からその状態自身への状態遷移は考えないことを意味しており，主体のグラフの非反射性（irreflexivity）と呼ばれる。(2) の仮定は，ある主体が状態遷移を連続して実行することで達成可能な状態は，その主体が状態遷移を 1 回実行することで達成可能であることを意味しており，主体のグラフの推移性（transitivity）と呼ばれる。

　主体 $i \in N$ がコンフリクトのある状態 $c \in C$ をコンフリクトの別の状態 $c' \in C$ 以上に好んでいる場合，$c \succsim_i c'$ と書く。そして，$c \succsim_i c'$ であるような c と c' の組 (c, c') をすべて集めた集合を $\succsim_i$ で表す。つまり，$c \succsim_i c'$ は $(c, c') \in \succsim_i$ であることを表している。一般に，2 つの状態 c と c' の組 (c, c') は，状態全体の集合 C を 2 つ直積した集合 $C \times C$（1.5.2 節のリストの 10 を参照）の要素である。実際 $C \times C$ は $\{(c, c') \mid (c \in C) \wedge (c' \in C)\}$ で定義される。したがって，$\succsim_i$ の各要素は $C \times C$ の要素であるため，$\succsim_i \subseteq C \times C$ が成立する。すなわち，$\succsim_i$ は $C \times C$ の部分集合である。そして，$(c, c') \in C \times C$ に対して，$(c, c') \in \succsim_i$（つまり，$c \succsim_i c'$）であれば「主体 i は c を c' 以上に好んでいる」ことを意味し，$(c, c') \notin \succsim_i$（つまり，$\neg(c \succsim_i c')$）であれば「主体 i は c を c' 以上に好んでいない」ことを意味する。

　主体 i が c を c' 以上に好んでいることが $c \succsim_i c'$ で表されるのと同様に，主体 i が c を c' より好んでいることは $c \succ_i c'$ で表され，「$c \succsim_i c'$ かつ $\neg(c' \succsim_i c)$」が成立していることとして定義される。また，主体 i が c を c' と同程度に好んでいることは $c \sim_i c'$ で表され，「$c \succsim_i c'$ かつ $c' \succsim_i c$」が成立していることとして定義される。

　本書では，どの $i \in N$ の $\succsim_i$ も反射的かつ推移的であると仮定する（1.5.3

節のリストの 2 と 3 をそれぞれ参照)。また，しばしば完備であることや反対称的であることも仮定される（1.5.3 節のリストの 4 と 5 をそれぞれ参照)。

1.4　グラフモデルを用いたコンフリクトの表現の例には何があるか

　ここでは，1.1 節で紹介されたコンフリクトの代表例について，それぞれ，グラフモデルを用いた表現の例を示す。

1.4.1　囚人のジレンマのグラフモデル

　図 1.1 は，囚人のジレンマのグラフモデルの例である。モデルの上部の，四角で囲まれた数字（1，2）が 2 人の主体を，丸で囲まれた数字（①，②，③，④）がコンフリクトの 4 つの状態を表す。実線と点線の矢印が，それぞれ主体 1 と主体 2 が実行できるコンフリクトの状態遷移である。つまり，例えば主体 1 は，①から③へ，③から①へ，②から④へ，④から②へ，という 4 つの状態遷移を実行することができる。主体の選好はモデルの下部に示されている。各主体について，その主体にとってもっとも好ましいものから順に左から右に向かって状態の記号を並べることでその主体の選好を表現する。つまり，例えば主体 1 にとっては，③がもっとも好ましく，②がもっとも好ましくない状態である。

　1.1.1 節のストーリーと図 1.1 の対応は次の通りである。例えば 2 人の囚人と取調官のストーリーであれば，2 人の囚人は図 1.1 の中の1と2で表現されている。また，2 人の囚人の自白と黙秘の組み合わせによって定まるコンフリクトの 4 つの状態はそれぞれ，図 1.1 の中の①，②，③，④に次の通り対応している。つまり，両方の囚人が黙秘する場合が①，囚人 1 が黙秘し囚人 2 が自白する場合が②，囚人 1 が自白し囚人 2 が黙秘する場合が③，両方の囚人が自白する場合が④である。これらは，1.1.1 節のストーリーの中の「あなた」を主体 1 とした場合，それぞれ (vi)，(ii)，(i)，(iii) に対応する。

　主体が黙秘から自白へ，あるいは，自白から黙秘へと行動を変えることが，その主体が実行可能なコンフリクトの状態遷移に対応する。例えば主体 1 が黙秘しているときに主体 2 が黙秘から自白へと行動を変えると，コンフリクトは，両方の囚人が黙秘する場合に対応する①から，囚人 1 が黙秘し囚人 2 が自白する場合に対応する②へと状態遷移する。この状態遷移は，図 1.1 の

主体の選好	もっとも好ましい ↔ もっとも好ましくない			
主体 1	③	①	④	②
主体 2	②	①	④	③

図 1.1　囚人のジレンマのグラフモデルの例

中の①から②への点線の矢印によって表現されており，その点線の矢印の上にある2によって主体2がこの状態遷移を実行可能であることが示されている．逆に，主体1が黙秘しているときに主体2が自白から黙秘へと行動を変えると，コンフリクトは②から①へと状態遷移する．主体2が実行可能なこの状態遷移は，図 1.1 の中の②から①への点線の矢印によって表現されている．同様に主体1が自白する場合の主体2の行動の黙秘から自白への，そして，自白から黙秘への変化は，図 1.1 の中の③から④への，そして，④から③への点線の矢印で表現されている．①から③へ，そして，③から①への実線の矢印が，主体2が黙秘しているときの主体1の黙秘から自白へ，そして，自白から黙秘への行動の変化に伴うコンフリクトの状態遷移に対応し，②から④へ，そして，④から②への実線の矢印が，主体2が自白する場合の主体1の黙秘から自白へ，そして，自白から黙秘への行動の変化に伴うコンフリクトの状態遷移に対応していることも同様である．

　図 1.1 の下部に示されている主体の選好についても，1.1.1 節のストーリーと対応している．主体1の選好の説明のため，1.1.1 節のストーリーの中の「あなた」を囚人1とする．主体1の行のもっとも左に③があることにより，主体1にとって③，すなわち，1.1.1 節のストーリーにおいて囚人1が無罪になる (i) の場合が，もっとも好ましいことが示されている．次に主体1にとって好ましいのは，主体1の行の左から2番目にある①である．これは 1.1.1 節のストーリーにおいて囚人1が短い懲役刑を受ける (vi) に対応する．上から3番目に好ましいのは，主体1の行の左から3番目にある④である．1.1.1 節のストーリーの (iii) に対応し，この場合，囚人1は長い懲役刑を受ける．主

体1にとってもっとも好ましくないのは②である。これは 1.1.1 節のストーリーにおいては，囚人1がもっとも重い罰を科される (ii) に対応する。このように，図 1.1 の下部に示されている主体1の選好は，1.1.1 節のストーリーにおける囚人1への罰がより軽い場合が主体1にとってより好ましい状態であるという対応に基づいて表現されている。主体2の選好も同様に，1.1.1 節のストーリーにおける囚人2への罰がより軽い場合が主体2にとってより好ましい状態であるという対応に基づいて表現されている。実際，図 1.1 の下部に示されている主体2の選好は，主体②の行のもっとも左から順に②，①，④，③となっており，これらはそれぞれ，1.1.1 節のストーリーにおいて囚人2が無罪，短い懲役刑を受ける，長い懲役刑を受ける，もっとも重い罰を科されることに対応している。

　図 1.1 の上部は，ある主体がある状態遷移を実行した場合いつでも，その逆向きの状態遷移が実行可能であることが表現されている。つまり図 1.1 は，すべての状態遷移が可逆的であるようなモデルとなっている。これは第 1.1.1 節の2人の囚人と取調官のストーリーにおいて，ある囚人がいったん自白をしても，それを取り消して黙秘を続けている状態に戻すことができる場合に対応している。一方，同じストーリーにおいて，ある囚人がいったん自白をしたら，それを取り消して黙秘を続けている状態に戻すことはできない場合も考えられる。1.1.1 節のゴミのポイ捨てのストーリーでも，ポイ捨てをしたゴミをポイ捨てをした主体が自分で回収してポイ捨てをしていない状態に戻すことができる場合と，ポイ捨てをしたゴミは回収ができずポイ捨てをしていない状態に戻すことはできない場合の2通りが考えられる。

　1.1.1 節の2人の囚人と取調官のストーリーにおいて囚人が自白を取り消すことができない場合や，ゴミのポイ捨てのストーリーにおいて主体がポイ捨てしたゴミを自分で回収できない場合については，図 1.2 のように，不可逆的な状態遷移，つまり，2つの状態の間の状態遷移がある主体にとって一方向のみ実行可能で逆方向の状態遷移が実行可能でない場合を含むようなグラフモデルで表現することができる。図 1.2 の図 1.1 との違いはそれぞれの上部のみである。図 1.2 の上部では，主体1が実行可能な状態遷移は①から③と，②から④の2つのみで，それぞれの逆向きの状態遷移である③から①と，④から②は，主体1にとって実行不可能となっている。同様に主体2が実行可能な状態遷移は，①から②と，③から④の2つのみである。これにより，囚人が自

主体の選好	もっとも好ましい ↔ もっとも好ましくない			
主体 1	③	①	④	②
主体 2	②	①	④	③

図 1.2　不可逆的な状態遷移を含む囚人のジレンマのグラフモデルの例

白を取り消すことができない場合や，ポイ捨てしたゴミを主体が自分で回収できない場合が表現されている。

1.4.2　多段階の行動を考えた囚人のジレンマの拡張のグラフモデル

　1.1.1 節の多段階の行動を考えた囚人のジレンマの拡張については，主体がポイ捨てしたゴミを自分で回収できる場合を考えると，図 1.3 のように，不可逆的な状態遷移を含まないグラフモデルで表現することができる。ただし，主体のグラフの推移性（1.3 節を参照）を満足させるため，図 1.3 の上部については，ここで描かれている状態遷移以外に，主体 1 は②と⑥の間と，⑤と⑨の間の状態遷移を双方向で直接実行できるとし，主体 2 も，③と⑤の間と，⑥と⑧の間の状態遷移を双方向で直接実行できるとする。また下部の主体の選好の中で「−」でつながれている 2 つの状態は，対応する主体にとって同程度に好ましいとする。したがって例えば，主体 1 の行のもっとも左に③があり，その次に「①−⑥」があることは，主体 1 にとって③がもっとも好ましく，次に好ましいのは①と⑥であり，この①と⑥は主体 1 にとって同程度に好ましい，ということを表している。

　囚人のジレンマについての 1.1.1 節のストーリーと，そのグラフモデルである図 1.1 が対応していたのと同様，1.1.1 節の多段階の行動を考えた囚人のジレンマの拡張についての「ゴミのポイ捨て」に関するストーリーと，図 1.3 のグラフモデルが対応していることが確認できる。

　このストーリー場合，2 人の主体は一方がポイ捨てをするゴミの数を他方がポイ捨てをするゴミの数との差が 1 以内になるようにしているため，2 人が

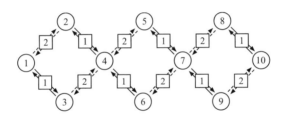

主体の選好	もっとも好ましい ↔ もっとも好ましくない					
主体 1	③	①-⑥	④-⑨	②-⑦	⑤-⑩	⑧
主体 2	②	①-⑤	④-⑧	③-⑦	⑥-⑩	⑨

図 1.3 多段階の行動を考えた囚人のジレンマの拡張のグラフモデルの例

ただし上部について，ここで描かれている状態遷移以外に，主体 1 は②と⑥の間と，⑤と⑨の間の状態遷移を双方向で直接実行できるとし，主体 2 も，③と⑤の間と，⑥と⑧の間の状態遷移を双方向で直接実行できるとする。また下部について，「−」でつながれている 2 つの状態は，対応する主体にとって同程度に好ましいとする。例えば主体 1 の行にある①−⑥は，主体 1 にとって①と⑥が同程度に好ましいということを表している。

ポイ捨てをするゴミの数の組み合わせは，主体 1・主体 2 の順に，0・0，0・1，1・0，1・1，1・2，2・1，2・2，2・3，3・2，3・3 の 10 通りである。これらをそれぞれ①から⑩に割り当てると，図 1.3 に描かれている状態と対応する。2 人の主体は『ポイ捨てをする』ことと『ポイ捨てしたゴミを回収する』ことによって状態遷移を実行することができると考えると，主体 1 が『ポイ捨てをする』ことは，図 1.3 の中のある状態から出ている実線の矢印を右下にたどることで表現されている状態遷移に対応している。逆に主体 1 が『ポイ捨てしたゴミを回収する』ことは，ある状態から出ている実線の矢印を左上にたどることで表現されている状態遷移に対応している。同様に主体 2 が『ポイ捨てをする』ことと『ポイ捨てしたゴミを回収する』ことは，それぞれ，ある状態から出ている点線の矢印を右上にたどることと左下にだどることで表現されている状態遷移に対応している。

さらに，2 人の主体の選好は各主体の快不快の程度に対応しており，各主体の快不快の程度は，それぞれの主体の手元にあるゴミの数と 2 人の主体によってポイ捨てされたゴミの数に応じて決まっている。ポイ捨てされたゴミ 1 つによる不快さを 1 とし，手元にあるゴミ 1 つによる不快さを 1.5 とした

場合，例えば主体 1 にとってもっとも不快でないのは，主体 1 がゴミを 1 つ
ポイ捨てし主体 2 がポイ捨てをしない③（手元のゴミ 2 つによる不快さ 3 と
ポイ捨てされたゴミ 1 つによる不快さ 1 の合計 4 の不快さ）であり，次に不
快でないのは，2 人がポイ捨てをしない①（手元のゴミ 3 つだけによる不快
さ 4.5）と主体 1 がゴミを 2 つポイ捨てし主体 2 がゴミを 1 つポイ捨てした
⑥（手元のゴミ 1 つによる不快さ 1.5 とポイ捨てされたゴミ 3 つによる不快
さ 3 の合計 4.5 の不快さ）である。そして，主体 1 にとってもっとも不快なの
は，主体 1 がゴミを 2 つポイ捨てし主体 2 が 3 つのゴミをポイ捨てしている
⑧（手元のゴミ 1 つによる不快さ 1.5 とポイ捨てされたゴミ 5 つによる不快
さ 5 の合計 6.5 の不快さ）である。2 人の主体が両方ともすべてのゴミをポイ
捨てした⑩の主体 1 にとっての不快さは，ポイ捨てされたゴミ 6 つによる不
快さ 6 であり，これは，主体 1 がゴミを 1 つポイ捨てし主体 2 がゴミを 2 つ
ポイ捨てした⑤の不快さ（手元のゴミ 2 つによる不快さ 3 とポイ捨てされた
ゴミ 3 つによる不快さ 3 の合計 6 の不快さ）と同じである。

1.4.3　チキンゲームのグラフモデル

　図 1.4 は 1.1.2 節のチキンゲームのストーリーのグラフモデルである。上
部は図 1.1 の囚人のジレンマのグラフモデルの上部と同じである。しかしこ
の中の①，②，③，④は，1.1.2 節のチキンゲームのストーリーにおいて達成
されうるコンフリクト状態にも対応する。実際，2 人の若者を主体 1 と主体 2
と呼ぶことにすると，①，②，③，④はそれぞれ，主体 1 と主体 2 が両方と
も避ける，主体 1 が避け主体 2 が避けない，主体 1 が避けず主体 2 が避ける，
主体 1 と主体 2 が両方とも避けない，という行動の組み合わせに応じて定ま
るコンフリクトの状態として捉えることができる。

　図 1.4 の下部の主体の選好は 1.1.2 節のチキンゲームのストーリーと次の
通り対応している。主体 1 にとってもっとも好ましい状態は主体 1 が避けず
主体 2 が避けることで達成される「主体 1 が勝つ（主体 2 が負ける）」という
③であり，この③が主体 1 の列の一番左に置かれている。主体 1 にとって次
に好ましいのは主体 1 と主体 2 が両方とも避けて「引き分け」になる①であ
り，この①が主体 1 の列の左から 2 番目に置かれている。また，主体 1 にと
って上から 3 番目に好ましいのは主体 1 が避けて主体 2 が避けないことで達
成される「主体 1 が負ける（主体 2 が勝つ）」という②であり，この②が主体

主体の選好	もっとも好ましい ↔ もっとも好ましくない			
主体 1	③	①	②	④
主体 2	②	①	③	④

図 1.4 チキンゲームのグラフモデルの例

主体の選好	もっとも好ましい ↔ もっとも好ましくない			
主体 1	③	①	②	④
主体 2	②	①	③	④

図 1.5 不可逆的な状態遷移を含むチキンゲームのグラフモデルの例

1の列の左から 3 番目に置かれている。そして，主体 1 にとってもっとも好ましくないのは主体 1 と主体 2 が両方とも避けずに「車が壊れひどい怪我をする」という④であり，この④が主体1の列のもっとも右に置かれている。主体 2 の選好も同様に，図 1.4 の下部の主体2の列に，左から②（「主体 2 が勝つ（主体 1 が負ける）」），①（「引き分け」），③（「主体 2 が負ける（主体 1 が勝つ）」），④（「車が壊れひどい怪我をする」）の順に状態を並べることで表示されている。

　図 1.4 の上部では，若者がいったん避けても，また避けていない状態に戻ることができるということが表現されている。一方で，いったん避けると，もう避けていない状態には戻ることができない，ということは，図 1.5 のように表現可能である。ここでは，主体 1 が実行可能な状態遷移は，③から①と，④から②のみであり，主体 2 が実行可能な状態遷移は，②から①と，④から③

のみであることが示されている。これにより，若者はいったん避けると，もう避けていない状態には戻ることができないという，不可逆的な状態遷移が表現される。

1.4.4　共有地の悲劇のグラフモデル

　1.1.3 節の共有地の悲劇のストーリーには 3 人の牛飼いが関わっている。牛飼いそれぞれが移動可能な牛の数が 1 頭の場合，共有地の悲劇のグラフモデルは図 1.6 のように表現可能である。図 1.6 の上部では，状態を表す数字が大きくなる方向にたどる矢印が，ある牛飼いが自分の牛 1 頭を共有牧場に移動するという行動に対応しており，また，その牛飼いが実行可能なコンフリクトの状態遷移を表現している。例えば①から③への実線の矢印は主体 1 の牛飼いが牛 1 頭を共有牧場に移動することを表している。②から④，⑤から⑦，⑥から⑧の実線の矢印も，主体 1 の牛飼いが牛 1 頭を共有牧場に移動することを表している。同様に，主体 2 の牛飼いが牛 1 頭を共有牧場に移動することは，①から②，③から④，⑤から⑥，⑦から⑧の細かい点線の矢印で表現されている。また，主体 3 の牛飼いが牛 1 頭を共有牧場に移動することは，①から⑤，②から⑥，③から⑦，④から⑧の粗い点線の矢印で表現されている。さらに，上記の矢印と逆向きの矢印が，各牛飼いが自分の牛 1 頭を私有牧場に戻すことを表現している。

　図 1.6 の下部は，達成されうるコンフリクトの状態に対する各牛飼いの選好を表している。私有牧場の維持費はそこにいる牛の数が減れば減るほど減少し，維持費の減少はその私有牧場を所有している牛飼いの収益の改善につながる。また，共有牧場にいる牛の生育状況は，そこにいる牛の数が増えれば増えるほど悪化し，生育状況の悪化はその牛を所有している牛飼いの損失につながる。各主体の選好は，利益と損失のバランスにより決まる。いま各牛飼いはそれぞれ 2 頭の牛を育てていて，そのうちの 1 頭は共有牧場，もう 1 頭は私有牧場にいるとし，私有牧場にいる 1 頭を共有牧場に移動するかどうかを考えているとする。仮に，共有牧場の牛の育成能力を 100 とし，これを共有牧場にいる牛の数で割った数で共有牧場にいる牛 1 頭の生育状況が決まるとする。私有牧場の牛を共同牧場に移動する牛飼いの数が 0 人，1 人，2 人，3 人の場合，共有牧場にいる牛の数はそれぞれ 3 頭，4 頭，5 頭，6 頭となり，それぞれの場合の牛 1 頭の育成状況は，おおむね 33，25，20，16 となる。そし

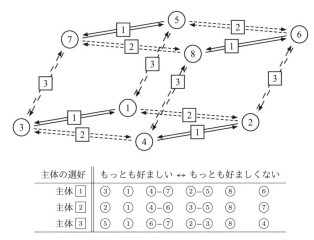

主体の選好	もっとも好ましい ↔ もっとも好ましくない					
主体 1	③	①	④–⑦	②–⑤	⑧	⑥
主体 2	②	①	④–⑥	③–⑤	⑧	⑦
主体 3	⑤	①	⑥–⑦	②–③	⑧	④

図 1.6　牛 1 頭の移動についての共有地の悲劇のグラフモデルの例
ただし下部について，「−」でつながれている 2 つの状態は，対応する主体にとって
同程度に好ましいとする。

てこれが，共有牧場にいる牛 1 頭から牛飼いが得る利益になるとする。また，
私有牧場にいる牛 1 頭の価値は 10 であり，私有牧場にいる牛が 1 頭増えるご
とに，私有牧場で牛 1 頭を育てるための維持費が 1 だけ増えるとする。私有
牧場に牛がいなかったら，そこから得られる価値も必要な維持費も 0 であり，
牛飼いがその私有牧場から得られる利益も 0 である。私有牧場に牛が 1 頭い
たら，そこから得られる価値は 10，必要な維持費は 1 であり，牛飼いがその
私有牧場から得られる利益は 9 である。

　このように仮定すると，3 人の牛飼い全員が私有牧場から共同牧場に牛を
移動させなかった場合，すなわち図 1.6 の上部の①における各牛飼いの利益
は，共有牧場の牛 1 頭からの 33 と私有牧場の牛 1 頭からの 9 の合計で 42 と
なる。逆に，3 人の牛飼い全員が私有牧場から共同牧場に牛を移動をさせた場
合，つまり図 1.6 の上部の⑧における各牛飼いの利益は，共有牧場の牛 2 頭
からの 32 と私有牧場の牛 0 頭からの 0 の合計で 32 となる。また，私有牧場
の牛を共同牧場に移動する牛飼いの数が 1 人の場合，つまり図 1.6 の上部の
②，③，⑤では，牛を移動した牛飼いの利益は，共有牧場の牛 2 頭からの 50
と私有牧場の牛 0 頭からの 0 の合計で 50 となり，牛を移動しなかった牛飼い
の利益は，共有牧場の牛 1 頭からの 25 と私有牧場の牛 1 頭からの 9 の合計で

34 となる。さらに，私有牧場の牛を共同牧場に移動する牛飼いの数が2人の場合，すなわち図1.6の上部の④，⑥，⑦では，牛を移動した牛飼いの利益は，共有牧場の牛2頭からの40と私有牧場の牛0頭からの0の合計で40となり，牛を移動しなかった牛飼いの利益は，共有牧場の牛1頭からの20と私有牧場の牛1頭からの9の合計で29となる。

　図1.6の下部の各主体の選好は，上記の利益が多い状態がより好ましい状態であるとして記述されている。例えば主体1の選好は，図1.6の下部の主体[1]の列に記述されており，主体1にとってもっとも好ましいのは，主体1だけが牛を移動して利益50を得る③であり，次に好ましいのは，誰も牛を移動せずに利益42を得る①である。次に主体1にとって好ましいのは④と⑦であり，主体1ともう1人の主体が牛を移動する場合で，主体1の利益は40である。②と⑤がそれに続き，このときには，主体1以外の1人の主体が牛を移動していて，主体1の利益は34である。⑧は3人の牛飼い全員が牛を移動する場合で，このときの主体1の利益は32である。主体1にとってもっとも好ましくないのは⑥である。これは，主体1以外の2人の主体が牛を移動する場合で，主体1の利益は29である。

　1.1.3節の共有地の悲劇のストーリーで，牛飼いそれぞれが移動可能な牛の数が2頭の場合についても，図1.7のようなグラフモデルで表現可能である。つまり例えば，各牛飼いがそれぞれ3頭の牛を育てていて，そのうちの1頭が共有牧場，残りの2頭が私有牧場におり，各牛飼いが自分の私有牧場にいる2頭のうち何頭かを共有牧場に移動することを考えている場合である。ただし図1.7の上部については，ここで描かれているコンフリクトの状態遷移以外に，実線の矢印，細かい点線の矢印，粗い点線の矢印を，状態を表す数字が大きくなる方向に続けて2つたどることで表現されるコンフリクトの状態遷移，およびその逆の，状態を表す数字が小さくなる方向に続けて2つたどることで表現されるコンフリクトの状態遷移も直接実行できるとする。

　実線の矢印，細かい点線の矢印，粗い点線の矢印が，それぞれ主体1，主体2，主体3が実行可能なコンフリクトの状態遷移を表現していること，また，状態を表す数字が大きくなる方向にたどる矢印が，ある牛飼いが自分の牛1頭を共有牧場に移動するという行動に対応していること，そして，状態を表す数字が小さくなる方向にたどる矢印が，ある牛飼いが自分の牛1頭を私有牧場に戻すという行動に対応していることは，図1.6の場合と同じである。

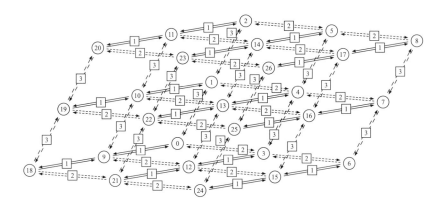

主体の選好	もっとも好ましい ← 　　　　　　　　　　　　　　　　　　　　　 → もっとも好ましくない
主体 1	⑱ ⑨ ⑲-㉑ ⑩-⑫ ⓪ ⑳-㉒-㉔ ⑪-⑬-⑮ ①-③ ㉓-㉕ ⑭-⑯ ②-④-⑥-㉖ ⑰ ⑤-⑦ ⑧
主体 2	⑥ ③ ⑦-⑮ ④ ⓪ ⑧-⑯ ㉔ ⑤-⑬-㉑ ①-⑨ ⑰-㉕ ⑭-㉒ ②-⑩-⑱-㉖ ㉓ ⑪-⑲ ⑳
主体 3	② ① ⑤-⑪ ④-⑩ ⓪ ⑧-⑭-⑳ ⑦-⑬-⑲ ③-⑨ ⑰-㉓ ⑯-㉒ ⑥-⑫-⑱-㉖ ㉕ ⑮-㉑ ㉔

図 1.7　牛 2 頭の移動についての共有地の悲劇のグラフモデルの例

ただし，上部について，ここで描かれている状態遷移以外に，実線の矢印，細かい点線の矢印，粗い点線の矢印を，状態を表す数字が大きくなる方向に続けて 2 つどることで表現される状態遷移，およびその逆の，状態を表す数字が小さくなる方向に続けて 2 つどることで表現される状態遷移も直接実行できるとする。また下部について，「−」でつながれている複数の状態は，対応する主体にとって同程度に好ましいとする。

　図 1.7 の下部が達成されうるコンフリクトの状態に対する各牛飼いの選好を表していることも図 1.6 の場合と同じである。この場合には，例えば共有牧場の牛の育成能力を 120，私有牧場にいる牛 1 頭の価値を 10 とし，また，私有牧場で牛 1 頭を育てるための維持費を，私有牧場にいる牛が 1 頭の場合には 1，牛が 2 頭の場合には 2 であるとする。さらに，各主体にとっては，共有牧場と私有牧場から得られる利益の合計が多い状態がより好ましい状態であるとすると，図 1.7 の下部に示されている各主体の選好が得られる。

　この場合，主体 1 にとってもっとも好ましいのは⑱であり，このときの主体 1 の利益は共有牧場の牛 3 頭からの 72（$= (120 \div (3+2)) \times 3$）と私有牧場の牛 0 頭からの 0 の合計で 72 となる。主体 1 にとって 2 番目に好ましいのは⑨であり，このときの主体 1 の利益は共有牧場の牛 2 頭からの 60（$= (120 \div$

$(3＋1))×2)$ と私有牧場の牛 1 頭からの 9 （＝ $(10－1)×1$）の合計で 69
となる．主体 1 にとってもっとも好ましくないのは⑧であり，このときの主
体 1 の利益は共有牧場の牛 1 頭からの約 17 （＝ $(120÷(3＋4))×1$）と私有
牧場の牛 2 頭からの 16 （＝ $(10－2)×2$）の合計で約 33 となる．主体 1 に
とって②，④，⑥，㉖は同程度に好ましく，このときの主体 1 の利益は，共
有牧場の牛 1 頭からの 24 （＝ $(120÷(3＋2))×1$）と私有牧場の牛 2 頭から
の 16 （＝ $(10－2)×2$）の合計，あるいは，共有牧場の牛 2 頭からの 40 （＝
$(120÷(3＋6))×3$）と私有牧場の牛 0 頭からの 0 の合計で，40 である．

　3 人の牛飼い全員が私有牧場から共同牧場に牛を移動させなかった場合，す
なわち図 1.7 の上部の⓪における各牛飼いの利益は，共有牧場の牛 1 頭からの
40 （＝ $(120÷(3＋0))×1$）と私有牧場の牛 2 頭からの 16 （＝ $(10－2)×2$）の合
計で 56 となる．3 人の牛飼い全員が私有牧場から共同牧場に牛を 1 頭を移動
さた場合には，状態⑬が達成され，各牛飼いの利益は，共有牧場の牛 2 頭か
らの 40 （＝ $(120÷(3＋3))×2$）と私有牧場の牛 1 頭からの 9 （＝ $(10－1)×1$）
の合計で 49 となる．3 人の牛飼い全員が私有牧場から共同牧場に牛を 2 頭を
移動さた場合は㉖となり，各牛飼いの利益は上記の通り 40 となる．

1.4.5　エルマイラ（Elmira）のコンフリクトのグラフモデル

　1.1.4 節のエルマイラのコンフリクトのストーリーは，図 1.8 のグラフモデ
ルで表現することができる．以下の説明は文献 [10] の記述に基づいている．

　図 1.8 の上部の中の M ，U ，L がそれぞれ，主体 M （オンタリオ州環境
省），主体 U （ユニロイヤル化学社），主体 L （地方自治体）に対応しており，
①が，M が発行した厳しい管理命令に対して U が異議申立をして時間稼ぎを
しているという，このコンフリクトの当初の状態（status quo）を表現してい
る．①において M が管理命令を緩和するとコンフリクトの状態は②に遷移す
る．M が実行可能なこの状態遷移は不可逆的であるため，②から①への実線
の矢印は描かれていない．①において U が管理命令を受け入れるとコンフリ
クトの状態は③に遷移する．U によるこの状態遷移は細かい点線で描かれて
おり不可逆的である．④は，M によって緩和された管理命令を U が受け入れ
ることに対応している．L は厳しい管理命令の適用を主張することができ，そ
の主張によって①，②，③，④をそれぞれ⑤，⑥，⑦，⑧に遷移させること
ができる．L によるこの状態遷移は粗い点線で表現されており，可逆的であ

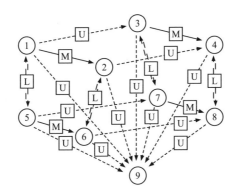

主体の選好	もっとも好ましい ↔ もっとも好ましくない								
主体 M	⑦	③	④	⑧	⑤	①	②	⑥	⑨
主体 U	①	④	⑧	⑤	⑨	③	⑦	②	⑥
主体 L	⑦	③	⑤	①	⑧	⑥	④	②	⑨

図 1.8 エルマイラのコンフリクトのグラフモデルの例
（文献 [10] の 図 3 に基づいて著者が作成）

るため，逆向きの粗い点線も描かれている。⑤は，M が発行した厳しい管理
命令に対して U が異議申立をして時間稼ぎをしていて，さらに L が厳しい管
理命令の適用を主張していることを表している。⑤においては，M が不可逆
的に管理命令を緩和するとコンフリクトの状態は⑥に遷移し，U が不可逆的
に管理命令を受け入れると⑦に遷移する。⑧は，L が厳しい管理命令の適用
を主張しているもとで M が不可逆的に管理命令を緩和し，それを U が不可逆
的に受け入れることに対応している。⑨は U が化学プラントを放棄すること
に対応していて，U はコンフリクトのどの状態からもこの⑨に，コンフリク
トの状態を遷移させることができる。⑨への U によるコンフリクトの状態遷
移は不可逆的であるため，⑨に向かう細かい点線の矢印のみが描かれており，
⑨から他の状態に向かう細かい点線の矢印は描かれていない。

　図 1.8 の下部は M，U，L のコンフリクトの状態に対する選好を表してい
る。M の選好が⑦，③，④，⑧の順になっていることから，M は，U ができ
れば厳しい管理命令を，そうでなければ緩和された管理命令を受け入れるこ
とを望んでいることがわかる。また L の選好が⑦，③，⑤，①の順になって

いることから，L は，U が厳しい管理命令を受け入れることを望んでおり，それが達成されない場合でも，厳しい管理命令が維持されることを望んでいることがわかる。さらに，U が化学プラントを放棄する⑨が，M と L にとってもっとも好ましくない状態であるということもわかる。U は，厳しい管理命令を受け入れる③や⑦，あるいは，緩和された管理命令に対する異議申立を続ける②や⑥よりは，化学プラントを放棄する⑨を望んでおり，それ以上に，厳しい管理命令に対する異議申立による時間稼ぎの①や⑤，あるいは，緩和された管理命令を受け入れる④や⑧を望んでいることがわかる。

1.5　付録：論理，集合，選好

　この節では，第 1 章の付録として，本書で用いられる論理や集合，および，主体がコンフリクトの状態に対して持っている選好に関する，記号や概念のリストを記載する。

1.5.1　論理

　本書では論理に関する記号や初歩的な概念，および，性質を用いる。以下がリストである。この中で p, q, r は命題を表す。命題とは真か偽かが定まる文を指す。また $P(x)$ は x を変数として持つ命題を表し，x の値が定まれば真か偽かが定まる文を指す。

　論理に関する記号の「∨」（または），「∧」（かつ），「¬」（～ではない）（それぞれ下記のリストの 1，2，3 を参照）は，集合に関する記号の「∪」（和集合），「∩」（共通部分），「′」（補集合）（それぞれ 1.5.2 節のリストの 6，7，9 を参照）と，形や用法，性質が似ているので混同されやすい。しかしこれらは区別されて使用される必要がある。ド・モルガンの法則についても，論理に関するもの（下記のリストの 14 を参照）と集合に関するもの（1.5.2 節のリストの 13 を参照）がある。これらも区別される必要がある。

　1. $p \lor q$ は「p または q である」を意味する。

　2. $p \land q$ は「p かつ q である」を意味する。

　3. $\neg p$ は「p ではない」を意味する。

　4. $p \to q$ は「p ならば q である」を意味する。

5. $p \leftrightarrow q$ は「p の必要十分条件は q である」を意味し，「$(q \rightarrow p) \wedge (p \rightarrow q)$」，つまり，「[$q$ ならば p である] かつ [p ならば q である]」で定義される。「q であるとき，かつ，そのときに限って p である」と表現される場合もあり，これは英語で書かれる場合の「p if and only if q」や「p iff q」に相当する。

6. $(\forall x)(P(x))$ は「どの x に対しても $P(x)$ である」を意味する。変数 x の値が集合 X の要素である，つまり，$x \in X$ である場合，$(\forall x \in X, P(x))$ と書かれる場合もある。しかし $(\forall x)(x \in X \rightarrow P(x))$ という表現がより正確である。この中の「変数 x の値が集合 X の要素である」や「$x \in X$」という表現については 1.5.2 節のリストの 2 を参照してほしい。

7. $(\exists x)(P(x))$ は「少なくとも 1 つの x に対して $P(x)$ である」を意味する。これは $(\exists x \in X, P(x))$，あるいは，より正確に $(\exists x)((x \in X) \wedge P(x))$ と書かれる場合がある。この中の「$x \in X$」という表現について 1.5.2 節のリストの 2 を参照してほしい。

8. $p \Leftrightarrow q$ は，p と q が論理的に同値であることを表す。

9. どんな p に対しても，$p \Leftrightarrow (\neg(\neg p))$ である。

10. つねに真である命題を t，つねに偽である命題を f と書くとする。どんな p に対しても，$(p \vee t) \Leftrightarrow t$，$(p \wedge t) \Leftrightarrow p$，$(p \vee f) \Leftrightarrow p$，および，$(p \wedge f) \Leftrightarrow f$ である。

11. $p \Rightarrow q$ は，p は q を論理的に含意することを意味する。

12. どんな p と q に対しても，$p \Rightarrow (p \vee q)$ および $(p \wedge q) \Rightarrow p$ である。

13. どんな p と q に対しても，$(p \rightarrow q) \Leftrightarrow ((\neg p) \vee q)$ が成立する。この性質は，「$\rightarrow$」（ならば）を，「$\neg$」（〜ではない）と「$\vee$」（または）を使って置き換えるときにしばしば使われる。

14. どんな p と q に対しても，$(\neg(p \vee q)) \Leftrightarrow ((\neg p) \wedge (\neg q))$ および $(\neg(p \wedge q)) \Leftrightarrow ((\neg p) \vee (\neg q))$ が成立する。これらはド・モルガンの法則と呼ばれ，「$\neg$」（〜ではない）と「$\vee$」（または），および，「$\wedge$」（かつ）の間の関係についての性質であり，「$\Leftrightarrow$」の左右にある命題の間の置き換えの際にしばしば使われる。

15. どんな p, q, r に対しても，$(p \wedge (q \vee r)) \Leftrightarrow ((p \wedge q) \vee (p \wedge r))$ および $(p \vee (q \wedge r)) \Leftrightarrow ((p \vee q) \wedge (p \vee r))$ が成立する。これらは分配法則と呼ば

れ，「⇔」の左右にある命題の間の置き換えの際にしばしば使われる。

16. どんな p に対しても，$(p \vee (\neg p))$ および $((\neg p) \vee p)$ はつねに真である。

17. どんな p に対しても，$(p \wedge (\neg p))$ および $((\neg p) \wedge p)$ はつねに偽である。

18. 以下の 3 つは「∀」（どの〜に対しても）と「∃」（少なくとも 1 つの〜に対して），および，「¬」（〜ではない）の間の関係についての性質であり，「∀」や「∃」を含む命題を変形するときにしばしば使われる。

　(a) $(\forall x)(P(x)) \Rightarrow (\exists x)(P(x))$

　(b) $\neg(\forall x)(P(x)) \Leftrightarrow (\exists x)(\neg P(x))$

　(c) $\neg(\exists x)(P(x)) \Leftrightarrow (\forall x)(\neg P(x))$

1.5.2　集合

　本書で用いる集合に関する初歩的な記号や概念，および，性質をリストにして示す。要素の集まりを集合と呼び，要素は $x, y, \ldots, a, b, \ldots$ などアルファベットの小文字で，集合は $X, Y, \ldots, A, B, \ldots$ などアルファベットの大文字で表記することが多い。

　ある集合の中の要素を示す場合，$\{a, b, c\}$ というように，すべて要素を $\{\ \ \}$ の間に列挙する方法と，ある x が集合の要素になるための条件を $P(x)$ と書いて $\{x \mid P(x)\}$ と表す方法がある。$X = \{x \mid P(x)\}$ と書いた場合，条件 $P(x)$ を満足する x すべてが，そして，条件 $P(x)$ を満足する x だけが集合 X の要素となる。いずれの場合も使われるのは $\{\ \ \}$ の形の括弧である。$\{x \mid P(x)\}$ は $\{x : P(x)\}$ と書かれることもある。

　集合に関する記号の「∪」（和集合），「∩」（共通部分），「′」（補集合）（それぞれ下記のリストの 6，7，9 を参照）は，論理に関する記号の「∨」（または），「∧」（かつ），「¬」（〜ではない）（それぞれ 1.5.1 節のリストの 1，2，3 を参照）と，形や用法，性質が似ているので混同されやすい。しかしこれらは区別されて使用される必要がある。ド・モルガンの法則についても，集合に関するもの（下記のリストの 13 を参照）と論理に関するもの（1.5.1 節のリストの 14 を参照）がある。これらも区別される必要がある。

1. ∅ は空集合（くうしゅうごう）と呼ばれ，要素を持たない空（から）の集合を表す。

2. $x \in X$ は「x は X の要素である」を意味する。

3. $x \notin X$ は「x は X の要素ではない」を意味する。つまり $\neg(x \in X)$ である。

4. $A \subseteq B$ は「A は B の部分集合である」，つまり $(\forall x)((x \in A) \to (x \in B))$ が真であることを意味する。特に A と B が等しい場合も含む。

5. $A = B$ は「A は B と等しい」，つまり $(A \subseteq B) \wedge (B \subseteq A)$，あるいは，$(\forall x)((x \in A) \leftrightarrow (x \in B))$ が真であることを意味する。

6. $A \cup B$ は $\{x \mid (x \in A) \vee (x \in B)\}$ で定義され，A と B の和集合（union）と呼ばれる。

7. $A \cap B$ は $\{x \mid (x \in A) \wedge (x \in B)\}$ で定義され，A と B の共通部分（intersection）と呼ばれる。

8. $A \backslash B$ は $\{x \mid (x \in A) \wedge (x \notin B)\}$ で定義され，A の B との差集合（difference）と呼ばれる。$A - B$ と表記される場合もある。

9. X を，対象としている要素全体の集合（全体集合，あるいは，普遍集合と呼ばれる）とし，X の部分集合 A を考える。つまり $A \subseteq X$ の場合である。このとき A' は $X \backslash A$ を指し，A の補集合（complement）と呼ばれる。A^c や $\overline{A}$ と表記される場合もある。

10. $A \times B$ は $\{(a, b) \mid (a \in A) \wedge (b \in B)\}$ で定義され，A と B を直積した集合，あるいは，A と B の直積集合と呼ばれる。つまり，A の要素 a と B の要素 b の組 (a, b) 全体の集合が $A \times B$ である。A を2つ直積した集合 $A \times A$ を考えることもでき，これは $\{(a, a') \mid (a \in A) \wedge (a' \in A)\}$ で定義される。

11. どんな A と B に対しても $(A \subseteq B) \Leftrightarrow ((A \cup B) = B)$ および $(A \subseteq B) \Leftrightarrow ((A \cap B) = A)$ が成立する。これらは「$\subseteq$」（部分集合），「$\cup$」（和集合），「$\cap$」（共通部分），および，「$=$」（等しい）の間の関係についての性質であり，「$\Leftrightarrow$」の左右にある命題の間の置き換えの際に用いられる。

12. どんな X のどんな部分集合 A と B に対しても，$(A \subseteq B) \Leftrightarrow (B' \subseteq A')$ が成立する。これは「$\subseteq$」（部分集合）と「$'$」（補集合）の間の関係についての性質であり，「$\Leftrightarrow$」の左右にある命題の間の置き換えの際に用いられる。

13. どんな X のどんな部分集合 A と B に対しても，$(A \cup B)' = (A' \cap B')$ および $(A \cap B)' = (A' \cup B')$ が成立する。これらはド・モルガンの法則と呼ばれ，「$\cup$」（和集合），「$\cap$」（共通部分），「$'$」（補集合），および，「$=$」

（等しい）の間の関係についての性質であり，「＝」の左右にある集合の間の置き換えの際にしばしば使われる。

1.5.3　選好

主体がコンフリクトの状態に対して持っている選好は，1.5.2 節にある集合に関する記号や概念を用いて表現される。以下が選好に関する記号や概念のリストである。この中で，$\succsim_i$ は主体 i がコンフリクトの状態に対して持っている選好を表す。C は達成されうるコンフリクトの状態全体の集合を指し，c, c', c'' はそれぞれ C の要素，つまり，コンフリクトの状態を表す。

1. $C \times C$（1.5.2 節のリストの 10 を参照）の部分集合のことを C 上の関係（relation）と呼ぶ。$\succsim_i$ は C 上の関係（つまり，$C \times C$ の部分集合）のうち，下記のリストの 2，3，4，5 など，その関係が主体の選好を表しているとみなすことができるための条件を満たしている特別なものである。

2. C 上の関係 $\succsim_i$ が反射的（reflexive）であるとは，どの c に対しても「$c \succsim_i c$ である」ということ（つまり，$(\forall c)(c \succsim_i c)$）が成立するときをいう。

3. C 上の関係 $\succsim_i$ が推移的（transitive）であるとは，どの c, c', c'' に対しても「もし $[c \succsim_i c'$ かつ $c' \succsim_i c'']$ ならば $c \succsim_i c''$ である」ということ（つまり，$(\forall c)(\forall c')(\forall c'')(((c \succsim_i c') \wedge (c' \succsim_i c'')) \to (c \succsim_i c''))$）が成立するときをいう。

4. C 上の関係 $\succsim_i$ が完備（complete）であるとは，どの c と c' に対しても「$[c \succsim_i c'$ または $c' \succsim_i c]$ である」ということ（つまり，$(\forall c)(\forall c')((c \succsim_i c') \vee (c' \succsim_i c))$）が成立するときをいう。

5. C 上の関係 $\succsim_i$ が反対称的（anti-symmetric）であるとは，どの c と c' に対しても「もし $[c \succsim c'$ かつ $c' \succsim c]$ ならば $c = c'$ である」ということ（つまり，$(\forall c)(\forall c')(((c \succsim_i c') \wedge (c' \succsim_i c)) \to (c = c'))$）が成立するときをいう。

6. C 上の関係は，反射的，推移的，完備，反対称的であるとき，C 上の線形順序（linear order）と呼ばれる。

7. C 上の関係は，反射的，推移的，完備であるとき，C 上の弱順序（weak

order）と呼ばれる。

8. C 上の関係は，反射的，推移的，反対称的であるとき，C 上の半順序（partial order）と呼ばれる。

9. $c \succsim_i c'$ は「主体 i が c を c' 以上に好んでいる」ことを表す。

10. $c \succ_i c'$ は「主体 i が c を c' より好んでいる」ことを表す。これは $((c \succsim_i c') \wedge (\neg(c' \succsim_i c)))$ が成立していることとして定義される。

11. $c \sim_i c'$ は「主体 i が c を c' と同程度に好んでいる」ことを表す。これは $(c \succsim_i c') \wedge (c' \succsim_i c)$ が成立していることとして定義される。

12. 「主体 i は c を c' と比較できない」ことは，$(\neg(c \succsim_i c')) \wedge (\neg(c' \succsim_i c))$ が成立していることとして定義される。

13. $c = c'$ と $c \sim_i c'$ は異なる意味を持つことに注意してほしい。$c = c'$ は c と c' が C の要素として同じであることを意味する。一方 $c \sim_i c'$ は主体 i が c を c' と同程度に好んでいることを意味（上記のリストの 11 を参照）し，この場合 c と c' は C の要素としては異なりうる。$\succsim_i$ が反射的（上記のリストの 2 を参照）である場合，もし $c = c'$ ならば $c \sim_i c'$ である。しかし $c \sim_i c'$ であったとしても $c = c'$ とは限らない。$c \sim_i c'$ であるときにはいつでも $c = c'$ であるということは，$\succsim_i$ が反対称的（上記のリストの 5 を参照）であるということで表現される。

14. $\succsim_i$ と $\geq$ の違い，および，$\succ_i$ と $>$ の違いにも注意してほしい。$\succsim_i$ と $\succ_i$ は主体 i の選好を表す際に用いられる。一方 $\geq$ と $>$ は実数の大小関係を表す際に用いられる。

15. $\succsim_i$ を C 上の関係とし，$\succ_i$ と $\sim_i$ をそれぞれ上記の 10 と 11 の通り定義する。このとき次の 3 つの性質が成立する。これらは，$\succsim_i$, $\succ_i$, $\sim_i$ の数理的な定義と解釈とが互いに整合していることを表している。

    (a) $(c \succsim_i c') \Leftrightarrow ((c \succ_i c') \vee (c \sim_i c'))$

    (b) $(c \succ_i c') \Leftrightarrow ((c \succsim_i c') \wedge (\neg(c \sim_i c')))$

    (c) $(c \sim_i c') \Leftrightarrow ((c \succsim_i c') \wedge (\neg(c \succ_i c')))$

16. C 上の関係 $\succsim_i$ が完備であるとき，$\succsim_i$ は反射的である。

17. C 上の関係 $\succsim_i$ が完備であるとき，次の 3 つの性質が成立する。

    (a) $(\neg(c \succsim_i c')) \Leftrightarrow (c' \succ_i c)$

    (b) $(\neg(c' \succ_i c)) \Leftrightarrow (c \succsim_i c')$

    (c) $(\neg(c \sim_i c')) \Leftrightarrow ((c \succ_i c') \vee (c' \succ_i c))$

また，C 上の関係 $\succsim_i$ が完備でないときでも，次の 3 つの性質が成立する。

(a′) $(c' \succ_i c) \Rightarrow (\neg(c \succsim_i c'))$

(b′) $(c \succsim_i c') \Rightarrow (\neg(c' \succ_i c))$

(c′) $((c \succ_i c') \vee (c' \succ_i c)) \Rightarrow (\neg(c \sim_i c'))$

これらは，$\succsim_i$, $\succ_i$, $\sim_i$ の否定（$\neg$）に関する性質であり，実数上の関係を表す $\geq$, $>$, $=$ の否定に関する性質と類似したものである。

1.6　演習問題

この節の演習問題の解説と解答例については巻末の「演習問題・チャレンジ問題の解説と解答例」の解答（演習問題）を参照せよ。解答の番号は演習問題の番号に対応している。

1.6.1　論理についての演習問題

演習問題 1（∨，∧，¬，→，↔ の真理値表）

「∨」（または），「∧」（かつ），「¬」（～ ではない），「→」（ならば），「↔」（必要十分条件）の真理値表（それぞれ，表 1.2，表 1.3，表 1.4，表 1.5，表 1.6）を完成させよ。ただし，p と q は命題で，T と F は真理値の「真（True）」と「偽（False）」をそれぞれ表す。　　　　　　　　　　　　　　　□

演習問題 2（命題 $(\neg p) \vee q$ の真理値表）

命題 $(\neg p) \vee q$ の真理値表（表 1.1）を，演習問題 1 の結果を使って，完成させよ。そして，「→」（ならば）の真理値表（演習問題 1 の表 1.5）と比較し，1.5.1 節のリストの 13 の性質が成立することを確認せよ。　　　　　　　□

演習問題 3（論理に関するド・モルガンの法則）

論理に関するド・モルガンの法則が成立することを，演習問題 1 の結果を使って，確認せよ。つまり，1.5.1 節のリストの 14 にある「どんな p と q に対しても，$(\neg(p \vee q)) \Leftrightarrow ((\neg p) \wedge (\neg q))$ および $(\neg(p \wedge q)) \Leftrightarrow ((\neg p) \vee (\neg q))$ が成立する」という性質を，「$\Leftrightarrow$」の両側にある命題の真理値表をそれぞれ作成して比較することで証明せよ。　　　　　　　　　　　　　　　□

表 1.1　命題「$(\neg p) \lor q$」の真理値表

p	q	$(\neg$	$p)$	$\lor$	q
T	T				
T	F				
F	T				
F	F				

表 1.2　「$\lor$」（または）

p	q	$p \lor q$
T	T	
T	F	
F	T	
F	F	

表 1.3　「$\land$」（かつ）

p	q	$p \land q$
T	T	
T	F	
F	T	
F	F	

表 1.4　「$\neg$」（〜ではない）

p	$\neg p$
T	
F	

表 1.5　「$\to$」（ならば）

p	q	$p \to q$
T	T	
T	F	
F	T	
F	F	

表 1.6　「$\leftrightarrow$」（必要十分条件）

p	q	$p \leftrightarrow q$
T	T	
T	F	
F	T	
F	F	

演習問題 4（→ と ↔ の性質）

次の「→」（ならば）と「↔」（必要十分条件）に関係する性質を，演習問題 1 の結果を使い，また関連する命題の真理値表をそれぞれ作成することで，確認せよ。

1. $((p \to q) \land (q \to p)) \Leftrightarrow (p \leftrightarrow q)$
2. $(p \land (p \to q)) \to q$ はつねに真である。
3. $((p \to q) \land (q \to r)) \to (p \to r)$ はつねに真である。

□

1.6.2 集合についての演習問題

演習問題 5（⊆, ∪, ∩, = の間の関係）

1.5.2 節のリストの 11 にある「どんな A と B に対しても $(A \subseteq B) \Leftrightarrow ((A \cup B) = B)$ および $(A \subseteq B) \Leftrightarrow ((A \cap B) = A)$ が成立する」という性質を証明せよ。

□

演習問題 6（⊆ と ′ の間の関係）

1.5.2 節のリストの 12 にある「どんな X のどんな部分集合 A と B に対しても，$(A \subseteq B) \Leftrightarrow (B' \subseteq A')$ が成立する」という性質を証明せよ。 □

演習問題 7（集合に関するド・モルガンの法則）

集合に関するド・モルガンの法則が成立することを，論理に関するド・モルガンの法則を使って証明せよ。つまり，1.5.2 節のリストの 13 にある「どんな X のどんな部分集合 A と B に対しても，$(A \cup B)' = (A' \cap B')$ および $(A \cap B)' = (A' \cup B')$ が成立する」という性質を，1.5.1 節のリストの 14 にある「どんな p と q に対しても，$(\neg(p \lor q)) \Leftrightarrow ((\neg p) \land (\neg q))$ および $(\neg(p \land q)) \Leftrightarrow ((\neg p) \lor (\neg q))$ が成立する」という性質を使って証明せよ。 □

1.6.3 選好についての演習問題

演習問題 8（≳, ≻, ∼ の間の整合性）

1.5.3 節のリストの 15 にある 3 つの性質，つまり，(a)$(c \gtrsim c') \Leftrightarrow ((c \succ c') \lor (c \sim c'))$，(b)$(c \succ c') \Leftrightarrow ((c \gtrsim c') \land (\neg(c \sim c')))$，(c)$(c \sim c') \Leftrightarrow ((c \gtrsim c') \land (\neg(c \succ c')))$ をそれぞれ証明せよ。 □

演習問題 9（完備性と反射性）

1.5.3 節のリストの 16 にある性質，つまり，「C 上の関係 $\succsim_i$ が完備であるとき，$\succsim_i$ は反射的である」ことを証明せよ。　　　□

演習問題 10（完備性と選好の否定）

1.5.3 節のリストの 17 にある，C 上の関係 $\succsim_i$ が完備であるときの 3 つの性質，つまり，(a) $(\neg(c \succsim_i c')) \Leftrightarrow (c' \succ_i c)$，(b) $(\neg(c' \succ_i c)) \Leftrightarrow (c \succsim_i c')$，(c) $(\neg(c \sim_i c')) \Leftrightarrow ((c \succ_i c') \vee (c' \succ_i c))$ をそれぞれ証明せよ。また，C 上の関係 $\succsim_i$ が完備でないときにも，(a') $(c' \succ_i c) \Rightarrow (\neg(c \succsim_i c'))$，(b') $(c \succsim_i c') \Rightarrow (\neg(c' \succ_i c))$，(c') $((c \succ_i c') \vee (c' \succ_i c)) \Rightarrow (\neg(c \sim_i c'))$ の 3 つの性質が成立することを証明せよ。　　　□

第2章

合理分析とは何か

この章では，グラフモデルの分析方法として基盤をなす合理分析について，その目的と定義を詳述する。

2.1　合理分析の目的は何か

現実世界における「現実の問題」（序.4節の図序.2の(1)）である1つのコンフリクトについて，数理世界における「数理モデル」（序.4節の図序.2の(3)）である1つのグラフモデルが与えられると，そのグラフモデルに対して合理分析を実行することができる。合理分析は序.4節の図序.2の「(4)分析」で用いることができる分析方法の1つである。1.2.1節にある通り合理分析の目的は，合理的な個人による振る舞いに注目して，達成されうるコンフリクトの状態のうちどれが各主体について安定であるか，あるいは，安定ではないかを知ること，および，コンフリクトの状態のうちどれが均衡であるか，あるいは，均衡ではないかを知ることである。ここで均衡は，すべての主体について安定である状態として定義される。

では，コンフリクトのある状態がある主体について安定である，とはどういう意味か。

1つは，その主体がそのコンフリクトの状態からの状態遷移を「実行できない」ことを指す。この場合，そのコンフリクトの状態は，その主体の影響によって遷移することがないため，その主体について安定しているといえる。もう1つは，その主体がそのコンフリクトの状態からの状態遷移を「実行しない」ことを指す。状態遷移を実行できるときにそれを実行しない理由は，一般にはさまざまに考えられる。合理分析においては主に，自らが状態遷移を実行することではコンフリクトをその主体にとってより好ましい状態に遷移させることができない場合や，自らが状態遷移を実行することでコンフリクトをその主体

にとってより好ましい状態に遷移させることができるものの，その状態遷移の後の他の主体による状態遷移によって，コンフリクトがその主体にとって元の状態と同程度かより好ましくない状態に遷移されうる場合が扱われる。すなわち，コンフリクトのある状態がある主体について安定である，とは，その主体がそのコンフリクトの状態にとどまらざるをえない，あるいは，自らとどまろうとする場合を指す。

そして，すべての主体について安定であるコンフリクトの状態を均衡と呼ぶ。つまり均衡においては，そのコンフリクトの状態にとどまらざるをえない，あるいは，自らとどまろうとする，ということがどの主体についても成り立っている。

ある主体がコンフリクトのある状態にとどまらざるをえないかどうか，いいかえれば，ある主体がコンフリクトのある状態からの状態遷移を「実行できない」かどうかは，そのコンフリクトのグラフモデルの構成要素の 1 つである「主体が実行可能なコンフリクトの状態遷移全体の集合」に表現されている。そしてこの場合の安定の考え方は，2.2.2 節の定義 2.2.6 で定義される，構造的安定性（STRuctural stability: STR）と呼ばれる安定性概念で表現される。一方，ある主体がコンフリクトのある状態に自らとどまろうとするかどうか，すなわち，ある主体がそのコンフリクトのある状態からの状態遷移を「実行しない」かどうかは，その主体がどのような主体であるかをどのように想定するかに依存して，さまざまに考えられる。この場合の安定の考え方の中の代表的なものとして，定義 2.2.7，定義 2.2.8，定義 2.2.9，定義 2.2.10 でそれぞれ定義される，ナッシュ安定性（Nash stability: Nash），一般メタ合理性（General MetaRationality: GMR），対称メタ合理性（Symmetric MetaRationality: SMR），連続安定性（SEQuestial Stability: SEQ）という安定性概念がある。

Nash，GMR，SMR，SEQ が想定する主体は，次の通りそれぞれ異なる。まず，自らが状態遷移を実行することでコンフリクトをその主体にとってより好ましい状態に遷移させることができる場合に，その状態遷移の後の他の主体による状態遷移を検討するかどうかの想定の違いによって，Nash とその他の安定性概念が区別される。つまり Nash のもとでは，コンフリクトのある状態において，ある主体が自らが状態遷移を実行することではコンフリクトをその主体にとってより好ましい状態に遷移させることができないとき，その状態はその主体について安定であり，逆に，ある主体が自らが状態遷移を実行するこ

とでコンフリクトをその主体にとってより好ましい状態に遷移させることが
できるとき，その状態はその主体について安定ではない。ある状態がある主体
について Nash である場合，その主体が状態遷移を実行しても，コンフリクト
をその主体にとってより好ましい状態に遷移させることができないため，その
主体はその状態からの状態遷移を「実行しない」と想定され，逆に，ある状態
がある主体について Nash ではない場合，その主体はコンフリクトの状態をそ
の主体にとってより好ましい状態に遷移させることができ，また，その後の他
の主体による状態遷移を検討せずに，その状態遷移を「実行する」と想定され
る。

　Nash 以外の 3 つの安定性概念においては，主体がコンフリクトの状態をそ
の主体にとってより好ましい状態に遷移させることができる場合に，その後
の他の主体による状態遷移を検討すると想定される。そして，他の主体の状態
遷移を検討する際に，他の主体によるあらゆる状態遷移を検討するか，コンフ
リクトの状態を他の主体それぞれにとってより好ましい状態に遷移させるよ
うな状態遷移のみを検討するかによって，GMR と SMR が SEQ から区別さ
れる。GMR と SMR では他の主体によるあらゆる状態遷移を検討するのに対
し，SEQ ではコンフリクトの状態を他の主体それぞれにとってより好ましい
状態に遷移させるような状態のみを検討する。さらに，他の主体による状態遷
移を検討した後，再度元の主体による状態遷移を考慮するかどうかで，SMR
が GMR と区別される。GMR においては，主体がコンフリクトの状態をその
主体にとってより好ましい状態に遷移させることができる場合に，その後の他
の主体による状態遷移だけを検討することによって，コンフリクトの状態の元
の主体についての安定性を判断する。SMR においては，コンフリクトの状態
のある主体についての安定性を判断するために，その主体がコンフリクトの状
態をその主体にとってより好ましい状態に遷移させることができる場合に，そ
の後の他の主体による状態遷移を検討し，さらに，それに続く元の主体による
状態遷移を考慮する。

　次の 2.2 節では，STR，Nash，GMR，SMR，SEQ が想定する主体を数理
的に表現することによって，各安定性概念の数理的な定義を与える。

2.2 合理分析の方法には何があるか

この節では，コンフリクトのグラフモデルの構成要素の 1 つである「主体が実行可能なコンフリクトの状態遷移全体の集合」だけを用いる安定性概念である STR（定義 2.2.6）とともに，合理分析で用いられる 4 つの代表的な安定性概念である，Nash（定義 2.2.7），GMR（定義 2.2.8），SMR（定義 2.2.9），SEQ（定義 2.2.10）の数理的な定義を紹介する。これらの安定性概念の定義には，コンフリクトのグラフモデル $(N, C, (A_i)_{i \in N}, (\succsim_i)_{i \in N})$（定義 1.3.1 を参照）の構成要素である，$N$，$C$，各 $i \in N$ についての A_i，各 $i \in N$ についての $\succsim_i$ を使って定義される 5 つの数理的な概念（定義 2.2.1，定義 2.2.2，定義 2.2.3，定義 2.2.4，定義 2.2.5）を用いる。これら 5 つの数理的な概念の定義の適用例を示すために，コンフリクトのグラフモデル $(N, C, (A_i)_{i \in N}, (\succsim_i)_{i \in N})$ の 1 つの例として囚人のジレンマのグラフモデル（1.4.1 節の図 1.1）を取り上げる。囚人のジレンマのグラフモデルの構成要素は例 2.2.1 の通りである。

例 2.2.1（囚人のジレンマのグラフモデルの構成要素）　囚人のジレンマのグラフモデル（1.4.1 節の図 1.1）の構成要素は，

$$N = \{1, 2\},$$
$$C = \{①, ②, ③, ④\},$$
$$A_1 = \{(①, ③), (②, ④), (③, ①), (④, ②)\};$$
$$A_2 = \{(①, ②), (②, ①), (③, ④), (④, ③)\},$$
$$\succsim_1 = \{(①, ①), (①, ②), (①, ④), (②, ②),$$
$$(③, ①), (③, ②), (③, ③), (③, ④), (④, ②), (④, ④)\};$$
$$\succsim_2 = \{(①, ①), (①, ③), (①, ④), (②, ①), (②, ②), (②, ③), (②, ④),$$
$$(③, ③), (④, ②), (④, ③)\}$$

である（2.4 節の課題 1 を参照）。　　　　　　　　　　　　　　　　□

2.2.1 合理分析の安定性概念の定義に用いる 5 つの数理的概念とは何か

個人移動 (individual moves) とは何か

さて，5 つの数理的な概念の中の最初は定義 2.2.1 の個人移動である。これは，主体が実行できる状態遷移を表す。

定義 2.2.1（個人移動 (**individual moves**)） 状態 $c \in C$ と状態 $c' \in C$，および，主体 $i \in N$ に対して，$(c, c') \in A_i$ であるとき，c' を，c からの主体 i による個人移動 (individual move) と呼ぶ。c からの主体 i による個人移動全体の集合を $S_i(c)$ で表す。つまり，$S_i(c) = \{c' \in C \mid (c, c') \in A_i\}$ である。 □

$(c, c') \in A_i$ であることは，主体 i が c から c' への状態遷移を実行することができることを意味するので，$S_i(c) = \{c' \in C \mid (c, c') \in A_i\}$ は，主体 i が c において状態遷移を実行することで達成することができるコンフリクトの状態をすべて集めた集合となる。これを例を用いて図示すると図 2.1 のようになる。この図では $C = \{c, c', c'', c_1, c_2\}$ である。実線の矢印で主体 i が c において実行可能な状態遷移を示してある。c からは，c' と c'' への状態遷移が可能であることがわかる。c_1 と c_2 については，c から c_1 と c_2 への矢印がないことから，c からの状態遷移ができない。つまり，$(c, c') \in A_i$ かつ $(c, c'') \in A_i$ であり，また，$(c, c_1) \notin A_i$ かつ $(c, c_2) \notin A_i$ であることが示されている。したがってこの場合，$c' \in S_i(c)$ かつ $c'' \in S_i(c)$ であり，また，$c_1 \notin S_i(c)$ かつ $c_2 \notin S_i(c)$ であるので，$S_i(c) = \{c', c''\}$ となる。

本書では，どの $i \in N$ の A_i に対しても「どの $c \in C$ に対しても $(c, c) \notin A_i$ である」という主体のグラフの非反射性 (irreflexivity) を仮定する（定義 1.3.1 のあとに続く説明を参照）。したがって，どの $i \in N$，どの $c \in C$ に対しても

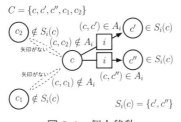

図 **2.1** 個人移動

$c \notin S_i(c)$ である。

　囚人のジレンマのグラフモデルにおける各主体と各状態についての個人移動は，例 2.2.2 の通りとなる。

例 2.2.2（囚人のジレンマのグラフモデルにおける個人移動）　例 2.2.1 の通り，囚人のジレンマのグラフモデルの構成要素においては，

$$N = \{1, 2\},$$
$$C = \{①, ②, ③, ④\},$$
$$A_1 = \{(①, ③), (②, ④), (③, ①), (④, ②)\};$$
$$A_2 = \{(①, ②), (②, ①), (③, ④), (④, ③)\},$$

である。したがって，各主体 $i \in N$ と各状態 $c \in C$ についての個人移動 $S_i(c)$ は，

$$S_1(①) = \{③\}; S_1(②) = \{④\}; S_1(③) = \{①\}; S_1(④) = \{②\},$$
$$S_2(①) = \{②\}; S_2(②) = \{①\}; S_2(③) = \{④\}; S_2(④) = \{③\},$$

である。　　　　　　　　　　　　　　　　　　　　　　　　　　　　□

個人改善（individual improvements）とは何か

　5 つの数理的な概念の中の 2 番目は，定義 2.2.2 の個人改善である。これは，主体が実行できる状態遷移のうち，その主体にとってより好ましい状態が達成されるようなものを表す。

定義 2.2.2（個人改善（individual　improvements））　状態 $c \in C$ と状態 $c' \in C$，および，主体 $i \in N$ に対して，$(c, c') \in A_i$ であり，かつ，$c' \succsim_i c$ であるとき，c' を，c からの主体 i による個人改善（individual improvements）と呼ぶ。c からの主体 i による個人改善全体の集合を $S_i^+(c)$ で表す。つまり，$S_i^+(c) = \{c' \in C \mid ((c, c') \in A_i) \wedge (c' \succ_i c)\}$ である。　　　□

　c' が c からの主体 i による個人改善であるためには，まず $(c, c') \in A_i$ でなければならない。これは，c' が c からの主体 i による個人移動であること，つ

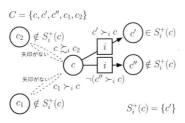

図 **2.2** 個人改善

まり，$c' \in S_i(c)$ であることを意味する．そして，$c' \succ_i c$ であること，すなわち，主体 i にとって c' が c よりも好ましいことが必要である．このことを考慮すると，c からの主体 i による個人改善全体の集合 $S_i^+(c)$ は，$S_i^+(c) = \{c' \in S_i(c) \mid c' \succ_i c\}$ と表すこともできる．つまり，c' が c からの主体 i による個人改善であるとは，c' が，c において主体 i が状態遷移を実行することで達成 $(c' \in S_i(c))$ され，かつ，主体 i にとって c よりも好ましい $(c' \succ_i c)$ ことを指す．これにより，c からの個人改善 c' は個人移動のうち $c' \succ_i c$ という条件を満たしているものであることがわかり，さらに，c からの主体 i による個人改善全体の集合 $S_i^+(c)$ は，c からの主体 i による個人移動全体の集合 $S_i(c)$ の部分集合である．つまり $S_i^+(c) \subseteq S_i(c)$ であることがわかる．

図 2.2 は個人改善の例を図示したものである．図 2.1 と同様に $C = \{c, c', c'', c_1, c_2\}$ であり，実線の矢印で主体 i が c において実行可能な状態遷移を示してある．そして，主体 i の選好が $c' \succ_i c$，$\neg(c'' \succsim_i c)$，$c_1 \succ_i c$，および，$c \succsim_i c_2$ を満たす場合，$c' \in S_i^+(c)$，$c'' \notin S_i^+(c)$，$c_1 \notin S_i^+(c)$，および，$c_2 \notin S_i^+(c)$ となることが表されている．$c_1 \succ_i c$ であるにもかかわらず $c_1 \notin S_i^+(c)$ となるのは，$c_1 \notin S_i(c)$ であるためである．図 2.1 に続く説明にある通り $c \notin S_i(c)$ でもあるので，$S_i^+(c) = \{c'\}$ となる．

囚人のジレンマのグラフモデルにおける各主体と各状態についての個人改善は，例 2.2.3 の通りとなる．

例 2.2.3（**囚人のジレンマのグラフモデルにおける個人改善**） 例 2.2.2 の通り，各主体 $i \in N$ と各状態 $c \in C$ についての個人移動 $S_i(c)$ は，

$$S_1(①) = \{③\}; S_1(②) = \{④\}; S_1(③) = \{①\}; S_1(④) = \{②\},$$
$$S_2(①) = \{②\}; S_2(②) = \{①\}; S_2(③) = \{④\}; S_2(④) = \{③\},$$

である。また，例 2.2.1 の通り，各主体 $i \in N$ の選好は，

$$\succsim_1 = \{(①, ①), (①, ②), (①, ④), (②, ②),$$
$$(③, ①), (③, ②), (③, ③), (③, ④), (④, ②), (④, ④)\},$$
$$\succsim_2 = \{(①, ①), (①, ③), (①, ④), (②, ①), (②, ②), (②, ③), (②, ④),$$
$$(③, ③), (④, ③), (④, ④)\},$$

である。主体1の選好について，

$(③, ①) \in \succsim_1$ と $(①, ③) \notin \succsim_1$ から③ $\succ_1$ ①と¬($①\succ_1 ③$) が成り立ち，

$(④, ②) \in \succsim_1$ と $(②, ④) \notin \succsim_1$ から④ $\succ_1$ ②と¬($②\succ_1 ④$) が成り立つ。

また，主体2の選好について，

$(②, ①) \in \succsim_2$ と $(①, ②) \notin \succsim_2$ から② $\succ_2$ ①と¬($①\succ_2 ②$) が成り立ち，

$(④, ③) \in \succsim_2$ と $(③, ④) \notin \succsim_2$ から④ $\succ_2$ ③と¬($③\succ_2 ④$) が成り立つ。

したがって，各主体 $i \in N$ と各状態 $c \in C$ についての個人改善 $S_i^+(c)$ は，

$$S_1^+(①) = \{③\}; S_1^+(②) = \{④\}; S_1^+(③) = \emptyset; S_1^+(④) = \emptyset,$$
$$S_2^+(①) = \{②\}; S_2^+(②) = \emptyset; S_2^+(③) = \{④\}; S_2^+(④) = \emptyset,$$

である。　　　　　　　　　　　　　　　　　　　　　　　　　　　□

個人移動の列（sequences of individual moves）とは何か

　5つの数理的な概念の中の3番目は，定義 2.2.3 の個人移動の列である。これは，1人以上の主体からなる主体の集まり H（つまり，$H \neq \emptyset$ かつ $H \subseteq N$ であるような H）について，すべての $i \in H$ とすべての $c \in C$ についての個人移動 $S_i(c)$ から帰納的に定義され，H の中の主体が次々に個人移動を実行することを指す。

定義 2.2.3（個人移動の列（sequences of individual moves））　主体の集

まり H（ただし $H \neq \emptyset$ かつ $H \subseteq N$ とする）に対して，すべての $i \in H$ とすべての $c \in C$ についての個人移動 $S_i(c)$ が与えられているとする。ある状態 $c \in C$ からの H の中の主体による個人移動の列（sequences of individual moves）によって達成される状態全体の集合 $S_H(c)$ は，すべての $i \in H$ とすべての $c \in C$ についての個人移動 $S_i(c)$ に対して次の (i) と (ii) の条件を繰り返し適用して帰納的に定まるものを指す。

(i) もし $[i \in H$ かつ $c' \in S_i(c)]$ ならば $c' \in S_H(c)$ である。

(ii) もし $[c' \in S_H(c)$, $i \in H$, $c'' \in S_i(c')$, かつ, $c'' \neq c]$ ならば $c'' \in S_H(c)$ である。

また便宜的に，どの $c \in C$ に対しても $S_\emptyset(c) = \emptyset$ と定める。そして，$c' \in C$ に対して $c' \in S_H(c)$ である場合，c' を，c からの H の中の主体による個人移動の列によって達成される状態と呼ぶ。 □

定義 2.2.3 の (i) の条件は，c からの H の中の主体による個人移動によって達成される状態はすべて，c からの H の中の主体による個人移動の列によって達成される状態であることを意味している。また定義 2.2.3 の (ii) の条件は，H の中の主体による個人移動の列によって達成される c' から，さらに H の中の主体が個人移動を実行することによって達成される c'' もまた，すべて，c からの H の中の主体による個人移動の列によって達成される状態であることを表している。

どの $i \in N$，どの $c \in C$ に対しても $c \notin S_i(c)$ であることから，定義 2.2.3 の (i) の条件を適用しても $c \in S_H(c)$ となることはない。また，定義 2.2.3 の (ii) の条件で，$c'' \in S_H(c)$ となる場合は $c'' \neq c$ が成り立っていることから，定義 2.2.3 の (ii) の条件を適用しても $c \in S_H(c)$ となることはない。したがって，どの H，どの c に対しても $c \notin S_H(c)$ である。

さらに，1 人の主体 i からなる $H = \{i\}$ について，どの $c \in C$ に対しても，$S_H(c) = S_i(c)$ が成り立つ。$S_i(c) \subseteq S_H(c)$ であることは，定義 2.2.3 の (i) の条件からわかる。$S_H(c) \subseteq S_i(c)$ が成立するのは，定義 2.2.3 の (i) と (ii) の条件とともに，本書では，どの $i \in N$ の A_i に対しても「$[c \neq c'$ かつ $c' \neq c''$ かつ $c \neq c'']$ であるようなどの $c \in C$, $c' \in C$, $c'' \in C$ に対しても，もし $[(c, c') \in A_i$ かつ $(c', c'') \in A_i]$ ならば $(c, c'') \in A_i$ である」という主体のグラフの推移性を仮定している（定義 1.3.1 のあとに続く説明を参照）からである。

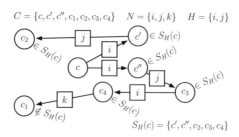

図 **2.3**　個人移動の列

実際，$c' \in S_H(c)$ であることは，定義 2.2.3 の (i) と (ii) の条件から，互いに異なる状態 c_1, c_2, $\ldots$, c_m が存在して，$c_1 \in S_i(c)$，$c_2 \in S_i(c_1)$，$\ldots$，$c' \in S_i(c_m)$ が成り立つことを意味する。したがって $(c, c_1) \in A_i$，$(c_1, c_2) \in A_i$，$\ldots$，$(c_m, c') \in A_i$ であり，主体のグラフの推移性を繰り返して適用することで，$(c, c') \in A_i$，すなわち，$c' \in S_i(c)$ が導かれる。

　図 2.3 は個人移動の列の例を図示したものである。ここでは，$N = \{i, j, k\}$，$H = \{i, j\} \subseteq N$，および，$C = \{c, c', c'', c_1, c_2, c_3, c_4\}$ としている。このとき，c からの H の中の主体による個人移動の列によって達成される状態の集合 $S_H(c)$ は $S_H(c) = \{c', c'', c_2, c_3, c_4\}$ となる。実際，定義 2.2.3 の (i) の条件を用いると，c からの主体 $i \in H$ による個人移動によって達成される c' と c'' が $S_H(c)$ の要素となることがわかる。また，$c' \in S_H(c)$，$j \in H$，$c_2 \in S_j(c')$，かつ，$c_2 \neq c$ であることに対して，定義 2.2.3 の (ii) の条件を用いると，c_2 が $S_H(c)$ の要素となることがわかる。同様に，定義 2.2.3 の (ii) の条件を，$c'' \in S_H(c)$，$j \in H$，$c_3 \in S_j(c'')$，かつ，$c_3 \neq c$ であることに対して用いると，c_3 が $S_H(c)$ の要素となることがわかる。そして，c_3 が $S_H(c)$ の要素であること，および，$i \in H$，$c_4 \in S_i(c_3)$，かつ，$c_4 \neq c$ であることに対して，定義 2.2.3 の (ii) の条件を適用すると，c_4 が $S_H(c)$ の要素であることがわかる。c_1 については，$c_4 \in S_H(c)$ と $c_1 \in S_k(c_4)$，および，$c_4 \neq c$ が成立しているが，$k \notin H$ なので，$c_1 \notin S_H(c)$ である。

　囚人のジレンマのグラフモデルにおける，各状態からの，各主体の集まりの中の主体による個人移動の列によって達成される状態の集合は，例 2.2.4 の通りとなる。

例 2.2.4（囚人のジレンマのグラフモデルにおける個人移動の列）　例 2.2.2 の通り，各主体 $i \in N$ と各状態 $c \in C$ についての個人移動 $S_i(c)$ は，

$$S_1(①) = \{③\}; S_1(②) = \{④\}; S_1(③) = \{①\}; S_1(④) = \{②\},$$
$$S_2(①) = \{②\}; S_2(②) = \{①\}; S_2(③) = \{④\}; S_2(④) = \{③\},$$

である。1 人の主体 i からなる $H = \{i\}$ については $S_H(c) = S_i(c)$ が成り立つので，

$$S_{\{1\}}(①) = S_1(①) = \{③\}; S_{\{1\}}(②) = S_1(②) = \{④\};$$
$$S_{\{1\}}(③) = S_1(③) = \{①\}; S_{\{1\}}(④) = S_1(④) = \{②\},$$
$$S_{\{2\}}(①) = S_2(①) = \{②\}; S_{\{2\}}(②) = S_2(②) = \{①\};$$
$$S_{\{2\}}(③) = S_2(③) = \{④\}; S_{\{2\}}(④) = S_2(④) = \{③\},$$

である。$H = N = \{1, 2\}$ の場合は，どの状態 $c \in C$ についても，

$$S_N(c) = \{①, ②, ③, ④\} \setminus \{c\}$$

となることがわかる（記号「$\setminus$」については，1.5.2 節のリストの 8 を参照）。例えば $S_N(①)$ は，$③ \in S_1(①)$，$④ \in S_2(③)$，$② \in S_1(④)$，および，$② \in S_2(①)$，$④ \in S_1(②)$，$③ \in S_2(④)$ などから，

$$S_N(①) = \{①, ②, ③, ④\} \setminus \{①\} = \{②, ③, ④\}$$

となることがわかる。　　　　　　　　　　　　　　　　　　　　　□

個人改善の列（**sequences of individual improvements**）**とは何か**

　5 つの数理的な概念の中の 4 番目は，定義 2.2.4 の個人改善の列である。この個人改善の列の定義は，個人移動の列の定義（定義 2.2.3）に類似している。実際，個人改善の列は，1 人以上の主体からなる主体の集まり H（つまり，$H \neq \emptyset$ かつ $H \subseteq N$ であるような H）について，すべての $i \in H$ とすべての $c \in C$ についての個人改善 $S_i^+(c)$ から帰納的に定義され，H の中の主体が次々に個人改善を実行することを指す。

定義 2.2.4（個人改善の列（sequences of individual improvements））
主体の集まり H（ただし $H \neq \emptyset$ かつ $H \subseteq N$ とする）に対して，すべての $i \in H$ とすべての $c \in C$ についての個人改善 $S_i^+(c)$ が与えられているとする。ある状態 $c \in C$ からの H の中の主体による個人改善の列（sequences of individual improvements）によって達成される状態全体の集合 $S_H^+(c)$ は，すべての $i \in H$ とすべての $c \in C$ についての個人改善 $S_i^+(c)$ に対して次の (i) と (ii) の条件を繰り返し適用して帰納的に定まるものを指す。

(i) もし $[i \in H$ かつ $c' \in S_i^+(c)]$ ならば $c' \in S_H^+(c)$ である。

(ii) もし $[c' \in S_H^+(c),\ i \in H,\ c'' \in S_i^+(c'),\ $かつ，$c'' \neq c]$ ならば $c'' \in S_H^+(c)$ である。

また便宜的に，どの $c \in C$ に対しても $S_\emptyset^+(c) = \emptyset$ と定める。そして，$c' \in C$ に対して $c' \in S_H^+(c)$ である場合，c' を，c からの H の中の主体による個人改善の列によって達成される状態と呼ぶ。   □

定義 2.2.4 の (i) の条件は，定義 2.2.3 の (i) の条件と同様に，状態 c からの H の中の主体による個人改善によって達成される状態はすべて，状態 c からの H の中の主体による個人改善の列によって達成される状態であることを意味している。定義 2.2.4 の (ii) の条件も，定義 2.2.3 の (ii) の条件と同様に，H の中の主体による個人改善の列によって達成される c' から，さらに H の中の主体が個人改善を実行することによって達成される c'' もまた，すべて，c からの H の中の主体による個人改善の列によって達成される状態であることを表している。

また，どの H，どの c に対しても $c \notin S_H^+(c)$ であることや，1 人の主体 i からなる $H = \{i\}$ について，どの $c \in C$ に対しても，$S_H^+(c) = S_i^+(c)$ が成り立つことも，$S_H(c)$ の場合と同様である。

図 2.4 は個人改善の列の例を図示したものである。図 2.3 と同じく，ここでも，$N = \{i, j, k\}$，$H = \{i, j\} \subseteq N$，および，$C = \{c, c', c'', c_1, c_2, c_3, c_4\}$ としている。そしてこの場合，c からの H の中の主体による個人改善の列によって達成される状態の集合 $S_H^+(c)$ は $S_H^+(c) = \{c', c_2\}$ となる。まず，定義 2.2.4 の (i) の条件を用いると，c からの主体 $i \in H$ による個人改善によって達成される c' が $S_H^+(c)$ の要素となることがわかる。また，$c' \in S_H^+(c)$，$j \in H$，$c_2 \in S_j^+(c')$，かつ，$c_2 \neq c$ であることに対して，定義 2.2.4 の (ii) の条件を

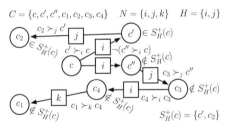

図 **2.4** 個人改善の列

用いると，c_2 が $S_H^+(c)$ の要素となることがわかる。一方 c'' は，c からの主体 $i \in H$ による個人移動によって達成されるが，しかし，$\neg(c'' \succ_i c)$ であるため，c からの主体 $i \in H$ による個人改善によっては達成されない。c_3 と c_4 については，$c_3 \in S_j^+(c'')$ と $c_4 \in S_i^+(c_3)$ が成立していて，c_3 は，c'' からの主体 $j \in H$ による個人改善であり，c_4 は，c_3 からの主体 $i \in H$ による個人改善であるものの，$c'' \notin S_H^+(c)$ であるため，c からの H の中の主体による個人改善の列によっては達成されない。c_1 についても，$k \notin H$ なので $S_H^+(c)$ の要素とはならない。

　囚人のジレンマのグラフモデルにおける各主体と各状態についての個人改善の列は，例 2.2.5 の通りとなる。

例 2.2.5（囚人のジレンマのグラフモデルにおける個人改善の列）　例 2.2.3 の通り，各主体 $i \in N$ と各状態 $c \in C$ についての個人改善 $S_i^+(c)$ は，

$$S_1^+(①) = \{③\}; S_1^+(②) = \{④\}; S_1^+(③) = \emptyset; S_1^+(④) = \emptyset,$$

$$S_2^+(①) = \{②\}; S_2^+(②) = \emptyset; S_2^+(③) = \{④\}; S_2^+(④) = \emptyset,$$

である。1 人の主体 i からなる $H = \{i\}$ については $S_H^+(c) = S_i^+(c)$ が成り立つので，

$$S_{\{1\}}^+(①) = S_1^+(①) = \{③\}; S_{\{1\}}^+(②) = S_1^+(②) = \{④\};$$

$$S_{\{1\}}^+(③) = S_1^+(③) = \emptyset; S_{\{1\}}^+(④) = S_1^+(④) = \emptyset,$$

$$S_{\{2\}}^+(①) = S_2^+(①) = \{②\}; S_{\{2\}}^+(②) = S_2^+(②) = \emptyset;$$

$$S_{\{2\}}^+(③) = S_2^+(③) = \{④\}; S_{\{2\}}^+(④) = S_2^+(④) = \emptyset,$$

である。$H = N = \{1, 2\}$ の場合は，

$$S_N^+(①) = \{②, ③, ④\}; S_N^+(②) = \{④\}; S_N^+(③) = \{④\}; S_N^+(④) = \emptyset,$$

である。

　$S_N^+(①) = \{②, ③, ④\}$ となることは，$② \in S_2^+(①)$，$③ \in S_1^+(①)$，$④ \in S_1^+(②)$，$④ \in S_2^+(③)$ などからわかる。$S_N^+(②) = \{④\}$ となるのは，②からの個人改善が主体 1 による④へのものしかなく，④からの個人改善は，主体 1 によるものも主体 2 によるものも存在しないためである。同様に，$S_1^+(③)$ $= \emptyset$，$S_2^+(③) = \{④\}$，$S_1^+(④) = \emptyset$，かつ，$S_2^+(④) = \emptyset$ であることから，$S_N^+(③) = \{④\}$ となることがわかる。$S_N^+(④) = \emptyset$ となるのは $S_1^+(④) = \emptyset$，かつ，$S_2^+(④) = \emptyset$ であるためである。　　　　　□

同等以下の状態（equally or less preferred states）とは何か

　5 つの数理的な概念の中の最後は，定義 2.2.5 の同等以下の状態である。同等以下の状態は，主体が実行可能なコンフリクトの状態遷移についての情報を用いずに定義されることに注意してほしい。

定義 2.2.5（同等以下の状態（equally or less preferred states））　状態 $c \in C$ と状態 $c' \in C$，および，主体 $i \in N$ に対して，$c \succsim_i c'$ であるとき，c' を，主体 i にとって c と同等以下の状態（equally or less preferred states）と呼ぶ。主体 i にとって c と同等以下の状態全体の集合を $\phi_i^{\simeq}(c)$ で表す。つまり，$\phi_i^{\simeq}(c) = \{c' \in C \mid c \succsim_i c'\}$ である。　　　　　□

　定義 2.2.5 で定義される $\phi_i^{\simeq}(c)$ という記号の中の ϕ の右上の記号 $\simeq$ は，上の $\sim$ の部分が「同程度に好ましい」こと（equally preferred）を表し，下の $-$（マイナスの記号）が「より好ましくない」こと（less preferred）を表している。

　本書では，主体の選好について反射性（1.5.3 節のリストの 2 を参照）を仮定する。したがって，どの $i \in N$，どの $c \in C$ に対しても $c \succsim_i c$ が成立するので，$c \in \phi_i^{\simeq}(c)$ である。

　図 2.5 は同等以下の状態の例を図示したものである。図 2.1 や図 2.2 と同じく $C = \{c, c', c'', c_1, c_2\}$ としてあり，また，主体 i の選好は，図 2.2 と同じに

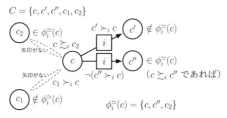

図 **2.5** 同等以下の状態

してある。同等以下の状態は，主体が実行可能なコンフリクトの状態遷移についての情報を用いず，主体の選好の情報を用いて定義される。C の中の各状態が，主体 i にとって c と同等以下の状態全体の集合 $\phi_i^{\tilde{\succeq}}(c)$ の要素となるかどうかは，その状態が主体 i にとって c と同程度に好ましい，あるいは，より好ましくないかどうかで定まる。

　主体 i の選好が，図 2.5 にある通り，$c' \succ_i c$，$c \succsim_i c''$，$c_1 \succ_i c$，$c \succsim_i c_2$ であるとすると，主体 i にとって c と同等以下の状態は，c''（$c \succsim_i c''$）と c_2（$c \succsim_i c_2$），および，c 自身（反射性より，$c \succsim_i c$）であるので，$\phi_i^{\tilde{\succeq}}(c) = \{c, c'', c_2\}$ となる。

　ただし，$c \succsim_i c''$ が $\neg(c'' \succ_i c)$ から導かれるのは，例えば主体 i の選好が完備性を満たす場合である（1.5.3 節のリストの 17 および 1.6.3 節の演習問題 10 を参照）。

　囚人のジレンマのグラフモデルにおける各主体と各状態についての同等以下の状態は，例 2.2.6 の通りとなる。

例 2.2.6（囚人のジレンマのグラフモデルにおける同等以下の状態）　例 2.2.1 の通り，各主体 $i \in N$ の選好は，

$$\succsim_1 = \{(①, ①), (①, ②), (①, ④), (②, ②),$$
$$(③, ①), (③, ②), (③, ③), (③, ④), (④, ②), (④, ④)\},$$
$$\succsim_2 = \{(①, ①), (①, ③), (①, ④), (②, ①), (②, ②), (②, ③), (②, ④),$$
$$(③, ③), (④, ③), (④, ④)\},$$

である。したがって，各主体 $i \in N$ と各状態 $c \in C$ についての同等以下の状

態全体の集合 $\phi_{\tilde{i}}(c)$ は，

$$\phi_{\tilde{1}}(①) = \{①, ②, ④\}; \phi_{\tilde{1}}(②) = \{②\};$$
$$\phi_{\tilde{1}}(③) = \{①, ②, ③, ④\}; \phi_{\tilde{1}}(④) = \{②, ④\},$$
$$\phi_{\tilde{2}}(①) = \{①, ③, ④\}; \phi_{\tilde{2}}(②) = \{①, ②, ③, ④\};$$
$$\phi_{\tilde{2}}(③) = \{③\}; \phi_{\tilde{2}}(④) = \{③, ④\},$$

である。　　　　　　　　　　　　　　　　　　　　　　　　　　　　　　□

2.2.2　合理分析の代表的な安定性概念には何があるか

　定義 2.2.1 から定義 2.2.5 の 5 つの数理的な概念と記号，つまり，個人移動 $S_i(c)$（定義 2.2.1），個人改善 $S_i^+(c)$（定義 2.2.2），個人移動の列 $S_H(c)$（定義 2.2.3），個人改善の列 $S_H^+(c)$（定義 2.2.4），同等以下の状態 $\phi_{\tilde{i}}(c)$（定義 2.2.5）を用いて，構造的安定性（STRuctural stability: STR）（定義 2.2.6），ナッシュ安定性（Nash stability: Nash）（定義 2.2.7），一般メタ合理性（General Meta-Rationality: GMR）（定義 2.2.8），対称メタ合理性（Symmetric MetaRationality: SMR）（定義 2.2.9），連続安定性（SEQuential stability: SEQ）（定義 2.2.10）などの安定性概念が定義される。

構造的安定性（STRuctural stability: STR）とは何か

　まず，状態 $c \in C$ からの主体 $i \in N$ による個人移動全体の集合 $S_i(c)$（定義 2.2.1）を使って，構造的安定性が定義 2.2.6 の通り定義できる。

定義 2.2.6（構造的安定性（**STRuctural stability: STR**））　状態 $c \in C$ と主体 $i \in N$ に対して，c が主体 i について構造的安定（structurally stable），あるいは，STR であるとは，$S_i(c) = \emptyset$ であるときをいう。主体 i について STR である状態全体の集合を C_i^{STR} で表す。つまり，

$$(c \in C_i^{\mathrm{STR}}) \Leftrightarrow (S_i(c) = \emptyset)$$

である。そして，すべての主体について STR である状態を構造的均衡，あるいは，STR 均衡（STR equribrium）と呼び，STR 均衡全体の集合を C^{STR} で表す。すなわち，

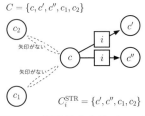

$$C = \{c, c', c'', c_1, c_2\}$$

$$C_i^{\mathrm{STR}} = \{c', c'', c_1, c_2\}$$

図 **2.6** 構造的安定性（STR）

$$(c \in C^{\mathrm{STR}}) \Leftrightarrow (\forall i \in N, c \in C_i^{\mathrm{STR}}) \Leftrightarrow (\forall i \in N, S_i(c) = \emptyset)$$

である。　　　　　　　　　　　　　　　　　　　　　　　　　□

　c が主体 i について STR であること，つまり，$c \in C_i^{\mathrm{STR}}$ であることは，$S_i(c) = \emptyset$ が成立していることとして定義される。これは，c からの主体 i による個人移動（定義 2.2.1）が存在しないこと，つまり，主体 i が c からの状態遷移を実行できないことを表している。主体 i が c からの状態遷移を実行できないため，c は主体 i について安定であるとみなされる。このことの例を図示したものが図 2.6 である。ここでは，図 2.1 や図 2.2 と同じく $C = \{c, c', c'', c_1, c_2\}$ としてある。達成されうるコンフリクトの状態それぞれからの主体 i による個人移動を考えると，$S_i(c) = \{c', c''\}$, $S_i(c') = \emptyset$, $S_i(c'') = \emptyset$, $S_i(c_1) = \emptyset$, $S_i(c_2) = \emptyset$ となるので，主体 i について STR である状態全体の集合 C_i^{STR} は，$C_i^{\mathrm{STR}} = \{c', c'', c_1, c_2\}$ となる。

　例 2.2.7 では，囚人のジレンマのグラフモデル（1.4.1 節の図 1.1）における STR である状態を示してある。

例 2.2.7（囚人のジレンマのグラフモデルの **STR**）　例 2.2.2 の通り，囚人のジレンマのグラフモデル（1.4.1 節の図 1.1）における各主体 $i \in N$ と各状態 $c \in C$ についての個人移動 $S_i(c)$ は，

$$S_1(①) = \{③\}; S_1(②) = \{④\}; S_1(③) = \{①\}; S_1(④) = \{②\},$$

$$S_2(①) = \{②\}; S_2(②) = \{①\}; S_2(③) = \{④\}; S_2(④) = \{③\},$$

である。したがって，主体 1 について STR である状態全体の集合 C_1^{STR} も，

主体 2 について STR である状態全体の集合 C_2^{STR} も，いずれも空集合（$\emptyset$）となる。よって，この場合の STR 均衡全体の集合 C^{STR} も空集合（$\emptyset$）である。 □

STR は，定義 2.2.6 にある通り，コンフリクトのグラフモデルの 4 つの構成要素のうち，主体，状態，状態遷移という 3 つの情報を用いて定義されている。選好の情報は用いられていない。したがって，コンフリクトのグラフモデルの構成要素のうち，主体，状態，状態遷移の情報が与えられさえすれば，STR の概念を用いて分析を実行することができる。STR を用いたコンフリクトのグラフモデルの分析例として，もう 1 つ，序.3 節の図序.1 で表現されている「超大国の核対立」を STR の概念を用いて分析した結果を例 2.2.8 に示す。

例 2.2.8（「超大国の核対立」の **STR**） 序章の図序.1 で表現されている「超大国の核対立」については，選好の情報は与えられていないが，主体，状態，状態遷移の情報は与えられている。主体全体の集合は $N = \{1, 2\}$ であり，状態全体の集合は $C = \{①, ②, ③, ④, ⑤\}$ である。そして，各主体 $i \in N$ と各状態 $c \in C$ についての個人移動 $S_i(c)$ は，

$$S_1(①) = \{③, ⑤\}; S_1(②) = \{④, ⑤\}; S_1(③) = \{①, ⑤\};$$
$$S_1(④) = \{②, ⑤\}; S_1(⑤) = \emptyset,$$
$$S_2(①) = \{②, ⑤\}; S_2(②) = \{①, ⑤\}; S_2(③) = \{④, ⑤\};$$
$$S_2(④) = \{③, ⑤\}; S_2(⑤) = \emptyset$$

である。

したがって，主体 1 について STR である状態全体の集合 C_1^{STR} は $C_1^{\mathrm{STR}} = \{⑤\}$ となり，主体 2 について STR である状態全体の集合 C_2^{STR} は $C_2^{\mathrm{STR}} = \{⑤\}$ となる。よって，この場合の STR 均衡全体の集合 C^{STR} は，C_1^{STR} と C_2^{STR} の共通部分（1.5.2 節のリストの 7 を参照），つまり，$C^{\mathrm{STR}} = \{⑤\}$ となる。 □

ナッシュ安定性（**Nash stability: Nash**）とは何か

次に定義される安定性概念はナッシュ安定性である。ナッシュ安定性は，定義 2.2.7 にある通り，状態 $c \in C$ からの主体 $i \in N$ による個人改善全体の集合 $S_i^+(c)$（定義 2.2.2）を使って定義される。

定義 2.2.7（ナッシュ安定性（**Nash stability: Nash**）） 状態 $c \in C$ と主体 $i \in N$ に対して，c が主体 i についてナッシュ安定（Nash stable），あるいは，Nash であるとは，$S_i^+(c) = \emptyset$ であるときをいう。主体 i について Nash である状態全体の集合を C_i^{Nash} で表す。つまり，

$$(c \in C_i^{\mathrm{Nash}}) \Leftrightarrow (S_i^+(c) = \emptyset)$$

である。そして，すべての主体について Nash である状態をナッシュ均衡，あるいは，Nash 均衡（Nash equiribrium）と呼び，Nash 均衡全体の集合を C^{Nash} で表す。すなわち，

$$(c \in C^{\mathrm{Nash}}) \Leftrightarrow (\forall i \in N, c \in C_i^{\mathrm{Nash}}) \Leftrightarrow (\forall i \in N, S_i^+(c) = \emptyset)$$

である。 □

c が主体 i について Nash であること，つまり，$c \in C_i^{\mathrm{Nash}}$ であることは，$S_i^+(c) = \emptyset$ が成立していることとして定義される。これは，c からの主体 i による個人改善（定義 2.2.2）が存在しないこと，つまり，主体 i が c からの状態遷移を実行することではコンフリクトを主体 i にとって c よりも好ましい状態に遷移させることができないことを表している。このとき，主体 i は c からの状態遷移を実行しないと想定され，したがって c は主体 i について安定であるとみなされる。逆に $S_i^+(c) \neq \emptyset$ である場合，つまり，c からの主体 i による個人改善（定義 2.2.2）が存在するときには，主体 i が c からの状態遷移を実行することでコンフリクトを主体 i にとって c よりも好ましい状態に遷移させることができることを表している。このとき，主体 i は c からの状態遷移を実行すると想定され，したがって c は主体 i について安定ではないとみなされる。そして，c は主体 i について Nash ではない，つまり，$c \notin C_i^{\mathrm{Nash}}$ となる。

このことの例を図示したものが図 2.7 である。ここでは $C = \{c, c', c'', c_1, c_2\}$ としてある。まず，c からの主体 i による個人移動には，c' と c'' の 2 つがあ

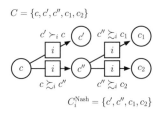

$$C = \{c, c', c'', c_1, c_2\}$$

$$C_i^{\mathrm{Nash}} = \{c', c'', c_1, c_2\}$$

図 **2.7** ナッシュ安定性（Nash）

る。つまり $S_i(c) = \{c', c''\}$ である。主体 i の選好が $c' \succ_i c$ と $c \succsim_i c''$ を満たしている場合，c' は c からの主体 i による個人改善であり，c'' は c からの主体 i による個人改善ではない。つまり $S_i^+(c) = \{c'\}$ となり，これは空集合（$\emptyset$）ではない。したがって，c は主体 i について Nash ではなく，$c \notin C_i^{\mathrm{Nash}}$ となる。次に，c' からの主体 i による個人移動は存在しない。つまり $S_i(c') = \emptyset$ である。一般に，c' からの主体 i による個人移動が存在しない（$S_i(c') = \emptyset$）ときには，c' からの主体 i による個人改善も存在しない（$S_i^+(c') = \emptyset$）。したがって，c' は主体 i について Nash であり，$c \in C_i^{\mathrm{Nash}}$ となる。c_1 と c_2 についても，c' と同様に，その状態からの主体 i による個人移動が存在しないので，$S_i(c_1) = \emptyset$ と $S_i(c_2) = \emptyset$ が成り立つことから $S_i^+(c_1) = \emptyset$ と $S_i^+(c_2) = \emptyset$ が成立し，c_1 も c_2 も，主体 i について Nash であり，$c_1 \in C_i^{\mathrm{Nash}}$ および $c_2 \in C_i^{\mathrm{Nash}}$ となる。そして，c'' については，その状態からの主体 i による個人移動に，c_1 と c_2 の 2 つがあり，$S_i(c'') = \{c_1, c_2\}$ である。主体 i の選好が $c'' \succsim_i c_1$ と $c'' \succsim_i c_2$ を満たしている場合，c_1 も c_2 も，c からの主体 i による個人改善ではない。つまり $S_i^+(c'') = \emptyset$ となり，c'' は主体 i について Nash であり，$c \in C_i^{\mathrm{Nash}}$ となる。

以上をまとめると，図 2.7 の例においては，達成されうるコンフリクトの状態それぞれからの主体 i による個人移動が，

$$S_i(c) = \{c', c''\}; S_i(c') = \emptyset; S_i(c'') = \{c_1, c_2\}; S_i(c_1) = \emptyset; S_i(c_2) = \emptyset$$

となる。そして，主体 i の選好 $\succsim_i$ の情報をあわせて考えると，各状態からの主体 i による個人改善は，

$$S_i^+(c) = \{c'\}; S_i^+(c') = \emptyset; S_i^+(c'') = \emptyset; S_i^+(c_1) = \emptyset; S_i^+(c_2) = \emptyset$$

となる。主体 i による個人改善が存在しないような状態が Nash であるから，
この場合，主体 i について Nash である状態全体の集合 C_i^{Nash} は，$C_i^{\mathrm{Nash}} = \{c', c'', c_1, c_2\}$ となることがわかる。

　例 2.2.9 では例として，囚人のジレンマのグラフモデル（1.4.1 節の図 1.1）における Nash である状態を示してある。

例 2.2.9（囚人のジレンマのグラフモデルの **Nash**）　例 2.2.2 や例 2.2.7 の通り，囚人のジレンマのグラフモデル（1.4.1 節の図 1.1）における各主体 $i \in N$ と各状態 $c \in C$ についての個人移動 $S_i(c)$ は，

$$S_1(①) = \{③\}; S_1(②) = \{④\}; S_1(③) = \{①\}; S_1(④) = \{②\},$$
$$S_2(①) = \{②\}; S_2(②) = \{①\}; S_2(③) = \{④\}; S_2(④) = \{③\},$$

である。また，1.4.1 節の図 1.1 の下部にある主体の選好の情報により，

$$③ \succ_1 ①; ④ \succ_1 ②; ② \succ_2 ①; ④ \succ_2 ③$$

（したがって，同時に，$\neg(① \succ_1 ③); \neg(② \succ_1 ④); \neg(① \succ_2 ②); \neg(③ \succ_2 ④)$）

であることがわかる。個人移動の情報と選好の情報を合わせると，各主体 $i \in N$ と各状態 $c \in C$ についての個人改善 $S_i^+(c)$ は，

$$S_1^+(①) = \{③\}; S_1^+(②) = \{④\}; S_1^+(③) = \emptyset; S_1^+(④) = \emptyset,$$
$$S_2^+(①) = \{②\}; S_2^+(②) = \emptyset; S_2^+(③) = \{④\}; S_2^+(④) = \emptyset,$$

となる。$S_i^+(c) = \emptyset$ となる c が主体 i について Nash である状態なので，この場合，主体 1 について Nash である状態は③と④であり，主体 2 について Nash である状態は②と④である。つまり，$C_1^{\mathrm{Nash}} = \{③, ④\}$，$C_2^{\mathrm{Nash}} = \{②, ④\}$ となる。さらに，すべての主体について Nash である状態が Nash 均衡なので，この場合の Nash 均衡全体の集合 C^{Nash} は，$C^{\mathrm{Nash}} = \{④\}$ となる。　　　　　　　　　　　　　　　　　　　　　　　□

　STR と Nash の間につねに成立する，簡単に証明できる命題を 1 つ挙げておこう。

命題 2.2.1（**STR ならば Nash である**）　状態 $c \in C$ と主体 $i \in N$ に対して，

c が主体 i について STR（定義 2.2.6）ならば，c は同時に主体 i について Nash（定義 2.2.7）でもある。したがって，どんな主体 i に対しても $C_i^{\mathrm{STR}} \subseteq C_i^{\mathrm{Nash}}$ であり，また，$C^{\mathrm{STR}} \subseteq C^{\mathrm{Nash}}$ である。   □

（証明）　c が主体 i について STR であるとする。これは $S_i(c) = \emptyset$ であることを意味する。定義 2.2.2 の直後の段落の説明にある通り，$S_i^+(c) \subseteq S_i(c)$ が成立するので，$S_i^+(c) = \emptyset$ を得る。したがって，c は主体 i について Nash である。これにより，どの主体 i に対しても，もし $c \in C_i^{\mathrm{STR}}$ ならば $c \in C_i^{\mathrm{Nash}}$ であるので，$C_i^{\mathrm{STR}} \subseteq C_i^{\mathrm{Nash}}$ が成立する。さらに，$c \in C^{\mathrm{STR}}$ である場合には，すべての主体 i に対して $c \in C_i^{\mathrm{STR}}$ が成立する。すべての主体 i に対して $C_i^{\mathrm{STR}} \subseteq C_i^{\mathrm{Nash}}$ が成立することを用いると，すべての主体 i に対して $c \in C_i^{\mathrm{Nash}}$ となる。これは $c \in C^{\mathrm{Nash}}$ であることを意味する。したがって，$C^{\mathrm{STR}} \subseteq C^{\mathrm{Nash}}$ が成立する。   ■

　この命題により，ある状態が STR 均衡であれば，それは同時に Nash 均衡でもある，ということがわかる。

一般メタ合理性（General MetaRationality: GMR）とは何か
　ナッシュ安定性では，主体はその主体による個人改善が存在すればそれを実現するための状態遷移を実行する，と想定されていた。一方で，個人改善が存在してそれを実現するための状態遷移を実行したとしても，その後の他の主体の状態遷移によって元の状態と同等以下の状態が達成されてしまうことを検討する主体を想定することもできる。この「個人改善の後の他の主体の状態遷移を検討する主体」を想定する代表的な安定性概念として，以下で紹介する，一般メタ合理性（定義 2.2.8），対称メタ合理性（定義 2.2.9），連続安定性（定義 2.2.10）の 3 つがある。
　この 3 つの安定性概念の中の 1 つである一般メタ合理性は，定義 2.2.8 にある通り，状態 $c \in C$ からの主体 $i \in N$ による個人改善全体の集合 $S_i^+(c)$（定義 2.2.2），状態 $c' \in C$ からの主体の集まり $H = N \setminus \{i\}$ の中の主体による個人移動の列によって達成される状態全体の集合 $S_{N \setminus \{i\}}(c')$（定義 2.2.3），および，主体 i にとって c と同等以下の状態全体の集合 $\phi_i^{\tilde{=}}(c)$（定義 2.2.5）を使って定義される。

定義 2.2.8（一般メタ合理性（**General MetaRationality: GMR**）） 状態 c $\in C$ と主体 $i \in N$ に対して，c が主体 i について一般メタ合理的（generally metarational），あるいは，GMR であるとは，どの $c' \in S_i^+(c)$ に対しても，ある $c'' \in S_{N \setminus \{i\}}(c')$ が少なくとも 1 つ存在して，$c'' \in \phi_i^{\simeq}(c)$ を満たすときをいう。主体 i について GMR である状態全体の集合を C_i^{GMR} で表す。つまり，

$$c \in C_i^{\mathrm{GMR}} \Leftrightarrow (\forall c' \in S_i^+(c), (\exists c'' \in S_{N \setminus \{i\}}(c'), c'' \in \phi_i^{\simeq}(c)))$$

である。そして，すべての主体について GMR である状態を一般メタ合理均衡，あるいは，GMR 均衡（GMR equiribrium）と呼び，GMR 均衡全体の集合を C^{GMR} で表す。すなわち，

$$(c \in C^{\mathrm{GMR}}) \Leftrightarrow (\forall i \in N, c \in C_i^{\mathrm{GMR}})$$
$$\Leftrightarrow (\forall i \in N, (\forall c' \in S_i^+(c), (\exists c'' \in S_{N \setminus \{i\}}(c'), c'' \in \phi_i^{\simeq}(c))))$$

である。 □

　c が主体 i について GMR であることの条件

$$(\forall c' \in S_i^+(c), (\exists c'' \in S_{N \setminus \{i\}}(c'), c'' \in \phi_i^{\simeq}(c)))$$

は，$S_{N \setminus \{i\}}(c')$ の中に存在する c'' が $\phi_i^{\simeq}(c)$ の要素でもある，という記述を考慮すると，

$$(\forall c' \in S_i^+(c), (S_{N \setminus \{i\}}(c') \cap \phi_i^{\simeq}(c)) \neq \emptyset)$$

と変形できることがわかる。つまり，c が主体 i について GMR であること，すなわち，$c \in C_i^{\mathrm{GMR}}$ であることは，$(\forall c' \in S_i^+(c), (\exists c'' \in S_{N \setminus \{i\}}(c'), c'' \in \phi_i^{\simeq}(c)))$，あるいは，$(\forall c' \in S_i^+(c), (S_{N \setminus \{i\}}(c') \cap \phi_i^{\simeq}(c)) \neq \emptyset)$ が成立していることとして定義される。

　これは，c からの主体 i による個人改善（定義 2.2.2）が存在したとしても，そのいずれもが，その後の主体 i 以外の主体による状態遷移によって主体 i にとって c と同等以下の状態に遷移させられてしまう可能性があることを表している。つまり，主体 i が c からの状態遷移を実行することでコンフリクトを主体 i にとって c よりも好ましい c' に遷移させることができるとしても，c'

からの主体 i 以外の主体による個人移動の列によって達成される状態の中に，主体 i にとって c と同等以下の状態 c'' が存在することを表している。ここで，「c' からの主体 i 以外の主体（つまり，$N \setminus \{i\}$ の中の主体）による個人移動の列によって達成される状態」全体の集合は $S_{N \setminus \{i\}}(c')$（定義 2.2.3）で表現され，「主体 i にとって c と同等以下の状態」全体の集合は $\phi_i^{\succsim}(c)$（定義 2.2.5）で表現されるので，c'' が「c' からの主体 i 以外の主体（つまり，$N \setminus \{i\}$ の中の主体）による個人移動の列によって達成される状態」であることは $c'' \in S_{N \setminus \{i\}}(c')$ と書くことができ，c'' が「主体 i にとって c と同等以下の状態」であることは，$c'' \in \phi_i^{\succsim}(c)$ と書くことができる。したがって，c が主体 i について GMR であることは，c からの主体 i によるどの個人改善 $c' \in S_i^+(c)$ に対しても，ある c'' が c' からの主体 i 以外の主体による個人移動の列によって達成される状態全体の集合 $S_{N \setminus \{i\}}(c')$ の中に少なくとも 1 つ存在して，その c'' が主体 i にとって c と同等以下の状態全体の集合 $\phi_i^{\succsim}(c)$ の要素であることとして表現されることになる。

　GMR では主体 i は，ある c からの個人改善が存在したとしても，それが実行された後の他の主体の状態遷移によって主体 i にとって c と同等以下の状態が達成されてしまう可能性がある場合には，その個人改善を実行しないと想定されるので，c は主体 i について安定であるとみなされて，$c \in C_i^{\mathrm{GMR}}$ となる。逆に，c からの主体 i による個人改善の中に，それが実行された後の他の主体のいかなる状態遷移を考えても主体 i にとって c と同等以下の状態が達成される可能性がないようなものが存在する場合には，主体 i は c からのその個人改善を実行すると想定されるので，c は主体 i について安定ではないとみなされて，$c \notin C_i^{\mathrm{GMR}}$ となる。

　このことの例を図示したものが図 2.8 である。ここでは $C = \{c, c', c'',$ $c_1, c_2, c_3, c_4\}$，および $N = \{i, j, k\}$ としてある。まず，c からの主体 i による個人改善として c' がある。つまり $c' \in S_i^+(c)$ である。次に，c' からの主体 i 以外の主体（つまり，$N \setminus \{i\} = \{j, k\}$ の中の主体）による個人移動の列によって達成される状態として c_1，c_2，c'' がある。すなわち，$S_{N \setminus \{i\}}(c') = \{c_1,$ $c_2, c''\}$ である。このうち c'' が主体 i にとって c と同等以下，つまり $c \succsim_i c''$ であるため，$c'' \in \phi_i^{\succsim}(c)$ である。c からの主体 i による個人改善には c' しかなく，その c' に対して c'' が $S_{N \setminus \{i\}}(c')$ の中に存在していて，その c'' は $\phi_i^{\succsim}(c)$ の要素である。したがって c は主体 i について GMR，すなわち，$c \in C_i^{\mathrm{GMR}}$

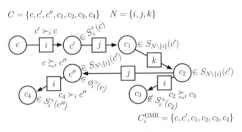

図 **2.8** 一般メタ合理性（GMR）

である。

さらに，図 2.8 の場合，$C_i^{\mathrm{GMR}} = \{c, c', c_1, c_2, c_3, c_4\}$ となることがわかる。c', c_1, c_3, c_4 が主体 i について GMR であるのは，これらの状態からは主体 i による個人移動が存在せず，したがって個人改善も存在しないためである。c_2 が主体 i について GMR であるのは，c_3 が，c_2 からの主体 i による個人移動であるものの，c_3 は主体 i にとって c_2 と同等以下，つまり $c_2 \succsim_i c_3$ であるため，c_3 は c_2 からの主体 i による個人改善ではない，すなわち，$c_3 \notin S_i^+(c_2)$ であるからである。c'' が主体 i について GMR でないことは，c_4 が c'' からの主体 i による個人改善，つまり，$c_4 \in S_i^+(c'')$ であり，かつ，c_4 からの主体 i 以外の主体による個人移動の列によって達成される状態が存在しないためである。

一般に，c からの主体 i による個人改善が存在しない場合に c が主体 i について GMR となることは，GMR の定義の中の $(\forall c' \in S_i^+(c), (\exists \cdots))$ の部分がより正確には $(\forall c')(c' \in S_i^+(c) \rightarrow (\exists \cdots))$ と書かれること（1.5.1 節のリストの 6 を参照）と，論理における $p \rightarrow q$（1.5.1 節のリストの 4 を参照）の真理値表（1.6.1 節の演習問題 1 の表 1.5，および，その解答（付録「演習問題・チャレンジ問題の解説と解答例」の解答（演習問題）1 の表 8.4））を用いることで確認できる。実際，c からの主体 i による個人改善が存在しない場合，つまり，$S_i^+(c) = \emptyset$ のときには，$(\forall c')(c' \in S_i^+(c) \rightarrow (\exists \cdots))$ の中の $c' \in S_i^+(c)$ の部分がどのような c' に対しても「偽（False）」となる。この $c' \in S_i^+(c)$ の部分は $p \rightarrow q$ の中の p にあたる。$p \rightarrow q$ の真理値表により，p が「偽（False）」のときには $p \rightarrow q$ は「真（True）」となるので，どのような c' に対しても $(c' \in S_i^+(c) \rightarrow (\exists \cdots))$ が「真（True）」となることがわかり，c は GMR の定義を満たすことになる。また，c からの主体 i による個人改善 c' が存在する場合に

ついて，c' からの主体 i 以外の主体による個人移動の列によって達成される状態が存在したとしても，その中に主体 i にとって c と同等以下の状態が存在しなければ，c は主体 i について GMR ではないことにも注意してほしい。

例 2.2.10 では例として，囚人のジレンマのグラフモデル（1.4.1 節の図 1.1）において GMR である状態を示してある。

例 2.2.10（囚人のジレンマのグラフモデルの **GMR**）　例 2.2.9 にある通り，囚人のジレンマのグラフモデル（1.4.1 節の図 1.1）における各主体 $i \in N$ と各状態 $c \in C$ についての個人移動 $S_i(c)$ は，

$$S_1(①) = \{③\}; S_1(②) = \{④\}; S_1(③) = \{①\}; S_1(④) = \{②\},$$
$$S_2(①) = \{②\}; S_2(②) = \{①\}; S_2(③) = \{④\}; S_2(④) = \{③\},$$

であり，各主体 $i \in N$ と各状態 $c \in C$ についての個人改善 $S_i^+(c)$ は，

$$S_1^+(①) = \{③\}; S_1^+(②) = \{④\}; S_1^+(③) = \emptyset; S_1^+(④) = \emptyset,$$
$$S_2^+(①) = \{②\}; S_2^+(②) = \emptyset; S_2^+(③) = \{④\}; S_2^+(④) = \emptyset,$$

である。

また，例 2.2.4 にある通り，$c \in C$ からの主体の集まり H の中の主体による個人移動の列によって達成される状態の集合 $S_H(c)$ は 1 人の主体 i からなる $H = \{i\}$ については，どの $c \in C$ に対しても $S_H(c) = S_i(c)$ であり，$H = N = \{1, 2\}$ については，どの $c \in C$ に対しても $S_N(c) = \{①, ②, ③, ④\} \backslash \{c\}$ である（記号「$\backslash$」については，1.5.2 節のリストの 8 を参照）。

さらに，例 2.2.6 の通り，各主体 $i \in N$ と各状態 $c \in C$ についての同等以下の状態全体の集合 $\phi_i^{\widetilde{\sim}}(c)$ は，

$$\phi_1^{\widetilde{\sim}}(①) = \{①, ②, ④\}; \phi_1^{\widetilde{\sim}}(②) = \{②\};$$
$$\phi_1^{\widetilde{\sim}}(③) = \{①, ②, ③, ④\}; \phi_1^{\widetilde{\sim}}(④) = \{②, ④\},$$
$$\phi_2^{\widetilde{\sim}}(①) = \{①, ③, ④\}; \phi_2^{\widetilde{\sim}}(②) = \{①, ②, ③, ④\};$$
$$\phi_2^{\widetilde{\sim}}(③) = \{③\}; \phi_2^{\widetilde{\sim}}(④) = \{③, ④\},$$

である。

主体 1 について，①，②，③，④ がそれぞれ GMR であるかどうかを確認

していこう。まず，③ と ④ については，それぞれ $S_1^+(③) = \emptyset$ と $S_1^+(④) = \emptyset$ が成立しているので，どちらも主体1について GMR である（$S_i^+(c) = \emptyset$ の場合に c が主体 i について GMR であることについては，この例の直前の段落にある説明を参照）。次に ① については，$S_1^+(①) = \{③\}$ が成立しているので，① からの主体1による個人改善 ③ が存在することがわかる。では，この個人改善 ③ について，③ からの主体1以外の主体による個人移動の列によって達成される状態全体の集合 $S_{N\setminus\{1\}}(③)$ の中に，主体1にとって元の ① と同等以下の状態が存在するだろうか。この場合，「主体1以外の主体」$N\setminus\{1\}$ は主体2を指し，したがって，「③ からの主体1以外の主体による個人移動の列によって達成される状態」全体の集合 $S_{N\setminus\{1\}}(③)$ は主体2による個人移動全体の集合 $S_2(③)$ を指す。また，「主体1にとって元の ① と同等以下の状態」全体の集合は $\phi_1^{\tilde{\sim}}(①)$ である。したがって，ここで確認すべきことは，$(S_2(③)\cap \phi_1^{\tilde{\sim}}(①))$ が空集合（$\emptyset$）でないかどうかである。上記の通り，$S_2(③) = \{④\}$，$\phi_1^{\tilde{\sim}}(①) = \{①,②,④\}$ なので，$(S_2(③) \cap \phi_1^{\tilde{\sim}}(①)) = \{④\} \neq \emptyset$ である。つまり，① は主体1について GMR である。最後に ② について，$S_1^+(②) = \{④\}$ が成立しているので，② からの主体1による個人改善 ④ が存在することがわかる。そして，この個人改善 ④ からの主体1以外の主体による個人移動の列によって達成される状態全体の集合 $S_{N\setminus\{1\}}(④)$ の中に，主体1にとって元の ② と同等以下の状態が存在するかどうかについては，$(S_2(④)\cap\phi_1^{\tilde{\sim}}(②))$ が空集合（$\emptyset$）でないかどうかを確認すればわかる。実際，$S_2(④) = \{③\}$ かつ $\phi_1^{\tilde{\sim}}(②) = \{②\}$ なので，$(S_2(④) \cap \phi_1^{\tilde{\sim}}(②)) = \emptyset$ である。したがって，② は主体1について GMR ではない。つまり，主体1について GMR である状態全体の集合 C_1^{GMR} は $C_1^{\mathrm{GMR}} = \{①,③,④\}$ であることがわかる。

主体2についても，①，②，③，④ がそれぞれ GMR であるかどうかを，主体1の場合と同様に確認することができる。まず，$S_2^+(②) = \emptyset$ と $S_2^+(④) = \emptyset$ が成立しているので，② と ④ は主体2について GMR である。次に ① について考える。$S_2^+(①) = \{②\}$ であることから① からの主体2による個人改善 ② が存在し，$S_{N\setminus\{2\}}(②) = S_1(②) = \{④\}$ かつ $\phi_2^{\tilde{\sim}}(①) = \{①,③,④\}$ であることから，$(S_1(②) \cap \phi_2^{\tilde{\sim}}(①)) = \{④\}$ となり，これは空集合（$\emptyset$）ではない。したがって，① は主体2について GMR である。最後に ③ について，$S_2^+(③) = \{④\}$ が成立しているので，③ からの主体1による個人改善 ④ が存在することがわかる。$S_{N\setminus\{2\}}(④) = S_1(④) = \{②\}$ かつ $\phi_2^{\tilde{\sim}}(①) = $

$\{①, ③, ④\}$ であることから，$(S_1(④) \cap \phi_2^{\widetilde{=}}(①)) = \emptyset$ である。したがって，③ は主体 2 について GMR ではない。つまり，主体 2 について GMR である状態全体の集合 C_2^{GMR} は $C_2^{\mathrm{GMR}} = \{①, ②, ④\}$ であることがわかる。

そして，主体 1 と主体 2 それぞれについて GMR である状態全体の集合が $C_1^{\mathrm{GMR}} = \{①, ③, ④\}$ と $C_2^{\mathrm{GMR}} = \{①, ②, ④\}$ であることから，この場合の GMR 均衡全体の集合 C^{GMR} は，C_1^{GMR} と C_2^{GMR} の共通部分，つまり $C^{\mathrm{GMR}} = \{①, ④\}$ となる。 □

例 2.2.9 で確認した通り，囚人のジレンマのグラフモデルの場合，各主体についての Nash である状態全体の集合や Nash 均衡全体の集合は，それぞれ，

$$C_1^{\mathrm{Nash}} = \{③, ④\}; C_2^{\mathrm{Nash}} = \{②, ④\}; C^{\mathrm{Nash}} = \{④\}$$

である。また，例 2.2.10 にある通り，囚人のジレンマのグラフモデルの場合の各主体についての GMR である状態全体の集合や GMR 均衡全体の集合は，それぞれ，

$$C_1^{\mathrm{GMR}} = \{①, ③, ④\}; C_2^{\mathrm{GMR}} = \{①, ②, ④\}; C^{\mathrm{GMR}} = \{①, ④\}$$

である。そしてここで Nash と GMR の間に，$C_1^{\mathrm{Nash}} \subseteq C_1^{\mathrm{GMR}}$，$C_2^{\mathrm{Nash}} \subseteq C_2^{\mathrm{GMR}}$，および，$C^{\mathrm{Nash}} \subseteq C^{\mathrm{GMR}}$ という関係があることがわかる。これは命題 2.2.2 で証明されるように，Nash と GMR の間に一般に成立する関係である。

命題 2.2.2（**Nash ならば GMR である**） 状態 $c \in C$ と主体 $i \in N$ に対して，c が主体 i について Nash（定義 2.2.7）ならば，c は同時に主体 i について GMR（定義 2.2.8）でもある。したがって，どんな主体 i に対しても $C_i^{\mathrm{Nash}} \subseteq C_i^{\mathrm{GMR}}$ であり，また，$C^{\mathrm{Nash}} \subseteq C^{\mathrm{GMR}}$ である。 □

（証明） c が主体 i について Nash であるとする。これは $S_i^+(c) = \emptyset$ であることを意味する。$S_i^+(c) = \emptyset$ のときには，GMR の定義（定義 2.2.8）における $(\forall c')(c' \in S_i^+(c) \to (\exists \cdots))$ の中の $c' \in S_i^+(c)$ の部分がどのような c' に対しても「偽（False）」となる。この $c' \in S_i^+(c)$ の部分は論理における $p \to q$（1.5.1 節のリストの 4 を参照）の中の p にあたる。$p \to q$ の真理値表（1.6.1

節の演習問題 1 の表 1.5, および, その解答（付録「演習問題・チャレンジ問題の解説と解答例」の解答（演習問題）1 の表 8.4)) により, p が「偽（False)」のときには $p \rightarrow q$ は「真（True)」となるので, どのような c' に対しても $(c' \in S_i^+(c) \rightarrow (\exists \cdots))$ が「真（True)」となることがわかり, c は GMR の定義を満たすことになる。　　　　　　　　　　　　　　　　　　　　　　　　　■

対称メタ合理性（Symmetric MetaRationality: SMR）とは何か

　定義 2.2.9 で紹介する対称メタ合理性は, 一般メタ合理性（定義 2.2.8) と同様に, 個人改善が存在してそれを実現するための状態遷移を実行したとしても, その後の他の主体の状態遷移によって元の状態と同等以下の状態が達成されてしまうことを検討する主体を想定する。ただし, 一般メタ合理性における主体が, ある状態からの個人改善が存在したとしても, それが実行された後の他の主体の状態遷移によってその主体にとって元の状態と同等以下の状態が達成されてしまう可能性がある場合には, その個人改善を実行しないと想定されるのに対し, 対称メタ合理性における主体は, ある状態からの個人改善について, その後の他の主体の状態遷移によって元の状態と同等以下の状態が達成されてしまう可能性がある場合でも, さらにその後の自身の状態遷移によって元の状態よりも好ましい状態を達成することができる場合には, その個人改善を実行すると想定される。

　対称メタ合理性は, 定義 2.2.9 にある通り, 状態 $c \in C$ からの主体 $i \in N$ による個人改善全体の集合 $S_i^+(c)$ （定義 2.2.2), 状態 $c' \in C$ からの主体の集まり $H = N \backslash \{i\}$ の中の主体による個人移動の列によって達成される状態全体の集合 $S_{N \backslash \{i\}}(c')$ （定義 2.2.3), 主体 i にとって c と同等以下の状態全体の集合 $\phi_i^{\widetilde{}}(c)$ （定義 2.2.5), および, 状態 $c'' \in C$ からの主体 i による個人移動全体の集合 $S_i(c'')$ （定義 2.2.1) を使って定義される。

定義 2.2.9（対称メタ合理性（Symmetric MetaRationality: SMR)）　状態 $c \in C$ と主体 $i \in N$ に対して, c が主体 i について対称メタ合理的（symmetrically metarational), あるいは, SMR であるとは, どの $c' \in S_i^+(c)$ に対しても, ある $c'' \in S_{N \backslash \{i\}}(c')$ が少なくとも 1 つ存在して, $c'' \in \phi_i^{\widetilde{}}(c)$ であり, かつ, どの $c''' \in S_i(c'')$ に対しても $c''' \in \phi_i^{\widetilde{}}(c)$ を満たすときをいう。主体 i について SMR である状態全体の集合を C_i^{SMR} で表す。つまり,

$$c \in C_i^{\mathrm{SMR}} \Leftrightarrow (\forall c' \in S_i^+(c), (\exists c'' \in S_{N \setminus \{i\}}(c'),$$
$$((c'' \in \phi_i^{\widetilde{\sim}}(c)) \land (\forall c''' \in S_i(c''), c''' \in \phi_i^{\widetilde{\sim}}(c)))))$$

である。そして，すべての主体について SMR である状態を対称メタ合理均衡，あるいは，SMR 均衡（SMR equiribrium）と呼び，SMR 均衡全体の集合を C^{SMR} で表す。すなわち，

$$(c \in C^{\mathrm{SMR}}) \Leftrightarrow (\forall i \in N, c \in C_i^{\mathrm{SMR}})$$
$$\Leftrightarrow (\forall i \in N, (\forall c' \in S_i^+(c), (\exists c'' \in S_{N \setminus \{i\}}(c'),$$
$$((c'' \in \phi_i^{\widetilde{\sim}}(c)) \land (\forall c''' \in S_i(c''), c''' \in \phi_i^{\widetilde{\sim}}(c))))))$$

である。　　　　　　　　　　　　　　　　　　　　　　　　　□

　　c が主体 i について SMR であることの条件の中の

$$(\exists c'' \in S_{N \setminus \{i\}}(c'), ((c'' \in \phi_i^{\widetilde{\sim}}(c)) \land (\forall c''' \in S_i(c''), c''' \in \phi_i^{\widetilde{\sim}}(c))))$$

は，$S_{N \setminus \{i\}}(c')$ の中に存在する c'' が $\phi_i^{\widetilde{\sim}}(c)$ の要素でもあるということと，$S_i(c'')$ の中のすべての c''' が $\phi_i^{\widetilde{\sim}}(c)$ の要素でもあるということを意味することを考慮すると，

$$(\exists c'' \in (S_{N \setminus \{i\}}(c') \cap \phi_i^{\widetilde{\sim}}(c)), S_i(c'') \subseteq \phi_i^{\widetilde{\sim}}(c))$$

と変形できることがわかる。つまり，c が主体 i について SMR であること，つまり，$c \in C_i^{\mathrm{SMR}}$ であることは，

$$(\forall c' \in S_i^+(c), (\exists c'' \in (S_{N \setminus \{i\}}(c') \cap \phi_i^{\widetilde{\sim}}(c)), S_i(c'') \subseteq \phi_i^{\widetilde{\sim}}(c)))$$

が成立していることとしても定義できる。

　　これは，c からの主体 i による個人改善（定義 2.2.2）が存在したとしても，そのいずれもが，その後の主体 i 以外の主体による状態遷移によって主体 i にとって c と同等以下の状態に遷移させられてしまう可能性があり，さらにその後の主体 i によるどの状態遷移を考えても，主体 i にとって c と同等以下の状態にしか遷移できないことを表している。つまり，主体 i が c からの状態遷移を実行することでコンフリクトを主体 i にとって c よりも好ましい状態 c' に遷移させることができるとしても，c' からの主体 i 以外の主体による個

人移動の列によって達成される状態の中に，主体 i にとって c と同等以下の c'' が存在し，さらに，c'' からの主体 i の個人移動のどれについても，やはり主体 i にとって c と同等以下の状態であるということを意味している。ここで，「c' からの主体 i 以外の主体（つまり，$N\setminus\{i\}$ の中の主体）による個人移動の列によって達成される状態」全体の集合は $S_{N\setminus\{i\}}(c')$ （定義 2.2.3）で表現され，「主体 i にとって c と同等以下の状態」全体の集合は $\phi_i^{\precsim}(c)$ （定義 2.2.5）で表現されることに注意しよう。さらに，「c'' からの主体 i の個人移動」全体の集合が $S_i(c'')$ （定義 2.2.1）と表現される。したがって，c が主体 i について SMR であることは，c からの主体 i によるどの個人改善 $c' \in S_i^{+}(c)$ に対しても，ある c'' が c' からの主体 i 以外の主体による個人移動の列によって達成される状態全体の集合 $S_{N\setminus\{i\}}(c')$ の中に少なくとも 1 つ存在して，その c'' が主体 i にとって c と同等以下の状態全体の集合 $\phi_i^{\precsim}(c)$ の要素であり，かつ，c'' からの主体 i の個人移動全体の集合 $S_i(c'')$ （定義 2.2.1）のどの要素も主体 i にとって c と同等以下の状態全体の集合 $\phi_i^{\precsim}(c)$ の要素となっていることとして表現されることになる。

SMR では主体 i は，ある c からの個人改善が存在したとしても，それが実行された後の他の主体の状態遷移によって主体 i にとって c と同等以下の状態が達成されてしまう可能性があり，さらにその後の主体 i によるどの状態遷移を考えたとしても主体 i にとって c と同等以下の状態しか達成することができない場合には，その個人改善を実行しないと想定されるので，c は主体 i について安定であるとみなされて，$c \in C_i^{\mathrm{SMR}}$ となる。逆に，c からの主体 i による個人改善の中に，それが実行された後の他の主体のいかなる状態遷移を考えても主体 i にとって c と同等以下の状態が達成される可能性がないようなものや，あるいは，主体 i にとって c と同等以下の状態が達成される可能性があるものの，その後の主体 i による状態遷移によって主体 i にとって c よりも好ましい状態を達成することができる場合には，元の個人改善を実行すると想定されるので，c は主体 i について安定ではないとみなされて，$c \notin C_i^{\mathrm{SMR}}$ となる。

このことの例を図示したものが図 2.9 である。ここでは $C = \{c, c', c'', c_1''', c_2''', c_1, c_2, c_3\}$，および $N = \{i, j, k\}$ としてある。まず，c からの主体 i による個人改善として c' がある。つまり $c' \in S_i^{+}(c)$ である。次に，c' からの主体 i 以外の主体（つまり，$N\setminus\{i\} = \{j, k\}$ の中の主体）による個人移動の列によって達成される状態として c_1 と c'' がある。すなわち，$S_{N\setminus\{i\}}(c') =$

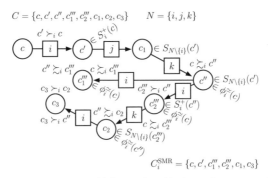

図 2.9　対称メタ合理性（SMR）

$\{c_1, c''\}$ である。このうち c'' が主体 i にとって c と同等以下，つまり $c \gtrsim_i c''$ であるため，$c'' \in \phi_i^{\approx}(c)$ である。そしてこの c'' からの主体 i による状態遷移として c_1''' と c_2''' がある。これは $S_i(c'') = \{c_1''', c_2'''\}$ と表される。この c_1''' と c_2''' がいずれも主体 i にとって c と同等以下，つまり，$c \gtrsim_i c_1'''$ かつ $c \gtrsim_i c_2'''$ であるため，$c_1''' \in \phi_i^{\approx}(c)$ かつ $c_2''' \in \phi_i^{\approx}(c)$ である。$S_i(c'')$ のどの要素も $\phi_i^{\approx}(c)$ の要素であることがわかるので，$S_i(c'') \subseteq \phi_i^{\approx}(c)$ と表現することができる。c からの主体 i による個人改善には c' しかなく，その c' に対して c'' が $S_{N\setminus\{i\}}(c')$ の中に存在していて，その c'' は $\phi_i^{\approx}(c)$ の要素である。さらに，c'' からの主体 i による個人移動全体の集合 $S_i(c'')$ が，$S_i(c'') \subseteq \phi_i^{\approx}(c)$ を満たす。したがって，状態 c は主体 i について SMR，すなわち，$c \in C_i^{\mathrm{SMR}}$ である。

　さらに，図 2.9 の場合，$C_i^{\mathrm{SMR}} = \{c, c', c_1''', c_2''', c_1, c_3\}$ となることがわかる。c', c_1''', c_2''', c_1, c_3 が主体 i について SMR であるのは，これらの状態からは主体 i による個人移動が存在せず，したがって個人改善も存在しないためである。c'' が主体 i にとって SMR ではないことは次のように確かめられる。まず，c'' からの主体 i による個人改善として $c_2''' \in S_i^+(c'')$ があり，次に，この c_2''' からの主体 i 以外の主体による個人移動の列によって達成される状態として $c_2 \in S_{N\setminus\{i\}}(c_2''')$ が存在し，また，c_2 は主体 i にとって c'' と同等以下，つまり $c'' \gtrsim_i c_2$ であるため，$c_2 \in \phi_i^{\approx}(c'')$ である。しかし，c_2 からの主体 i による状態遷移によって $c_3 \in S_i(c_2)$ を達成することができ，この c_3 は主体 i にとって c'' よりも好ましいため $c_3 \notin \phi_i^{\approx}(c'')$ となり，元の c'' は主体 i にとって SMR であるための条件である $S_i(c_2) \subseteq \phi_i^{\approx}(c'')$ を満たさない。c_2 が主体 i にとって SMR ではない，つまり $c_2 \notin C_i^{\mathrm{SMR}}$ であるのは，c_2 からの

主体 i による個人改善として $c_3 \in S_i^+(c_2)$ があり，その c_3 からの主体 i 以外の主体による個人移動の列によって達成される状態が存在しない，つまり，$S_{N \setminus \{i\}}(c_3) = \emptyset$ であるからである。

例 2.2.11 では例として，囚人のジレンマのグラフモデル（1.4.1 節の図 1.1）において SMR である状態を示してある。

例 2.2.11（囚人のジレンマのグラフモデルの **SMR**） 囚人のジレンマのグラフモデル（1.4.1 節の図 1.1）における各主体 $i \in N$ と各状態 $c \in C$ についての個人移動 $S_i(c)$，個人改善 $S_i^+(c)$，および，同等以下の状態全体の集合 $\phi_i^{\simeq}(c)$ は，例 2.2.10 で確認した通りである。また，$c \in C$ からの主体の集まり H の中の主体による個人移動の列によって達成される状態の集合 $S_H(c)$ も例 2.2.10 にある通りである。

さらに主体 1 について，③ と ④ が SMR であることと，② が SMR ではないことは，例 2.2.10 の場合と同じである。では ① は SMR だろうか。まず，① からの主体 1 による個人改善として ③ がある。つまり ③ $\in S_1^+(①)$ である。次に，③ からの主体 1 以外の主体（つまり，主体 2）による個人移動の列によって達成される状態として ④ がある。すなわち，$S_{N \setminus \{1\}}(③) = S_2(③) = \{④\}$ である。そしてこの ④ は主体 1 にとって ① と同等以下，つまり ④ $\in \phi_1^{\simeq}(①)$ である。さらにこの ④ からの主体 1 による状態遷移として ② がある。つまり $S_1(④) = \{②\}$ である。この ② もやはり主体 1 にとって ① と同等以下，② $\in \phi_1^{\simeq}(①)$ である。すなわち $S_1(④) \subseteq \phi_1^{\simeq}(①)$ である。① からの主体 1 による個人改善には ③ しかなく，その ③ に対して ④ が $S_{N \setminus \{1\}}(③)$ の中に存在していて，その ④ は $\phi_1^{\simeq}(①)$ の要素である。さらに，④ からの主体 1 による個人移動全体の集合 $S_1(④)$ が $S_1(④) \subseteq \phi_1^{\simeq}(①)$ を満たす。したがって ① は主体 1 について SMR，すなわち，① $\in C_1^{\mathrm{SMR}}$ である。

主体 2 についても，② と ④ が SMR であることと，③ が SMR ではないことは，例 2.2.10 の場合と同じである。そして ① が SMR であることは主体 1 の場合と同様に確かめられる。実際，① からの主体 2 による個人改善には ② しかなく，その ② に対して ④ が $S_{N \setminus \{2\}}(②)$ の中に存在していて，その ④ は $\phi_2^{\simeq}(①)$ の要素である。さらに，④ からの主体 2 による個人移動全体の集合 $S_2(④)$ が $S_2(④) \subseteq \phi_2^{\simeq}(①)$ を満たす。したがって ① は主体 2 について SMR，すなわち，① $\in C_2^{\mathrm{SMR}}$ である。

これらのことから，主体 1 と主体 2 それぞれについて SMR である状態全体の集合が $C_1^{\mathrm{SMR}} = \{①, ③, ④\}$ と $C_2^{\mathrm{SMR}} = \{①, ②, ④\}$ であり，したがって，この場合の SMR 均衡全体の集合 C^{SMR} は，C_1^{SMR} と C_2^{SMR} の共通部分，つまり $C^{\mathrm{SMR}} = \{①, ④\}$ となる。　　　　　　　　　　　　　　□

SMR と Nash および GMR の間に一般に成立する関係として，命題 2.2.3 で示されるものがある。

命題 2.2.3（Nash ならば SMR である; SMR ならば GMR である）　状態 $c \in C$ と主体 $i \in N$ に対して次の 2 つが成り立つ。

1. c が主体 i について Nash（定義 2.2.7）ならば，c は同時に主体 i について SMR（定義 2.2.9）でもある。したがって，どんな主体 i に対しても $C_i^{\mathrm{Nash}} \subseteq C_i^{\mathrm{SMR}}$ であり，また，$C^{\mathrm{Nash}} \subseteq C^{\mathrm{SMR}}$ である。
2. c が主体 i について SMR（定義 2.2.9）ならば，c は同時に主体 i について GMR（定義 2.2.8）でもある。したがって，どんな主体 i に対しても $C_i^{\mathrm{SMR}} \subseteq C_i^{\mathrm{GMR}}$ であり，また，$C^{\mathrm{SMR}} \subseteq C^{\mathrm{GMR}}$ である。　　　□

（証明）　1 について，c が主体 i について Nash であるときに，同時に主体 i について SMR でもあることは，命題 2.2.2 と同様に証明できる。つまり，c が主体 i について Nash であることは $S_i^+(c) = \emptyset$ であることを意味し，$S_i^+(c) = \emptyset$ のときには，SMR の定義（定義 2.2.9）における $(\forall c' \in S_i^+(c), (\exists \cdots))$ の中の $c' \in S_i^+(c)$ の部分がどのような c' に対しても「偽（False）」となる。したがって，命題 2.2.2 の証明と同様に，どのような c' に対しても $(\forall c' \in S_i^+(c), (\exists \cdots))$ が「真（True）」となることがわかり，c は SMR の定義を満たすことになる。

2 について，c が主体 i について SMR であるとすると，SMR の定義（定義 2.2.9）により，どの $c' \in S_i^+(c)$ に対しても，ある $c'' \in S_{N \setminus \{i\}}(c')$ が存在して，$(c'' \in \phi_i^{\tilde{=}}(c)) \wedge (\forall c''' \in S_i(c''), c''' \in \phi_i^{\tilde{=}}(c))$ を満たす。これは特に，どの $c' \in S_i^+(c)$ に対しても，ある $c'' \in S_{N \setminus \{i\}}(c')$ が存在して，$c'' \in \phi_i^{\tilde{=}}(c)$ を満たすことを意味し，c が GMR の定義（定義 2.2.8）を満足することがわかる。■

連続安定性（SEQuential stability: SEQ）とは何か

「個人改善の後の他の主体の状態遷移を検討する主体」を想定する代表的な
安定性概念として最後に紹介するのは連続安定性（定義 2.2.10）である。

連続安定性では，一般メタ合理性（定義 2.2.8）と同様に，個人改善が存在
してそれを実現するための状態遷移を実行したとしても，その後の他の主体の
状態遷移によって元の状態と同等以下の状態が達成されてしまうことを検討す
る主体を想定する。ただし，一般メタ合理性における主体が，個人改善の後の
他の主体の状態遷移として，他の主体が実行可能なすべての状態遷移を検討す
るのに対し，連続安定性では，他の主体が個人改善を実行することだけで実現
可能な状態遷移だけを検討する。

連続安定性は，定義 2.2.10 にある通り，状態 $c \in C$ からの主体 $i \in N$ によ
る個人改善全体の集合 $S_i^+(c)$（定義 2.2.2），状態 $c' \in C$ からの主体の集まり
$H = N \backslash \{i\}$ の中の主体による個人改善の列によって達成される状態全体の集
合 $S_{N \backslash \{i\}}^+(c')$（定義 2.2.4），および，主体 i にとって c と同等以下の状態全体
の集合 $\phi_i^{\tilde{}}(c)$（定義 2.2.5）を使って定義される。

定義 2.2.10（連続安定性（SEQuential stability: SEQ））　状態 $c \in C$ と主
体 $i \in N$ に対して，c が主体 i について連続安定（sequentially stable），ある
いは，SEQ であるとは，どの $c' \in S_i^+(c)$ に対しても，ある $c'' \in S_{N \backslash \{i\}}^+(c')$
が少なくとも 1 つ存在して，$c'' \in \phi_i^{\tilde{}}(c)$ を満たすときをいう。主体 i につい
て SEQ である状態全体の集合を C_i^{SEQ} で表す。つまり，

$$c \in C_i^{\mathrm{SEQ}} \Leftrightarrow (\forall c' \in S_i^+(c), (\exists c'' \in S_{N \backslash \{i\}}^+(c'), c'' \in \phi_i^{\tilde{}}(c)))$$

である。そして，すべての主体について SEQ である状態を連続安定均衡，あ
るいは，SEQ 均衡（SEQ equiribrium）と呼び，SEQ 均衡全体の集合を C^{SEQ}
で表す。すなわち，

$$(c \in C^{\mathrm{SEQ}}) \Leftrightarrow (\forall i \in N, c \in C_i^{\mathrm{SEQ}})$$
$$\Leftrightarrow (\forall i \in N, (\forall c' \in S_i^+(c), (\exists c'' \in S_{N \backslash \{i\}}^+(c'), c'' \in \phi_i^{\tilde{}}(c))))$$

である。　　　　　　　　　　　　　　　　　　　　　　　　　　　　　□

c が主体 i について SEQ であることの条件

$$(\forall c' \in S_i^+(c), (\exists c'' \in S_{N\setminus\{i\}}^+(c'), c'' \in \phi_i^{\succsim}(c)))$$

は，$S_{N\setminus\{i\}}^+(c')$ の中に存在する c'' が $\phi_i^{\succsim}(c)$ の要素でもあるという記述を考慮すると，

$$(\forall c' \in S_i^+(c), (S_{N\setminus\{i\}}^+(c') \cap \phi_i^{\succsim}(c)) \neq \emptyset)$$

と変形できることがわかる。したがって c が主体 i について SEQ であること，つまり，$c \in C_i^{\mathrm{SEQ}}$ であることは，$(\forall c' \in S_i^+(c), (\exists c'' \in S_{N\setminus\{i\}}^+(c'), c'' \in \phi_i^{\succsim}(c)))$，あるいは，$(\forall c' \in S_i^+(c), (S_{N\setminus\{i\}}^+(c') \cap \phi_i^{\succsim}(c)) \neq \emptyset)$ が成立していることとして定義される。

　これは，c からの主体 i による個人改善（定義 2.2.2）が存在したとしても，そのいずれもが，その後の主体 i 以外の主体による個人改善によって主体 i にとって c と同等以下の状態に遷移させられてしまう可能性があることを表している。GMR では主体 i 以外の主体によるすべての状態遷移を考慮していたが，SEQ では主体 i 以外の主体による個人改善のみを考慮する。この点だけが GMR と SEQ の違いである。

　主体 i について SEQ である状態 c においては，主体 i が c からの状態遷移を実行することでコンフリクトを主体 i にとって c よりも好ましい状態 c' に遷移させることができるとしても，c' からの主体 i 以外の主体による個人改善の列によって達成される状態の中に，主体 i にとって c と同等以下の c'' が存在することを表している。ここで，「c' からの主体 i 以外の主体（つまり，$N\setminus\{i\}$ の中の主体）による個人改善の列によって達成される状態」全体の集合は $S_{N\setminus\{i\}}^+(c')$（定義 2.2.4）で表現され，「主体 i にとって c と同等以下の状態」全体の集合は $\phi_i^{\succsim}(c)$（定義 2.2.5）で表現されるので，c'' が「c' からの主体 i 以外の主体（つまり，$N\setminus\{i\}$ の中の主体）による個人改善の列によって達成される状態」であることは $c'' \in S_{N\setminus\{i\}}^+(c')$ と書くことができ，c'' が「主体 i にとって c と同等以下の状態」であることは，$c'' \in \phi_i^{\succsim}(c)$ と書くことができる。したがって，c が主体 i について SEQ であることは，c からの主体 i によるどの個人改善 $c' \in S_i^+(c)$ に対しても，ある c'' が c' からの主体 i 以外の主体による個人改善の列によって達成される状態全体の集合 $S_{N\setminus\{i\}}^+(c')$ の中に少なくとも 1 つ存在して，その c'' が主体 i にとって c と同等以下の状態全体の集合 $\phi_i^{\succsim}(c)$ の要素であることとして表現されることになる。

SEQ では主体 i は，ある c からの個人改善が存在したとしても，それが実行された後の他の主体の個人改善によって主体 i にとって c と同等以下の状態が達成されてしまう可能性がある場合には，最初の個人改善を実行しないと想定されるので，c は主体 i について安定であるとみなされて，$c \in C_i^{\mathrm{SEQ}}$ となる。逆に，c からの主体 i による個人改善の中に，それが実行された後の他の主体のいかなる個人改善を考えても主体 i にとって c と同等以下の状態が達成される可能性がないようなものが存在する場合には，主体 i は元の c からの個人改善を実行すると想定されるので，c は主体 i について安定ではないとみなされて，$c \notin C_i^{\mathrm{SEQ}}$ となる。

このことの例を図示したものが図 2.10 である。ここでは $C = \{c, c', c'', c_1, c_2, c_3, c_4\}$，および $N = \{i, j, k\}$ としてある。SEQ と GMR の類似性と相違点を理解するために，図 2.10 と図 2.8 を比較するとよい。

図 2.10 ではまず，c からの主体 i による個人改善として c' がある。つまり $c' \in S_i^+(c)$ である。次に，c' からの主体 i 以外の主体（つまり，$N \backslash \{i\} = \{j, k\}$ の中の主体）による個人改善の列によって達成される状態として c_1, c_2, c'' がある。すなわち，$S_{N \backslash \{i\}}^+(c') = \{c_1, c_2, c''\}$ である。このうち c'' が主体 i にとって c と同等以下，つまり $c \succsim_i c''$ であるため，$c'' \in \phi_i^{\eqsim}(c)$ である。c からの主体 i による個人改善には状態 c' しかなく，その c' に対して c'' が $S_{N \backslash \{i\}}^+(c')$ の中に存在していて，その c'' は $\phi_i^{\eqsim}(c)$ の要素である。したがって，c は主体 i について SEQ，すなわち，$c \notin C_i^{\mathrm{SEQ}}$ である。

さらに，図 2.10 の場合，$C_i^{\mathrm{SEQ}} = \{c, c', c_1, c_2, c_3, c_4\}$ となることがわかる。c', c_1, c_3, c_4 が主体 i について SEQ であるのは，これらの状態からは主体 i による個人移動が存在せず，したがって個人改善も存在しないためである。c_2 が主体 i について SEQ であるのは，c_3 が，c_2 からの主体 i による個人移動であるものの，c_3 は主体 i にとって c_2 と同等以下，つまり $c_2 \succsim_i c_3$ であるため，c_3 は c_2 からの主体 i による個人改善ではない，すなわち，$c_3 \notin S_i^+(c_2)$ であるからである。c'' が主体 i について SEQ でないことは，c_4 が c'' からの主体 i による個人改善，つまり，$c_4 \in S_i^+(c'')$ であり，かつ，c_4 からの主体 i 以外の主体による個人改善の列によって達成される状態が存在しないためである。

一般に，c からの主体 i による個人改善が存在しない場合に c が主体 i について SEQ となることは，SEQ の定義における $(\forall c' \in S_i^+(c), (\exists \cdots))$ の中の

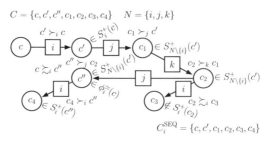

図 **2.10**　連続安定性（SEQ）

$c' \in S_i^+(c)$ の部分がどのような c' に対しても「偽（False）」となり，したがって，どのような c' に対しても $(\forall c' \in S_i^+(c), (\exists \cdots))$ が「真（True）」となるため，c が SEQ の定義を満たすことによる。また，c からの主体 i による個人改善 c' が存在する場合について，c' からの主体 i 以外の主体による個人改善の列によって達成される状態が存在したとしても，その中に主体 i にとって c と同等以下の状態が存在しなければ，c は主体 i について SEQ ではないことにも注意してほしい。

例 2.2.12 では例として，囚人のジレンマのグラフモデル（1.4.1 節の図 1.1）において SEQ である状態を示してある。

例 **2.2.12**（囚人のジレンマのグラフモデルの **SEQ**）　囚人のジレンマのグラフモデル（1.4.1 節の図 1.1）における各主体 $i \in N$ と各状態 $c \in C$ についての個人移動 $S_i(c)$，個人改善 $S_i^+(c)$，および，同等以下の状態全体の集合 $\phi_i^{\succeq}(c)$ は，例 2.2.10 で確認した通りである。また，$c \in C$ からの主体の集まり H の中の主体による個人改善の列によって達成される状態の集合 $S_H^+(c)$ は，1 人の主体 i からなる $H = \{i\}$ については，どの状態 $c \in C$ に対しても $S_H^+(c) = S_i^+(c)$ であり，$H = N = \{1, 2\}$ については，各状態 $c \in C$ について，

$$S_N^+(①) = \{②, ③, ④\}; S_N^+(②) = \{④\}; S_N^+(③) = \{④\}; S_N^+(④) = \emptyset,$$

となることがわかる。

まず主体 1 について ③ と ④ が SEQ である。これはそれぞれ $S_1^+(③) = \emptyset$ と $S_1^+(④) = \emptyset$ が成立しているからである。また ① は主体 1 について SEQ である。これについてはまず，$S_1^+(①) = \{③\}$ が成立しているので，① からの

主体 1 による個人改善 ③ が存在することがわかり，次に $(S_2^+(③) \cap \phi_{\widetilde{1}}(①)) = \{④\} \neq \emptyset$ であることから，① からの主体 1 による個人改善 ③ について，③ からの主体 1 以外の主体による個人改善の列によって達成される状態全体の集合 $S_{N \setminus \{1\}}^+(③) = S_2^+(③)$ の中に，主体 1 にとって元の状態 ① と同等以下の状態 ④ が存在することがわかる。したがって，① が主体 1 について SEQ であるための条件を満たしていることになる。そして ② は主体 1 について SEQ ではない。これについてはまず，$S_1^+(②) = \{④\}$ が成立しているので，② からの主体 1 による個人改善 ④ が存在することがわかり，次に $(S_2^+(④) \cap \phi_{\widetilde{1}}(②)) = \emptyset$ であることから，② からの主体 1 による個人改善 ④ について，主体 1 以外の主体による個人改善の列によって達成される状態全体集合 $S_{N \setminus \{1\}}^+(④) = S_2^+(④)$ の中に，主体 1 にとって元の状態 ② と同等以下の状態が存在しないことがわかる。実際，$S_2^+(④) = \emptyset$ であるため，$(S_2(④) \cap \phi_{\widetilde{1}}(②)) = \emptyset$ である。したがって，② が主体 1 について SEQ であるための条件を満たしていないことになる。

　主体 2 については，まず $S_1^+(②) = \emptyset$ と $S_1^+(④) = \emptyset$ が成立しているため ② と ④ が SEQ であり，$S_2^+(①) = \{②\}$ と $(S_1^+(②) \cap \phi_{\widetilde{2}}(①)) = \{④\} \neq \emptyset$ が成立しているため ① が SEQ である。また，$S_2^+(③) = \{④\}$ と $(S_1^+(④) \cap \phi_{\widetilde{2}}(③)) = \emptyset$ が成立しているため ③ は SEQ ではない。

　これらのことから，主体 1 と主体 2 それぞれについて SEQ である状態全体の集合が $C_1^{\mathrm{SEQ}} = \{①,③,④\}$ と $C_2^{\mathrm{SEQ}} = \{①,②,④\}$ であり，したがって，この場合の SEQ 均衡全体の集合 C^{SEQ} は，C_1^{SEQ} と C_2^{SEQ} の共通部分，つまり $C^{\mathrm{SEQ}} = \{①,④\}$ となる。　　　　　　　　　　□

　SEQ と Nash および GMR の間に一般に成立する関係として，命題 2.2.4 で示されるものがある。

命題 2.2.4（Nash ならば SEQ である; SEQ ならば GMR である） 状態 $c \in C$ と主体 $i \in N$ に対して次の 2 つが成り立つ。

1. c が主体 i について Nash（定義 2.2.7）ならば，c は同時に主体 i について SEQ（定義 2.2.10）でもある。したがって，どんな主体 i に対しても $C_i^{\mathrm{Nash}} \subseteq C_i^{\mathrm{SEQ}}$ であり，また，$C^{\mathrm{Nash}} \subseteq C^{\mathrm{SEQ}}$ である。

2. c が主体 i について SEQ (定義 2.2.10) ならば，c は同時に主体 i について GMR (定義 2.2.8) でもある。したがって，どんな主体 i に対しても $C_i^{\mathrm{SEQ}} \subseteq C_i^{\mathrm{GMR}}$ であり，また，$C^{\mathrm{SEQ}} \subseteq C^{\mathrm{GMR}}$ である。   □

(証明)　1 について，c が主体 i について Nash であるときに，同時に主体 i について SEQ でもあることは，命題 2.2.2 や命題 2.2.3 と同様に証明できる。つまり，c が主体 i について Nash であることは $S_i^+(c) = \emptyset$ であることを意味し，$S_i^+(c) = \emptyset$ のときには，SEQ の定義 (定義 2.2.9) における ($\forall c' \in S_i^+(c), (\exists \cdots)$) の中の $c' \in S_i^+(c)$ の部分がどのような c' に対しても「偽 (False)」となる。したがって，命題 2.2.2 の証明と同様に，どのような c' に対しても ($\forall c' \in S_i^+(c), (\sqsupset \cdots)$) が「真 (True)」となることがわかり，$c$ は SEQ の定義を満たすことになる。

2 について，c が主体 i について SEQ であるとすると，SEQ の定義 (定義 2.2.10) により，どの $c' \in S_i^+(c)$ に対しても，ある $c'' \in S_{N \setminus \{i\}}^+(c')$ が存在して，$c'' \in \phi_i^{\widetilde{}}(c)$ を満たす。

この中の $S_{N \setminus \{i\}}^+(c')$ は「c' からの主体 i 以外の主体 (つまり，$N \setminus \{i\}$ の中の主体) による個人改善の列によって達成される状態」全体の集合を表し，個人改善は同時に個人移動でもあるので，$S_{N \setminus \{i\}}^+(c')$ は，「c' からの主体 i 以外の主体 (つまり，$N \setminus \{i\}$ の中の主体) による個人移動の列によって達成される状態」全体の集合 $S_{N \setminus \{i\}}(c')$ の部分集合である。すなわち，一般に，$S_{N \setminus \{i\}}^+(c') \subseteq S_{N \setminus \{i\}}(c')$ が成立する。

このことを用いると，「どの $c' \in S_i^+(c)$ に対しても，ある $c'' \in S_{N \setminus \{i\}}^+(c')$ が存在して，$c'' \in \phi_i^{\widetilde{}}(c)$ を満たす」ということが成立している場合，c'' は $c'' \in S_{N \setminus \{i\}}(c')$ でもあることになり，「どの $c' \in S_i^+(c)$ に対しても，ある $c'' \in S_{N \setminus \{i\}}(c')$ が存在して，$c'' \in \phi_i^{\widetilde{}}(c)$ を満たす」ということが成立することがわかる。これは，c が GMR の定義 (定義 2.2.8) を満足していることを意味する。   ■

2.3　合理分析の安定性概念の間の関係には何があるか

本章で紹介してきた安定性概念には STR (定義 2.2.6)，Nash (定義 2.2.7)，GMR (定義 2.2.8)，SMR (定義 2.2.9)，SEQ (定義 2.2.10) の 5 つがあり，こ

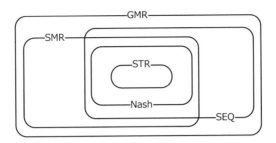

図 **2.11** STR, Nash, GMR, SMR, SEQ の間の関係

れらの安定性概念の間に成立する関係が命題 2.2.1, 命題 2.2.2, 命題 2.2.3, 命題 2.2.4 という 4 つの命題で述べられていた。これらの命題で述べられている安定性概念の間の関係を図示すると図 2.11 のようになる。

　つまり STR がもっとも強い条件を課していて，ある状態が STR である場合には，その状態は他の 4 つの安定性概念においても安定となる。次に強い条件を課しているのは Nash である。ある状態が Nash であれば，その状態は SMR でもあり，SEQ でもあり，GMR でもある。SMR と SEQ の間にはすべてのグラフモデルに共通して成立するような包含関係はない。つまり，ある状態は SMR ではあるが SEQ ではなく，また，別の状態は SMR ではないが SEQ ではある，ということがグラフモデルによっては起こりうる。GMR はもっとも弱い条件を課している。ある状態が他の 4 つの安定性概念のいずれかにおいて安定であれば，GMR においても安定となる。これらの関係を考慮することで，安定な状態を求めることが容易になることがある。

2.4　課題

課題 1（囚人のジレンマのグラフモデルの構成要素）

　1.4.1 節の図 1.1 で表現される囚人のジレンマのグラフモデルの構成要素が例 2.2.1 に示されている通りになることを確認せよ。　　　　　　　　　　□

課題 2（不可逆的な状態遷移を含む囚人のジレンマのグラフモデルの **STR**）

　不可逆的な状態遷移を含む囚人のジレンマのグラフモデル（1.4.1 節の図 1.2）における STR である状態を求め，例 2.2.7 で示されている囚人のジレンマの

グラフモデル（1.4.1 節の図 1.1）における STR である状態と比較せよ（3.1.1 節の表 3.2 を参照）。　　　　　　　　　　　　　　　　　　　　　　　　　□

課題 3（不可逆的な状態遷移を含む囚人のジレンマのグラフモデルの安定な状態）

　不可逆的な状態遷移を含む囚人のジレンマのグラフモデル（1.4.1 節の図 1.2）における Nash，GMR，SMR，SEQ である状態が，囚人のジレンマのグラフモデル（1.4.1 節の図 1.1）における Nash，GMR，SMR，SEQ である状態と，それぞれ一致することを確認せよ（3.1.1 節の表 3.2 を参照）。　　　　　　□

第3章

合理分析の結果から得られる示唆は何か

　この章では，合理分析の結果，および，そこから得られる示唆の例を紹介する。分析結果は序.4節の図序.2の中の「(5) 解・命題」にあたり，そこから得られる示唆は序.4節の図序.2の中の「(7) 問題解決への示唆」にあたる。そして，分析結果から示唆を得るプロセスが序.4節の図序.2の中の「(6) 解釈」に該当する。

3.1　合理分析の結果の例には何があるか

　この節では，1.1節でストーリーを挙げたコンフリクトの例について，1.4節で与えたグラフモデルを合理分析の方法を用いて分析した結果を記述する。特に，2.2.2節で紹介した5つの安定性概念を用いた分析結果を示すことにより，コンフリクトの構造が一定程度明らかになることを示す。これは序.4節の図序.2の中の「(5) 解・命題」を得ることに相当する。

3.1.1　囚人のジレンマ

　はじめに囚人のジレンマの分析結果を見る。これは 1.1.1 節でそのストーリーが紹介され 1.4.1 節でグラフモデルが示されている。表 3.1 は，図 1.1 の囚人のジレンマのグラフモデルを 2.2.2 節で紹介した5つの安定性概念を用いて分析した結果を示したものである。これは 2.2.2 節の，例 2.2.7，例 2.2.9，例 2.2.10，例 2.2.11，例 2.2.12 にある囚人のジレンマのグラフモデルの分析結果をまとめたものになっている。表 3.1 では，2 行目の右側に達成されうるコンフリクトの状態を並べてある。そして3 行目以降に，一番左の列に示されている安定性概念ごとの均衡の状態，および，主体①と主体②について安定な状態を，それぞれ対応する状態の列の下に「✓」と「○」を書き込むことで示してある。「✓」や「○」がない状態は均衡や安定ではない。

表 **3.1**　図 1.1 の囚人のジレンマのグラフモデルの分析結果

安定性概念		コンフリクトの状態 ①	②	③	④
STR	均衡				
	主体 1				
	主体 2				
Nash	均衡				✓
	主体 1			○	○
	主体 2		○		○
GMR	均衡	✓			✓
	主体 1	○		○	○
	主体 2	○	○		○
SMR	均衡	✓			✓
	主体 1	○		○	○
	主体 2	○	○		○
SEQ	均衡	✓			✓
	主体 1	○		○	○
	主体 2	○	○		○

　表 3.1 を見ると，図 1.1 の囚人のジレンマのグラフモデルにおいては，どの主体についても STR である状態は存在せず，したがって STR 均衡も存在しないことがわかる。これは，各主体が各状態において何らかの状態遷移ができることを意味する。また，④が Nash，GMR，SMR，SEQ に関して均衡であることがわかる。このうち④が GMR，SMR，SEQ に関して均衡であることは，④が Nash であることに対して，安定性概念の間に一般的に成立する命題 2.2.2，命題 2.2.3，命題 2.2.4 を適用することで，導くことができる。①が GMR，SMR，SEQ に関して均衡であることについても，このうち①が GMR に関して均衡であることについては，①が SMR と SEQ に関して均衡であることに対して，命題 2.2.3 や命題 2.2.4 を適用することで導くことができる。さらに②と③がどの安定性概念に関しても均衡ではないことについては，②

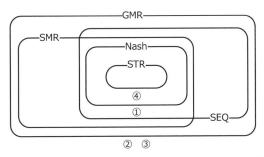

図 3.1 図 1.1 の囚人のジレンマのグラフモデルにおける均衡

と③が GMR に関して均衡でないことに対して，安定性概念の間に一般的に成立する命題 2.2.1，命題 2.2.2，命題 2.2.3，命題 2.2.4 の対偶（3.3 節のチャレンジ問題 1 を参照）を適用することで導くことができる。

図 3.1 は，達成されうるコンフリクトの状態がどの安定性概念について均衡であるかを，図 2.11 の安定性概念間の関係の図に，達成されうるコンフリクトの状態を配置することで示したものである。どの状態も STR に関しては均衡ではないこと，④は Nash に関して均衡であり，したがって，GMR，SMR，SEQ に関しても均衡であること，①は Nash に関しては均衡ではなく SMR と SEQ に関して均衡であり，したがって，GMR に関しても均衡であることが示されている。②と③はどの安定性概念に関しても均衡ではないため，GMR の領域の外に描かれている。

図 3.1 の中の④の存在によって，STR と Nash が安定性概念として異なることが確認できる。同様に①の存在が，Nash と SMR の間の相違，および，Nash と SEQ の間の相違を示している。

では，図 1.2 の不可逆的な状態遷移を含む囚人のジレンマのグラフモデルについてはどうだろうか。この場合，STR は表 3.2 に示されているようになり，Nash，GMR，SMR，SEQ は表 3.1 と同じになる（2.4 節の課題 2 と課題 3 を参照）。

この場合の④は，図 1.1 の囚人のジレンマのグラフモデルのときと同様に，Nash，GMR，SMR，SEQ に関して均衡である。しかしこれは，④が STR に関して均衡であるため，安定性概念の間に一般的に成立する命題 2.2.1 を使って④が Nash であることを導くことができ，さらに命題 2.2.2，命題 2.2.3，命題 2.2.4 を適用することで，④が GMR，SMR，SEQ に関して均衡である

表 **3.2**　図 1.2 の不可逆的な状態遷移を含む囚人のジレンマのグラフモデルの分析結果（Nash，GMR，SMR，SEQ は表 3.1 と同じになる）

安定性概念		コンフリクトの状態			
		①	②	③	④
STR	均衡				✓
	主体①1			○	○
	主体②2		○		○

ことを導くことができるという関係にある。つまり，この場合に④が Nash，GMR，SMR，SEQ に関して均衡であることはすべて，④が STR に関して均衡であることから一般的に成立する命題を使って導くことができる，ということである。図 1.1 の囚人のジレンマのグラフモデルにおいても，図 1.2 の不可逆的な状態遷移を含む囚人のジレンマのグラフモデルにおいても，④は Nash に関して均衡である。しかし④を Nash に関して均衡にしているコンフリクトの構造の本質は，これら 2 つのコンフリクトの間で異なっている。すなわち，図 1.1 の囚人のジレンマのグラフモデルにおいては，④が Nash 均衡であるための条件を満たしていること，つまり，どの主体についても④からの個人改善（定義 2.2.2）が存在しない，ということが本質である一方，図 1.2 の不可逆的な状態遷移を含む囚人のジレンマのグラフモデルにおいては，④が STR 均衡であるための条件を満たしていること，つまり，どの主体についても④からの個人移動（定義 2.2.1）が存在しない，ということが本質である。5 つの代表的な安定性概念の間には図 2.11 で描かれる包含関係がある。これら 5 つの代表的な安定性概念を用いて分析を行うことで，各状態を均衡にしている，あるいは，均衡にしていないコンフリクトの構造の本質が一定程度明らかになることがわかる。

　図 1.2 の不可逆的な状態遷移を含む囚人のジレンマのグラフモデルについて，達成されうるコンフリクトの状態がどの安定性概念について均衡であるかを，図 2.11 の安定性概念間の関係の図に，達成されうるコンフリクトの状態を配置することで示したものが図 3.2 である。

　図 3.1 と図 3.2 を比較すると，④が配置されている場所が異なることがわかる。この違いが 2 つのコンフリクトの中での④の位置づけの相違を表してい

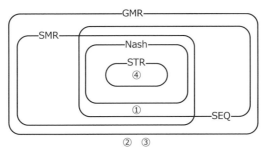

図 **3.2** 図 1.2 の不可逆的な状態遷移を含む囚人のジレンマのグラフモデルにおける均衡

る。図 3.1 に示されている通り，図 1.1 の囚人のジレンマのグラフモデルにおける④は，STR に関しては均衡ではなく Nash に関しては均衡である。これによりこの④は，主体が実行可能な状態遷移と主体の選好に基づいて均衡であると判断されているといえる。図 3.2 では，図 1.2 の不可逆的な状態遷移を含む囚人のジレンマのグラフモデルにおける④が STR に関して均衡であることが示されている。このことからこの④は，主体が実行可能な状態遷移だけに基づいて均衡であると判断されているといえる。

　図 1.3 の多段階の行動を考えた囚人のジレンマの拡張のグラフモデルの分析結果は，表 3.3 に示されているようになる。そして，図 1.3 の多段階の行動を考えた囚人のジレンマの拡張のグラフモデルについて，達成されうるコンフリクトの状態がどの安定性概念について均衡であるかを，図 2.11 の安定性概念間の関係の図に，達成されうるコンフリクトの状態を配置することで示したものが図 3.3 である。

　まず，この場合には STR に関する均衡がない。これは，主体が状態遷移を「実行できない」ことによる均衡は存在しないことを意味する。次に，⑩だけが Nash 均衡であることがわかる。これは⑩が，GMR，SMR，SEQ に関しても均衡であることを意味する（命題 2.2.2，命題 2.2.3，命題 2.2.4 を参照）。ただし，STR に関する均衡は存在しないので，⑩も STR ではない。これにより⑩は，個人改善が存在しないために主体が状態遷移を「実行しない」ことによる均衡であることがわかる。また，STR と Nash に関しては均衡ではなく，SMR と SEQ に関しては均衡であり，したがって GMR に関しても均衡である（命題 2.2.3 と命題 2.2.4 を参照）状態として①，④，⑤，⑥，⑦があ

表 **3.3**　図 1.3 の多段階の行動を考えた囚人のジレンマの拡張のグラフモデルの分析結果

安定性概念		コンフリクトの状態									
		①	②	③	④	⑤	⑥	⑦	⑧	⑨	⑩
STR	均衡										
	主体1										
	主体2										
Nash	均衡										✓
	主体1			○			○			○	○
	主体2		○			○			○		○
GMR	均衡	✓	✓	✓	✓	✓	✓	✓			✓
	主体1	○	○	○	○	○	○	○		○	○
	主体2	○	○	○	○	○	○	○	○		○
SMR	均衡	✓			✓	✓	✓	✓			✓
	主体1	○		○	○	○	○	○		○	○
	主体2	○	○		○	○	○	○	○		○
SEQ	均衡	✓	✓	✓	✓	✓	✓	✓			✓
	主体1	○	○	○	○	○	○	○		○	○
	主体2	○	○	○	○	○	○	○	○		○

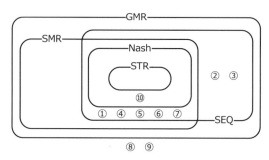

図 **3.3**　図 1.3 の多段階の行動を考えた囚人のジレンマのグラフモデルにおける均衡

る。つまりこれらの状態は，主体に個人改善が存在するものの，そのいずれも
が，その後の他の主体による状態遷移によって元の主体にとって同等以下の状
態に遷移させられてしまう可能性があり，さらにその後の元の主体によるどの
状態遷移を考えても元の主体にとって同等以下の状態にしか遷移できないた
めに，元の主体が状態遷移を「実行しない」ことによる均衡であり，かつ，主
体の個人改善に対して，その後の他の主体による個人改善により，元の主体に
とって同等以下の状態に遷移させられてしまう可能性があるために，元の主体
が状態遷移を「実行しない」ことによる均衡である。さらに，STR，Nash，
SMR に関しては均衡ではなく，SEQ に関しては均衡で，したがって GMR
に関しても均衡である（命題 2.2.4 を参照）状態として②と③がある。②と③
は，主体の個人改善に対して，その後の他の主体による個人改善により，元の
主体にとって同等以下の状態に遷移させられてしまう可能性があるために，元
の主体が状態遷移を「実行しない」ことによる均衡である。最後に，⑧と⑨
は，いずれの安定性概念に関しても均衡ではない。これらの状態は GMR に
関する均衡になるための条件を満足しないということを意味し，ある主体の少
なくとも 1 つの個人改善に対して，その後の他の主体によるどのような状態
遷移を考えたとしても，元の主体にとって同等以下の状態に遷移させることが
できない，ということを表している。

　図 3.3 の中の②と③の存在により，SMR に関しては均衡ではないが SEQ
に関しては均衡であるような状態が存在することが確認でき，SMR と SEQ
の間に違いがあることを示す例となっている。

3.1.2　チキンゲーム

　次にチキンゲームの分析結果を見る。チキンゲームのストーリーは 1.1.2 節
で紹介され，グラフモデルは 1.4.3 節で示されている。表 3.4 は，図 1.4 のチ
キンゲームのグラフモデルの分析結果である。また図 3.4 は，図 1.4 で表現さ
れるチキンゲームについて，達成されうるコンフリクトの状態がどの安定性概
念について均衡であるかを示したものである。

　この場合，STR に関する均衡がなく，Nash に関する均衡が②と③の 2 つ
ある。命題 2.2.2，命題 2.2.3，命題 2.2.4 から，②と③はともに，GMR，
SMR，SEQ に関しても均衡である。ただし STR に関する均衡ではないので，
②と③は，個人改善が存在しないために主体が状態遷移を「実行しない」こ

表 **3.4**　図 1.4 のチキンゲームのグラフモデルの分析結果

安定性概念		コンフリクトの状態 ①	②	③	④
STR	均衡				
	主体1				
	主体2				
Nash	均衡		✓	✓	
	主体1		○	○	
	主体2		○	○	
GMR	均衡	✓	✓	✓	
	主体1	○	○	○	
	主体2	○	○	○	
SMR	均衡	✓	✓	✓	
	主体1	○	○	○	
	主体2	○	○	○	
SEQ	均衡		✓	✓	
	主体1		○	○	
	主体2		○	○	

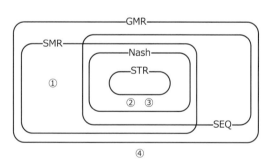

図 **3.4**　図 1.4 のチキンゲームのグラフモデルにおける均衡

表 3.5 図 1.5 の不可逆的な状態遷移を含むチキンゲームのグラフモデルの分析結果

安定性概念		コンフリクトの状態 ①	②	③	④
STR	均衡	✓			
	主体[1]	○	○		
	主体[2]	○		○	
Nash	均衡	✓	✓	✓	
	主体[1]	○	○	○	
	主体[2]	○	○	○	
GMR	均衡	✓	✓	✓	
	主体[1]	○	○	○	
	主体[2]	○	○	○	
SMR	均衡	✓	✓	✓	
	主体[1]	○	○	○	
	主体[2]	○	○	○	
SEQ	均衡	✓	✓	✓	
	主体[1]	○	○	○	
	主体[2]	○	○	○	

とによる均衡であることがわかる。また①は，STR，Nash，SEQ に関しては均衡ではなく，SMR に関しては均衡で，したがって GMR に関しても均衡である（命題 2.2.3 を参照）。つまり①は，主体に個人改善が存在するものの，そのいずれもが，その後の他の主体による状態遷移によって元の主体にとって同等以下の状態に遷移させられてしまう可能性があり，さらにその後の元の主体によるどの状態遷移を考えても元の主体にとって同等以下の状態にしか遷移できないために，元の主体が状態遷移を「実行しない」ことによる均衡である。そして④は，いずれの安定性概念に関しても均衡ではない。

　図 3.4 の中の①により，SMR に関しては均衡であるが SEQ に関しては均衡ではないような状態が存在することが確認でき，SMR と SEQ の間に違いがあることを示す例となっている。さらに図 3.3 の中の②と③，および，

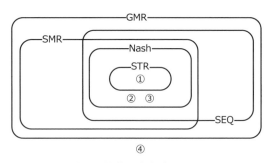

図 3.5　図 1.5 の不可逆的な状態遷移を含むチキンゲームにおける均衡

図 3.4 の中の①を同時に見ると，SMR に関する均衡と SEQ に関する均衡の間には，一般的に成立する包含関係はないことがわかる。

　不可逆的な状態遷移を含むチキンゲームのグラフモデル（図 1.5 を参照）の分析結果は表 3.5 と図 3.5 のようになる。

　図 1.5 の不可逆的な状態遷移を含むチキンゲームのグラフモデルと図 1.4 のチキンゲームのグラフモデルの間の均衡の違いは①である。図 1.4 のチキンゲームのグラフモデルでは①は，SMR と GMR に関してのみ均衡であったが，図 1.5 の不可逆的な状態遷移を含むチキンゲームのグラフモデルでは①は，STR に関して均衡であり，したがって，他のすべての安定性概念に関しても均衡である。また，表 3.5 の②と③を見ると，②は主体 1 について，そして，③は主体 2 について，それぞれ STR であることがわかる。これにより，表 3.5 の中の②が主体 1 について，そして，③が主体 2 について，Nash，GMR，SMR，SEQ であるのは，②と③がそれぞれ主体 1 と主体 2 について STR であることから導かれていることがわかる（命題 2.2.1，命題 2.2.2，命題 2.2.3，命題 2.2.4 を参照）。

3.1.3　共有地の悲劇

　共有地の悲劇の分析結果も見てみよう。表 3.6 と図 3.6 は，図 1.6 の牛 1 頭の移動についての共有地の悲劇のグラフモデルの分析結果である。共有地の悲劇のストーリーとグラフモデルは，それぞれ 1.1.3 節と 1.4.4 節で紹介されている。

　この場合，主体の数が 3 であることと，達成されうるコンフリクトの状態

表 3.6　図 1.6 の牛 1 頭の移動についての共有地の悲劇の
グラフモデルの分析結果

安定性概念		コンフリクトの状態							
		①	②	③	④	⑤	⑥	⑦	⑧
STR	均衡								
	主体1								
	主体2								
	主体3								
Nash	均衡								✓
	主体1				○		○	○	○
	主体2			○	○			○	○
	主体3		○			○	○		○
GMR	均衡	✓	✓	✓		✓			✓
	主体1	○	○	○		○	○	○	
	主体2	○	○	○	○	○	○	○	
	主体3	○	○	○	○	○	○		○
SMR	均衡	✓	✓	✓		✓			✓
	主体1	○	○	○		○	○	○	
	主体2	○	○	○	○	○		○	
	主体3	○	○	○	○	○	○		○
SEQ	均衡	✓	✓	✓		✓			✓
	主体1	○	○	○		○	○	○	○
	主体2	○	○	○	○	○		○	○
	主体3	○	○	○	○	○	○		○

の数が 8 であることから，表 3.6 はやや複雑に見える。しかし，牛を移動させ
た主体の数によって状態を分類すると，コンフリクトの構造が理解しやすく
なる。実際，牛を移動させた主体が 0 人の場合が①の 1 つ，1 人の場合が②，
③，⑤の 3 つ，2 人の場合が④，⑥，⑦の 3 つ，3 人全員が牛を移動させた場
合が⑧の 1 つとなっている。そして，このことを踏まえて図 3.6 を見ると，3
人全員が牛を移動させた場合が Nash 均衡になっており，牛を移動させた主
体が 0 人，および，1 人の場合は SMR と SEQ に関して均衡になっている。2

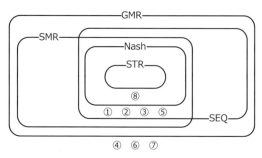

図 3.6　図 1.6 の牛 1 頭の移動についての共有地の悲劇のグラフモデルにおける均衡

人が牛を移動させた場合はいずれの安定性概念に関しても均衡ではない。さらに，図 3.1（図 1.1 の囚人のジレンマのグラフモデルについての分析結果）と図 3.6 を比較すると，状態の数に違いがあるものの各状態が，Nash に関して均衡であるもの，SMR と SEQ に関して均衡であるもの，そして，いずれの安定性概念に関しても均衡ではないもの，という 3 グループに分類されるという点で類似していることがわかる。このことは，図 1.1 の囚人のジレンマのグラフモデルと図 1.6 の牛 1 頭の移動についての共有地の悲劇のグラフモデルが，コンフリクトとして類似の構造を持っていることを示している。

3.1.4　エルマイラ（Elmira）のコンフリクト

　本章で最後に示すのは，図 1.8 のエルマイラのコンフリクトのグラフモデルの分析結果の表 3.7 と図 3.7 である。エルマイラのコンフリクトのストーリーとグラフモデルは，それぞれ 1.1.4 節と 1.4.5 節で紹介されている。

　図 1.8 からもわかる通りエルマイラのコンフリクトのグラフモデルの構造は，これまで紹介してきた他のコンフリクトよりも複雑である。このことは，分析結果である表 3.7 と図 3.7 にも表れている。

　まず，すべての主体にとって STR となっている，つまり STR に関して均衡である，⑨が特徴的である。これは，この状態が達成されてしまうと，どの主体もこの状態からコンフリクトの状態を遷移させることができないという意味で，序.3 節の図序.1 で表現される「超大国の核対立」の中の状態⑤と類似している（例 2.2.8 を参照）。また，主体 M について②，④，⑥，⑧が STR であることは，主体 M が実行可能な状態遷移が不可逆であることによるので，

表 **3.7**　図 1.8 のエルマイラのコンフリクトのグラフモデルの分析結果

安定性概念		コンフリクトの状態								
		①	②	③	④	⑤	⑥	⑦	⑧	⑨
STR	均衡									✓
	主体 M		○		○		○		○	○
	主体 U									○
	主体 L									○
Nash	均衡					✓			✓	✓
	主体 M	○	○	○	○	○	○	○	○	○
	主体 U	○			○	○			○	○
	主体 L					○	○	○		○
GMR	均衡	✓			✓	✓			✓	✓
	主体 M	○	○	○	○	○	○	○	○	○
	主体 U	○			○	○			○	○
	主体 L	○				○	○	○		○
SMR	均衡	✓			✓	✓			✓	✓
	主体 M	○	○	○	○	○	○	○	○	○
	主体 U	○			○	○			○	○
	主体 L	○				○	○	○		○
SEQ	均衡					✓			✓	✓
	主体 M	○	○	○	○	○	○	○	○	○
	主体 U	○			○	○			○	○
	主体 L		○	○		○	○	○		○

これは図 1.2 の不可逆的な状態遷移を含む囚人のジレンマのグラフモデルにおける，主体 1 にとっての③と主体 2 にとっての②に類似している。

　STR に関しては均衡ではないが Nash に関しては均衡となっている状態として，⑤と⑧がある。そして①と④は，STR，Nash，SEQ に関しては均衡ではないが SMR に関しては均衡となっている。②，③，⑥，⑦は，いずれの安定性概念に関しても均衡ではない。

　ある安定性概念に関して，1 つの状態が均衡になるためには，その状態がす

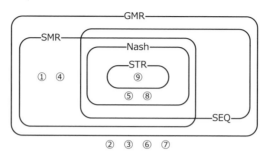

図 **3.7**　図 1.8 のエルマイラのコンフリクトのグラフモデルにおける均衡

べての主体について安定である必要がある。例えば，表 3.7 からわかる通り，
②，④，⑥，⑧は，主体 M について STR であるが，これらは STR に関して
は均衡ではない。④は SMR に関して均衡であり，⑧は Nash に関して均衡で
ある。また②と⑥はいずれの安定性概念に関しても均衡ではない。④が SMR
に関して均衡になるのは，この状態が主体 L について STR でも Nash でもな
く，SMR であるからであり，⑧が Nash に関して均衡となるのは，この状態
が，主体 U と主体 L について STR でなく，Nash であるからである。また②
と⑥がいずれの安定性概念に関しても均衡ではないのは，これらの状態が主
体 L についていずれの安定性概念に関しても安定ではないからである。同様
に①は主体 M と主体 U について Nash であるが，Nash に関しては均衡では
なく SMR に関して均衡である。これは①が主体 L について Nash ではなく，
SMR であるからである。

　図 3.7 は，達成されうるコンフリクトの状態がどの安定性概念について均衡
であるかを，図 2.11 の安定性概念間の関係の図に，達成されうるコンフリク
トの状態を配置することによって示してあり，コンフリクトの構造を理解す
るために有用である。同様に，各主体について，達成されうるコンフリクトの
状態がどの安定性概念について安定であるかを，図 2.11 の安定性概念間の関
係の図に，達成されうるコンフリクトの状態を配置することによって示せば，
各主体から見たコンフリクトの構造を理解することができる。図 3.8 の (1)，
(2)，(3) はそれぞれ，図 1.8 のエルマイラのコンフリクトのグラフモデルの中
の主体 M，主体 U，主体 L について，達成されうるコンフリクトの状態がど
の安定性概念について安定であるかを，図 2.11 の安定性概念間の関係の図に，
達成されうるコンフリクトの状態を配置することによって示したものである。

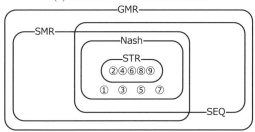
(1) 主体 M についての状態の安定性

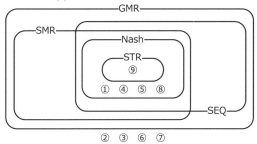
(2) 主体 U についての状態の安定性

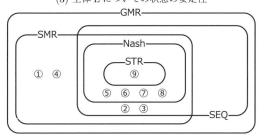
(3) 主体 L についての状態の安定性

図 **3.8** 図 1.8 のエルマイラのコンフリクトのグラフモデルにおける主体ごとの状態の安定性

図 3.8 の (1) を見ると，主体 M から見たコンフリクトの構造が一定程度理解できる。すなわち，このコンフリクトにおいて主体 M については，STR である状態と Nash である状態の 2 種類しかない。図 3.8 の (2) からは，主体 U から見たコンフリクトには，STR である状態と Nash である状態，および，いずれの安定性概念に関しても安定ではない状態の 3 種類があり，特に，

図 3.7 においていずれの安定性概念に関しても均衡ではなかった②，③，⑥，⑦が，主体 U についての，いずれの安定性概念に関しても安定ではない状態と一致していることがわかる。図 3.8 の (3) には，主体 L から見たコンフリクトには，STR である状態，Nash である状態，SMR かつ SEQ である状態，および，SMR であるが SEQ ではない状態の 4 種類があることが示されている。特に，図 3.7 において SMR に関して均衡であった①と④が，主体 L については SMR であるが Nash でも SEQ でもない状態であることがわかる。

3.2　合理分析の結果から得られる示唆には何があるか

　この節では，合理分析の結果を現実のコンフリクトの文脈で解釈することで得られる，問題解決のための示唆の例を挙げる。これは序.4 節の図序.2 の「(7) 問題解決への示唆」にあたる。

　合理分析の結果から問題解決のための示唆を得ようとする際には，現実の問題（序.4 節の図序.2 の (1)）に対してどのように適用（序.4 節の図序.2 の (8)）するのかを意識しながら，どのような示唆を得ようとするのかについて何らかの視点を持つことが有効である。ここでは，視点の例を 4 つ挙げ，それぞれの視点から得られる示唆について述べる。このように何らかの視点を持って示唆を得ようとすることは，序.4 節の図序.2 の「(6) 解釈」に該当する。

　1 つ目に，誰についての示唆を得ようとするのか，という視点が挙げられる。まず，コンフリクトに巻き込まれている主体の中の特定の 1 人についての示唆を得ようとすることが考えられる。この際に有効なのは，この章で扱われている合理分析の方法，特に，STR（定義 2.2.6），Nash（定義 2.2.7），GMR（定義 2.2.8），SMR（定義 2.2.9），SEQ（定義 2.2.10）などの安定性概念を用いた，各状態の各主体についての安定性に関する分析結果を活用する方法である。また，コンフリクトに巻き込まれている主体の中の一部分を構成する主体の集まりについての示唆を得ようとすることも考えられる。この「コンフリクトに巻き込まれている主体の中の一部分を構成する主体の集まり」のことを提携と呼ぶ。提携についての示唆を得るために有効なのは，第 6 章と第 7 章で扱われる提携分析の結果を活用する方法である。そして，コンフリクトに巻き込まれている主体全体からなる主体の集まりについての示唆を得ようとすることも可能である。この「コンフリクトに巻き込まれている主体全体からなる

主体の集まり」はその中の主体が2人や3人などの少ない数であったとして
も，1つの社会を構成しているとみなされることがある。主体全体からなる主
体の集まりを1つの社会とみなして，その社会についての示唆を得ようとす
るために有効なのは，この章で扱われている合理分析の方法，特に，STR（定
義 2.2.6），Nash（定義 2.2.7），GMR（定義 2.2.8），SMR（定義 2.2.9），SEQ
（定義 2.2.10）などの安定性概念に関する均衡についての分析結果を活用する
方法と，第4章から第5章で扱われる効率分析の結果を活用する方法，およ
び，主体全体からなる主体の集まりを1つの提携とみなして第6章と第7章
で扱われる提携分析の結果を活用する方法である。

　特定の1人についての示唆を得るために，各状態の各主体についての安定
性に関する分析結果を活用する際には，図 3.8 の (1)，(2)，(3) のような図が
可視化に優れている。また，「主体全体からなる主体の集まり」という意味で
の社会についての示唆を得ようとするために，均衡についての分析結果を活
用する際には，図 3.7 のような図が有効である。これらの図から示唆されるの
は，同じ安定性概念を用いたとしても各主体についての安定な状態は大きく異
なりうるということである。例として図 3.8 の (1)，(2)，(3) の中の STR に
関して安定な状態を見ると，主体 M については②，④，⑥，⑧，⑨の5つが
該当する一方，主体 U と主体 L については⑨だけが当てはまる。このことよ
り，このコンフリクトの中では主体 M は他の主体に比べて，状態遷移を実行
できない状態が多いことがわかる。図 3.7 を見ると STR に関する均衡は⑨だ
けである。これは，均衡が主体全員について安定な状態として定義されている
ためである。⑨が STR に関して均衡であることからは，社会が⑨になってし
まうと，社会はそこから抜け出すことができない，という社会についての示唆
が得られる。

　2つ目の視点は，各安定性概念が想定する主体の違いが安定あるいは均衡の
状態の違いを生じるかどうか，である。図 3.8 の (1)，(2)，(3) や図 3.7 など
の図において，主体をどの安定性概念に基づいて想定するかに依存せずに状
態が安定であるかどうかや均衡であるかどうかが定まるのは，「STR である」
ものと「GMR でない」ものである。つまり，ある主体についてある状態が
「STR である」場合には，その主体についてその状態は Nash，GMR，SMR，
SEQ のいずれの安定性概念に関しても「安定である」。また，ある主体につい
てある状態が「GMR でない」場合には，その主体についてその状態は Nash，

GMR，SMR，SEQ のいずれの安定性概念に関しても「安定ではない」。

　例として図 3.8 の (1) を見ると，主体 M については②，④，⑥，⑧，⑨が STR であり，その他の①，③，⑤，⑦が Nash であることがわかる。このことから，主体 M についての安定な状態は，主体 M を Nash，GMR，SMR，SEQ の中のどの安定性概念に基づいて想定しても同じある，という示唆が得られる。図 3.8 の (2) からも同様の示唆が得られる。主体 U については⑨が STR で，①，④，⑤，⑧が Nash である。そして②，③，⑥，⑦は GMR ではないので，どの安定性概念に関しても安定ではない。このことから，主体 U についての安定な状態も，主体 U を Nash，GMR，SMR，SEQ の中のどの安定性概念に基づいて想定しても同じある，という示唆が得られる。図 3.8 の (3) からは，主体 L の想定の違いが，安定な状態の違いを生じることが示唆される。それは，主体 L にとっては，⑨が STR で，⑤，⑥，⑦，⑧が Nash である一方，②と③は SMR であり SEQ でもあるが Nash ではなく，①と④は SMR ではあるが Nash でも SEQ でもないことが示されているからである。図 3.7 からも，社会の中の主体についての想定の違いが均衡の違いを生じることが示唆される。主体の想定によらず均衡になるのは STR に関する均衡である⑨であり，均衡にならないのは GMR に関する均衡ではない②，③，⑥，⑦である。主体全員を Nash に基づいて想定すれば⑤と⑧が均衡に加わる。主体全員が SMR に基づいて想定されれば，さらに①と④が加わる。しかし，SEQ 基づいて主体全員を想定したとしても，新たに加わる均衡はない。GMR に基づいて主体全員を想定する場合の均衡は，①，④，⑤，⑧，⑨である。

　さて，視点の 3 つ目は，1 つのコンフリクトを単独で分析することで示唆を得ようとするのか，あるいは，複数のコンフリクトを分析して結果の類似性や相違点から示唆を得ようとするのか，という視点である。単独で分析する場合に比べ，ある面では異なっているがその他の面では同じであるような複数のコンフリクトを分析して結果を比較する場合の方が，より豊富な示唆を容易に得られることが多い。例として，図 1.1 の囚人のジレンマのグラフモデルにおける均衡についての図 3.1 と，図 1.2 の不可逆的な状態遷移を含む囚人のジレンマのグラフモデルにおける均衡についての図 3.2 を比較してみよう。この 2 つのコンフリクトの違いは，不可逆的な状態遷移を含むかどうかという点だけにあり，その影響が均衡についての分析結果に表れていると考えられる。実

際，図 3.1 で STR に関する均衡ではないが Nash に関する均衡ではある④が，図 3.2 では STR に関する均衡になっている。これにより，不可逆的な状態遷移がない場合には Nash に基づいて主体を想定することではじめて均衡になる④が，不可逆的な状態遷移の影響により，社会が④になってしまうと社会はそこから抜け出すことができない，という STR に関する均衡になることがわかる。

　図 1.4 のチキンゲームのグラフモデルにおける均衡についての図 3.4 と，図 1.5 の不可逆的な状態遷移を含むチキンゲームのグラフモデルにおける均衡についての図 3.5 の比較からも同様の示唆を得ることができる。図 3.4 で STR，Nash，SEQ に関しては均衡ではないが SMR に関する均衡ではある①が，図 3.5 では STR に関する均衡になっている。これも不可逆的な状態遷移の影響であることが示唆される。

　異なる複数のコンフリクトの分析結果が類似していることもある。例としては，すでに 3.1.3 節で述べた，図 1.1 の囚人のジレンマのグラフモデルにおける均衡についての図 3.1 と，図 1.6 の牛 1 頭の移動についての共有地の悲劇のグラフモデルにおける均衡についての図 3.6 の間の比較が挙げられる。図 1.1 の囚人のジレンマのグラフモデルは，主体の数が 2，状態の数が 4 であるのに対して，図 1.6 の牛 1 頭の移動についての共有地の悲劇のグラフモデルは主体の数が 3，状態の数が 8 であり，これらの面から見るとこの 2 つのコンフリクトは互いに異なっていると考えられる。しかし状態の数に違いがあるものの各状態が，Nash に関して均衡であるもの，SMR と SEQ に関して均衡であるもの，そして，いずれの安定性概念に関しても均衡ではないもの，という 3 グループに分類されるという点で，この 2 つのコンフリクトは類似している。合理分析の結果の 1 つである均衡の配置が類似している場合，そこから得られる示唆も類似していると考えられるので，一方で得られた示唆を他方に活用することや，一方の問題の解決に有効な方策を他方に利用することが有効である可能性がある。

　最後の 4 つ目の視点は，達成されそうな状態と，達成されてほしい，あるいは，達成されるべき状態の差に注目することである。例えば，図 1.1 の囚人のジレンマのグラフモデルにおける均衡についての図 3.1 においては，④が Nash に関して均衡であるため，2 人の主体を Nash に基づいて想定すれば，その 2 人の主体は 1 つの社会として④を達成しそうである。では④は 2 人の

主体からなる社会にとって達成されてほしい，あるいは，達成されるべき状態
だろうか。

　ここで④と①を，図 1.1 の下部にある 2 人の主体の選好を用いて比較する
と，①は④よりも両主体にとって好ましいことがわかる。すなわち，④が達
成されることよりは，①が達成されることの方が，2 人の主体からなる社会に
とって好ましいのである。この意味で，④は 2 人の主体からなる社会にとっ
て達成されてほしい状態でも，達成されるべき状態でもなく，むしろ①の方
が 2 人の主体からなる社会にとって達成されてほしい，あるいは，達成され
るべき状態である，ということがわかる。

　この 4 つ目の視点から示唆を得るためには，ここで用いられている「社会
にとって達成されてほしい，あるいは，達成されるべき状態」という考え方
を，合理分析の方法と同様に数理的に定義する必要がある。これは，第 4 章
と第 5 章で扱われる効率分析の方法の中で行われることになる。

　さて，ここで例として挙げた 4 つの視点のいずれか，あるいは，他の何ら
かの視点を持って合理分析の結果を解釈（序.4 節の図序.2 の (6)）することで
問題解決のための示唆（序.4 節の図序.2 の (7)）が得られた場合，それらは現
実の問題（序.4 節の図序.2 の (1)）に対してどのように適用（序.4 節の図序.2 の
(8)）できるだろうか。例えば，1 つ目の視点を持って図 3.8 の (1)，(2)，(3)
の中の STR に関する安定な状態についての分析結果を解釈することからは，
各主体，あるいは，社会が抜け出すことができない状態についての示唆が得
られていた。この場合，もしその「抜け出すことができない状態」が各主体に
とって好ましい，あるいは，社会にとって達成されてほしい状態であるときに
は，各主体，あるいは，社会が積極的にその状態を達成するように行動する，
また，各主体，あるいは，社会のそのような行動を促すような仕組みを導入す
る，という適用が考えられる。逆に，「抜け出すことができない状態」が好ま
しくない，達成されてほしくない状態であるときには，その状態が達成されな
いように行動する，また，そのような行動を促進するような仕組みを導入する
という適用が考えられる。2 つ目の視点から得られる，主体をどの安定性概念
に基づいて想定するかによる安定な状態の違いについての示唆からは，主体に
とって好ましい，あるいは，社会にとって達成されてほしい状態が特定の安定
性概念に基づいて主体を想定することによってしか安定にならないときには，
その安定性概念に基づいて主体，あるいは，社会が振る舞う，また，そのよう

な振る舞いを促進するという適用が考えられる。逆に，主体にとって好ましくない，あるいは，社会にとって達成されてほしくない状態が安定になる安定性概念が存在する場合には，主体や社会がその安定性概念に基づいて振る舞うことを避け，また，その安定性概念に基づいて振る舞うことを抑制するという適用が考えられる。3つ目の視点を持った分析結果の解釈からは，例として，不可逆的な状態遷移の有無が状態の安定性に対して与える影響についての示唆が得られていた。不可逆的な状態遷移の存在が主体にとって好ましい，あるいは，社会にとって達成されてほしい状態の安定性を高めるのであれば，制度や規則，ルールなどによって不可逆的な状態遷移を保証するような適用が考えられ，不可逆的な状態遷移がない方が好ましい，あるいは，達成されてほしい状態の安定性を高めるのであれば，それを制限するような制度や規則，ルールの導入という適用が考えられる。

ここで述べた3つの示唆の適用例ではいずれも，主体にとって好ましい，あるいは，社会にとって達成されてほしい状態がより確実に達成されるように示唆が適用されていた。これは，示唆を得る際の視点の4つ目である，達成されそうな状態と，達成されてほしい，あるいは，達成されるべき状態の差に注目した適用であるといえる。ある状態が主体にとって好ましいかどうかは，主体の選好に基づいて判断することができる。一方，ある状態が社会にとって達成されてほしい状態かどうか，あるいは，社会にとって達成されるべき状態かどうかは，第4章と第5章で扱われる効率分析の方法を用いて判断することなる。したがって効率分析の方法は，示唆を得るためにも示唆の適用のためにも，重要である。

この章では，図 3.1，図 3.2，図 3.3，図 3.4，図 3.5，図 3.6，図 3.7 で，5つの代表的な安定性概念，すなわち，STR，Nash，GMR，SMR，SEQ を用いた合理分析の結果を見てきた。これらの図から，コンフリクトにおける均衡の配置にはさまざまな場合あることがわかる。しかしこれらの図の中には，GMR に関する均衡であり，かつ，他の安定性概念に関しては均衡ではないような状態の例がない。そこでこの章の結びとして，STR，Nash，SMR，SEQ ではないが GMR であるような状態が存在するグラフモデルの例を2つ，図 3.9 と図 3.10 として挙げておこう。

図 3.9 と図 3.10 においては，いずれも①が，GMR ではあるが STR，Nash，SMR，SEQ ではないことがわかる（3.4 節の課題 4 と課題 5 を参照）。

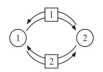

主体の選好	もっとも好ましい ↔ もっとも好ましくない	
主体①	②	①
主体②	②	①

図 3.9　①が STR, Nash, SMR, SEQ ではなく GMR である
グラフモデルの例（2 状態）

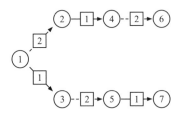

主体の選好	もっとも好ましい ↔ もっとも好ましくない				
主体①	⑦	③	①	②	④–⑤–⑥
主体②	⑥	②	①	③	④–⑤–⑥

図 3.10　①が STR, Nash, SMR, SEQ ではなく GMR である
グラフモデルの例（7 状態）

3.3　チャレンジ問題

　この節のチャレンジ問題の解説と解答例については巻末の「演習問題・チャ
レンジ問題の解説と解答例」の解答（チャレンジ問題）を参照せよ。解答の番
号はチャレンジ問題の番号に対応している。

チャレンジ問題 1（対偶）
　命題「$(\neg q) \rightarrow (\neg p)$」のことを命題「$p \rightarrow q$」の「対偶」と呼ぶ。命題「$p \rightarrow q$」と，その対偶「$(\neg q) \rightarrow (\neg p)$」が論理的同値であることを証明せよ。　□

3.4 課題

課題 4（図 **3.9** の合理分析）

図 3.9 のコンフリクトのグラフモデルにおいて，①は，GMR ではあるが STR，Nash，SMR，SEQ ではないことを確認せよ。また②について，STR，Nash，GMR，SMR，SEQ を用いた合理分析の結果を与えよ。　　　　□

課題 5（図 **3.10** の合理分析）

図 3.10 のコンフリクトのグラフモデルにおいて，①は，GMR ではあるが STR，Nash，SMR，SEQ ではないことを確認せよ。また他の 6 つの状態について，STR，Nash，GMR，SMR，SEQ を用いた合理分析の結果を与えよ。　　　　□

第4章

効率分析とは何か

この章では，文献 [6] の内容に基づいて，社会科学の中で広く用いられている効率分析の方法がグラフモデルで表現されたコンフリクトに対しても適用可能であることを示すため，その目的と定義を述べる。また，効率分析で用いられる効率性の概念の間の関係を例や命題を使って示す。

効率分析は，第2章と第3章で紹介した合理分析と同様，序.4節の図序.2の「(4) 分析」で用いることができる分析方法の1つである。またこの章で与えられる例や命題は序.4節の図序.2の中の「(5) 解・命題」にあたる。

4.1 効率分析の目的は何か

効率分析は，「コンフリクトに巻き込まれている主体全体からなる主体の集まり」を1つの社会とみなし，その社会にとって達成されてほしい，あるいは，達成されるべき状態を求めるためのコンフリクトの分析方法である。効率分析を実行することで求めることができる「社会にとって達成されてほしい，あるいは，達成されるべき状態」のことを「効率的な状態」と呼ぶ。この分析方法は，パレート最適性（Pareto optimality），パレート効率性（Pareto efficiency），あるいは単に，効率性（efficiency）と呼ばれ，社会科学の中で広く知られ，用いられている。

コンフリクトのグラフモデル（1.3節の定義 1.3.1）の構成要素は，(1) 主体，(2) コンフリクトの状態，(3) コンフリクトの状態遷移，(4) 主体がコンフリクトの状態に対して持っている選好の4つである。この中の (1)，(2)，(4) が与えられると，そのグラフモデルに対して効率分析を実行することができる。いいかえると，コンフリクトのグラフモデルの4つの構成要素の中の (3) は効率分析の実行には必要ない。

効率分析を実行すると，「コンフリクトに巻き込まれている主体全体から

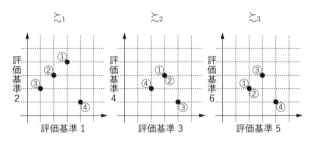

図 4.1 3 人の主体による 4 台の車の評価結果

主体はそれぞれ 2 つの評価基準を持っている。$\succsim_i$ は主体 i の選好を表す。

なる主体の集まり」という 1 つの社会にとって達成されてほしい，あるいは，達成されるべき「効率的な状態」を求めることができる。ここで，社会にとって達成されてほしい，あるいは，達成されるべき「効率的な状態」を求めたい場面の例を 1 つ挙げておこう。例 4.1.1 の「3 人の主体による車選び」の場面である。

例 4.1.1（3 人の主体による車選び） 3 人の主体が共同で使う車 1 台を，4 台の候補の中から選ぼうとしている。どの車が選ばれるかによってコンフリクトの状態が決まるとすると，コンフリクトのグラフモデルの構成要素の中の，(1) 主体，(2) コンフリクトの状態はそれぞれ，$N = \{1, 2, 3\}$，$C = \{①, ②, ③, ④\}$ となる。

3 人の主体は，それぞれが持っている評価基準を用いて 4 台の車を評価し，その結果を図 4.1 のように持っている。そしてこの結果を用いて，コンフリクトのグラフモデルの構成要素の中の (4) 主体がコンフリクトの状態に対して持っている選好を図 4.2 のように生成している。

図 4.1 の左側の図で，主体 1 が 2 つの評価基準を持っていることが示されている。これらの評価基準は例えば，色と価格などを表現している。同様に主体 2 と主体 3 も，それぞれ評価基準を 2 つ持っていることが，図 4.1 の中央の図と右側の図で表現されている。またこれらの評価基準は例えば，座席数，燃費，車体のデザイン，安全性などを表している。評価結果は，横軸で示されている評価基準では右に位置するほど，縦軸で示されている評価基準では上に位置するほど，評価が高いことを表している。例えば主体 1 は，評価基準 1 では評価が高い車から順に④，①，②，③としており，評価基準 2 では評

価が高い車から順に①, ②, ③, ④としている。主体2は, 評価基準3では, ③にもっとも高い評価を与え, ①と②には同じ評価, ④にはもっとも低い評価を与えている。評価基準4では, ①と②の2つにもっとも高い評価を与え, 次が④, そして③にもっとも低い評価を与えている。主体3の評価基準5では, もっとも高い評価が④, 次が③, そして①と②の2つにもっとも低い評価が与えられている。評価基準6では, もっとも高い評価が③, 次が①と②の2つ, そして④にもっとも低い評価が与えられている。このように, ある評価基準を用いた評価結果が複数の異なる対象に対して同じになるということは, 現実の場面でもしばしば起こりうる。このような評価は, 反対称的「ではない」関係（反対称的な関係については1.5.3節のリストの5を参照）で表現される。

　図4.2は, 図4.1に示されている評価結果を用いて各主体が生成した, 各主体が4台の車に対して持っている選好をハッセ（Hasse）図を用いて表現したものである。2つの車の間に垂直, あるいは, 斜めに描かれている線分は, その主体が上の位置にある車を下の位置にある車よりも好んでいることを表している。例えば図4.2の左側の図では, 主体1が①を②よりも, そして, ②を③よりも好んでいることが表現されている。また, 通常は主体の選好が推移性（1.5.3節のリストの3を参照）を満たしていることを仮定し, 上の位置にある車から下の位置にある車までを, 1つまたは複数の線分を下向きないしは水平にたどることで結ぶことができる場合, その主体が上の位置にある車を下の位置にある車よりも好んでいることを表す。図4.2の左側の図では, ①から③までを2つの線分で下向きにたどることができる。これにより, 主体1が①を③よりも好んでいることが表現されている。さらに, 2つ以上の車が同程度に好まれている場合には, それらの車は水平の位置に描かれ, かつ, 水平な線分で結ばれる。図4.2の中央の図では, ①と②が水平の位置に描かれ水平な線分で結ばれている。これにより, 主体2が①と②を同程度に好んでいることになる。右側の図でも, ①と②が水平の位置に描かれ水平な線分で結ばれているので, 主体3も①と②を同程度に好んでいることになる。そして, 通常は主体の選好が反射性（1.5.3節のリストの2を参照）を満たしていることが仮定されるものの, そのような関係, つまり, ある車がその車自身と同程度に好まれていることは, 図の中に描かれない。2つの車の間に線分が存在しない場合や, 2つの車の間を, 1つまたは複数の線分を下向きないしは水平にた

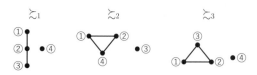

図 **4.2**　主体が 4 台の車に対して持っている選好

図 4.1 にある 4 台の車の評価結果を用いて各主体が生成したものをハッセ（Hasse）図として表示してある。$\succsim_i$ は主体 i の選好を表す。

どることで結ぶことができない場合には，その 2 つの車の間の好ましさの比較ができないことを表す。これは主体の選好が完備「ではない」（完備な関係については 1.5.3 節のリストの 4 を参照）場合に対応する。図 4.2 においては，左側の図で④と他の車が，中央の図で③と他の車が，そして，右側の図で④と他の車が，好ましさの比較ができないことが表現されている。したがってこの場合には，どの主体の選好も完備ではないということになる。

　各主体が 4 台の車に対して持っている選好（図 4.2）は，各主体の 4 台の車に対する評価結果（図 4.1）から自然に生成されうるものである。実際，主体 1 の選好では① $\succ_1$ ② $\succ_1$ ③ となっていて，これは，図 4.1 の左の図で，①が②の，そして，②が③の右上に位置していることで，2 つの評価基準の両方で，①が②よりも，そして，②が③よりも高い評価を得ていることから自然に導かれる。また，④が他の 3 台の車と比較ができないことは，④に対する評価とそれ以外の 3 台の車それぞれに対する評価の高低が，2 つの評価基準の間で一致していないことから導き出されうる。④は，評価基準 1 では他の 3 台よりも高い評価を得ている一方，評価基準 2 では他の 3 台よりも低い評価を得ている。このような場合，評価の高低を評価基準の間で比較できないとすると，④は他の 3 台の車と比較ができない，と判断することも自然である。主体 2 と主体 3 の選好において①と②が同程度に好まれていることは，これらに対する評価結果が各主体の 2 つの評価基準の両方で一致していることから，やはり自然に導かれる。

　図 4.2 に示されている 3 人の主体の選好は，「同程度に好ましい」という関係や「好ましさの比較ができない」という関係を含んでいるため，1.4.1 節の図 1.1 の下部のように達成されうるコンフリクトの状態を左から好ましい順に並べて表現することが難しい。このような選好は，集合論の記法を用いることで次のように正確に表現することができる（選好の集合論の記法を用いた表現に

ついては 1.3 節の最後の 3 つの段落にある説明や 2.2 節の例 2.2.1 の表現例を参照）：

$\succsim_1 = \{(①, ①), (①, ②), (①, ③), (②, ②), (②, ③), (③, ③), (④, ④)\}$,

$\succsim_2 = \{(①, ①), (①, ②), (①, ④), (②, ①), (②, ②), (②, ④), (③, ③), (④, ④)\}$,

$\succsim_3 = \{(①, ①), (①, ②), (②, ①), (②, ②), (③, ①), (③, ②), (③, ③), (④, ④)\}$

ここまででようやく，コンフリクトのグラフモデルの構成要素の中の (1) 主体，(2) コンフリクトの状態，(4) 主体がコンフリクトの状態に対して持っている選好の 3 つが与えらたことになる。さて，ここでの 3 人の主体全体からなる主体の集まりとしての 1 つの社会にとって，達成されてほしい，あるいは，達成されるべき「効率的な状態」である車は，①，②，③，④のうちどれであろうか。　　　　　　　　　　　　　　　　　　　　　　　　　　□

　例 4.1.1 に示されている「3 人の主体による車選び」において，3 人の主体全体からなる主体の集まりとしての 1 つの社会にとって，達成されてほしい，あるいは，達成されるべき「効率的な状態」である車がわかれば，3 人はその車を選べばよいと考えられる。

　では，コンフリクトのある状態が社会にとって達成されてほしい，あるいは，達成されるべき「効率的な状態」とは，どういう意味か。

　以下で紹介するように「効率的な状態」は，いくつかの数理的に厳密な定義がなされている。それらにおおむね共通する考え方は，効率的な状態かどうかを判断したい「今の状態」と，それ以外の「他の状態」それぞれを各主体がコンフリクトの状態に対して持っている選好を用いて比較した結果，少なくとも 1 人の主体にとって他の状態が今の状態よりも「好ましくない」場合を指す。この「好ましくない」ということの厳密な表現の違いによって，以下で紹介する 4 通りの「効率的な状態」の定義を与えることができる。すなわち，今の状態を c，他の状態を c' とするとき，「主体 i にとって c' が c よりも好ましくない」と解釈できる c と c' の間の関係として，

(i)　$c \succ_i c'$（主体 i にとって c が c' より好ましい）

(ii)　$\neg(c' \succsim_i c)$（主体 i にとって c' が c と同等以上ではない）

(iii)　$c \succsim_i c'$（主体 i にとって c が c' と同等以上である）

(iv)　$\neg(c' \succ_i c)$（主体 i にとって c' が c より好ましいということがない）

の 4 つを考えることができ，それぞれが以下で紹介する 4 通りの「効率的な状態」の定義で使われていると考えることができる。

次の 4.2 節で，4 通りの「効率的な状態」の定義を見ていこう。

4.2 効率分析の方法には何があるか

この節では，効率分析で用いられる 4 通りの異なる効率性（efficiency）の概念を紹介する。コンフリクトのグラフモデル（1.3 節の定義 1.3.1）の構成要素のうち，主体全体の集合 N，達成されうるコンフリクトの状態全体の集合 C，および，主体 $i \in N$ がコンフリクトの状態に対して持っている選好 $\succsim_i$ の N の中のすべての主体についてのリスト $(\succsim_i)_{i \in N}$ が与えられているものとする。各効率性の名称は文献 [6] を参考にしている。

4.2.1 U 効率性とは何か

まず 1 番目の効率性の概念として U 効率性の定義を与える。「U」は universal の頭文字をとったもので，これは定義 4.2.1 の通り，この効率性の概念の数理的な定義が通常「∀」（普遍量化子（universal quantifier）と呼ばれる。1.5.1 節のリストの 6 と 18 を参照）ではじまる式で記述されることによる。

定義 4.2.1（U 効率性） 状態 $c \in C$ に対して，c が U 効率的であるとは，

$$\forall c' \in C, ((\exists i \in N, c' \succ_i c) \to (\exists j \in N, c \succ_j c'))$$

であるときをいう。すなわち，どの状態 $c' \in C$ を考えても，もし c' を c よりも好む（つまり $c' \succ_i c$ である）ような主体 $i \in N$ が存在したら，逆に c を c' よりも好む（つまり $c \succ_j c'$ である）ような主体 $j \in N$ が存在する，ということが成立する場合，c を U 効率的と呼ぶ。　　　　□

c が U 効率的である場合，他のどの c' に対しても，「ある 1 人の主体にとって c' が c より好ましいならば，他の少なくとも 1 人の主体にとって逆に c が c' より好ましい」ということが成り立っていることになる。定義 4.2.1 の式は，

$$\forall c' \in C, ((\forall i \in N, \neg(c' \succ_i c)) \vee (\exists j \in N, c \succ_j c'))$$

という式と論理的に同値（1.5.1 節のリストの 8 参照）である（演習問題 11 を参照）ので，c が U 効率的である場合，他のどの c' に対しても，「どの主体にとっても『c' が c より好ましいということがない』，または，他の少なくとも 1 人の主体にとって c が c' より好ましい」ということが成り立っている，という解釈もできる。この解釈の後半の「他の少なくとも 1 人の主体にとって c が c' より好ましい」の部分は，式の最後の部分の $(\exists j \in N, c \succ_j c')$ に対応しており，主体の記号を j から i に置き換えることで，「主体 i にとって c' が c よりも好ましくない」と解釈できる c と c' の間の 4 つの関係の中の (i) $c \succ_i c'$（主体 i にとって c が c' より好ましい）を表していると考えられる。これが U 効率性の定義の特徴的な点である。

また定義 4.2.1 の式は，

$$\neg(\exists c' \in C, ((\forall i \in N, \neg(c \succ_i c')) \wedge (\exists j \in N, c' \succ_j c)))$$

という式とも論理的に同値である（演習問題 12 を参照）。さらに，1.5.3 節のリストの 17 の (b) の性質を用いると，主体の選好 $(\succsim_i)_{i \in N}$ が完備（1.5.3 節のリストの 4 参照）である場合には，この式が，

$$\neg(\exists c' \in C, ((\forall i \in N, c' \succsim_i c) \wedge (\exists j \in N, c' \succ_j c)))$$

という式と論理的に同値であることがわかる（演習問題 13 を参照）。そしてこの最後の式が，4.2.2 節で紹介する E 効率性（定義 4.2.2）の定義の式になる。

U 効率性の概念を使った効率分析の例として，例 4.1.1 の「3 人の主体による車選び」を分析してみよう（課題 6）。分析結果は例 4.2.1 のようになる。

例 4.2.1（U 効率性を用いた例 4.1.1 の「3 人の主体による車選び」の分析結果） 例 4.1.1 の「3 人の主体による車選び」における U 効率的な状態は，定義 4.2.1 の式と論理的に同値な式

$$\neg(\exists c' \in C, ((\forall i \in N, \neg(c \succ_i c')) \wedge (\exists j \in N, c' \succ_j c)))$$

と図 4.2 に基づくと，次の通り，①と③であることがわかる。

1. ①は U 効率的である。

   なぜなら，$c' =$①に対しては，どの $j \in N$ に対しても $\neg$(① $\succ_j$ ①) であり，$c' =$②に対しては，どの $j \in N$ に対しても $\neg$(② $\succ_j$ ①) であり，$c' =$③に対しては，①$\succ_1$③ であり，$c' =$④に対しては，①$\succ_2$④ であるからである。

2. ②は U 効率的ではない。

   なぜなら，$c' =$①に対して，どの $i \in N$ に対しても $\neg$(②$\succ_i$①) であり，かつ，$j = 1$ に対して ①$\succ_1$② であるからである。

3. ③は U 効率的である。

   なぜなら，$c' =$①に対しては，③$\succ_3$① であり，$c' =$②に対しては，③$\succ_3$② であり，$c' =$③に対しては，どの $j \in N$ に対しても $\neg$(③ $\succ_j$ ③) であり，$c' =$④に対しては，どの $j \in N$ に対しても $\neg$(④ $\succ_j$ ③) であるからである。

4. ④は U 効率的ではない。

   なぜなら，$c' =$①に対して，どの $i \in N$ に対しても $\neg$(④$\succ_i$①) であり，かつ，$j = 2$ に対して ①$\succ_1$④ であるからである。（あるいは，$c' =$②に対して，どの $i \in N$ に対しても $\neg$(④$\succ_i$②) であり，かつ，$j = 2$ に対して ②$\succ_1$④ であるからである。）

　この分析結果より，U 効率性の概念に基づくと，3 人の主体全体からなる主体の集まりとしての 1 つの社会にとって，達成されてほしい，あるいは，達成されるべき「効率的な状態」である車は，①と③となる。　　　　　　　　□

4.2.2　E 効率性とは何か

　2 番目の効率性の概念は E 効率性である。「E」は existential の頭文字をとったもので，これは定義 4.2.2 の通り，この効率性の概念の数理的な定義の最初が通常「$\neg$($\exists \cdots$)」であり，「$\exists$」が存在量化子（existential quantifier）と呼ばれるためである。「$\exists$」については 1.5.1 節のリストの 7 と 18 を参照してほしい。

定義 4.2.2（E 効率性）　　状態 $c \in C$ に対して，c が E 効率的であるとは，

$$\neg(\exists c' \in C, ((\forall i \in N, c' \succsim_i c) \land (\exists j \in N, c' \succ_j c)))$$

または

$$\neg(\exists c' \in C, ((\forall i \in N, c' \succsim_i c) \land (\exists j \in N, \neg(c \succsim_j c'))))$$

であるときをいう。これら 2 つの条件は論理的に同値（1.5.1 節のリストの 8 参照）である（演習問題 14 を参照）。

すなわち、どの状態 $c' \in C$ を考えても、「N の中のすべての主体 i が c' を c と同等以上に好み（つまり $c' \succsim_i c$）、かつ、N の中の少なくとも 1 人の主体 j が c' を c よりも好む（つまり $c' \succ_j c$）」ということが成立しない場合、あるいは、どの状態 $c' \in C$ を考えても、「N の中のすべての主体 i が c' を c と同等以上に好み（つまり $c' \succsim_i c$）、かつ、N の中の少なくとも 1 人の主体 j が c を c' と同等以上に好むことがない（つまり $\neg(c \succsim_j c')$）」ということが成立しない場合、c を E 効率的と呼ぶ。 □

c が E 効率的である場合、他のどの c' に対しても、「N の中のすべての主体 i が c' を c と同等以上に好み（つまり $c' \succsim_i c$）、かつ、N の中の少なくとも 1 人の主体 j が c' を c よりも好む（つまり $c' \succ_j c$）」ということが「成立しない」ことになる。定義 4.2.2 の、

$$\neg(\exists c' \in C, ((\forall i \in N, c' \succsim_i c) \land (\exists j \in N, c' \succ_j c)))$$

という式は、

$$\forall c' \in C, ((\forall i \in N, \neg(c' \succ_i c)) \lor (\exists j \in N, \neg(c' \succsim_j c)))$$

という式と論理的に同値である（演習問題 15 を参照）ので、状態 c が E 効率的である場合、他のどの状態 c' に対しても、「どの主体にとっても『c' が c より好ましいということがない』、または、他の少なくとも 1 人の主体にとって『c' が c と同等以上ではない』」ということが成り立っている、という解釈もできる。この解釈の後半の「他の少なくとも 1 人の主体にとって『c' が c と同等以上ではない』」の部分は、式の最後の部分の $(\exists j \in N, \neg(c' \succsim_j c))$ に対応しており、主体の記号を j から i に置き換えることで、「主体 i にとって c' が c よりも好ましくない」と解釈できる c と c' の間の 4 つの関係の中の

(ii) $\neg(c' \succsim_i c)$（主体 i にとって c' が c と同等以上ではない）を表している
と考えられる。これが E 効率性の定義の特徴的な点である。

$$\forall c' \in C, ((\forall i \in N, \neg(c' \succ_i c)) \vee (\exists j \in N, \neg(c' \succsim_j c)))$$

という式はさらに，1.5.1 節のリストの 13 と 18 を参照しながら変形していく
ことで，

$$\Leftrightarrow \forall c' \in C, (\neg(\forall i \in N, \neg(c' \succ_i c)) \rightarrow (\exists j \in N, \neg(c' \succsim_j c))$$

$$\Leftrightarrow \forall c' \in C, ((\exists i \in N, c' \succ_i c) \rightarrow (\exists j \in N, \neg(c' \succsim_j c)))$$

という式とも論理的に同値であることがわかる。加えて，1.5.3 節のリスト
の 17 の (a) の性質を用いると，主体の選好 $(\succsim_i)_{i \in N}$ が完備（1.5.3 節のリスト
の 4 を参照）である場合には，この式が，

$$\forall c' \in C, ((\exists i \in N, c' \succ_i c) \rightarrow (\exists j \in N, c \succ_j c'))$$

という式と論理的に同値であることがわかる（演習問題 16 を参照）。この最後
の式は U 効率性（定義 4.2.1）の定義の式である。

　E 効率性の概念を使った効率分析の例として，例 4.2.1 に引き続き，例 4.1.1
の「3 人の主体による車選び」を分析してみよう（課題 7）。分析結果は
例 4.2.2 のようになる。

例 4.2.2（**E 効率性を用いた例 4.1.1 の「3 人の主体による車選び」の分析結
果**）　例 4.1.1 の「3 人の主体による車選び」における E 効率的な状態は，定
義 4.2.2 の式

$$\neg(\exists c' \in C, ((\forall i \in N, c' \succsim_i c) \wedge (\exists j \in N, c' \succ_j c)))$$

と図 4.2 に基づくと，次の通り，①，③，④の 3 つであることがわかる。

1. ①は E 効率的である。
   なぜなら，$c' =$①に対しては，どの $j \in N$ に対しても $\neg($①$\succ_j$①$)$ で
   あり，$c' =$②に対しては，どの $j \in N$ に対しても $\neg($②$\succ_j$①$)$ であり，
   $c' =$③に対しては，$\neg($③$\succsim_1$①$)$ であり，$c' =$④に対しては，$\neg($④$\succsim_1$
   ①$)$ であるからである。

2. ②は E 効率的ではない。

　なぜなら，$c' =$①に対して，どの $i \in N$ に対しても ① $\succsim_i$ ② であり，かつ，$j = 1$ に対して ① $\succ_1$ ② であるからである。

3. ③は E 効率的である。

　なぜなら，$c' =$①に対しては，$\neg($① $\succsim_2$ ③$)$ でも $\neg($① $\succsim_3$ ③$)$ でもあり，$c' =$②に対しては，$\neg($② $\succsim_2$ ③$)$ でも $\neg($② $\succsim_3$ ③$)$ でもあり，$c' =$③に対しては，どの $j \in N$ に対しても $\neg($③ $\succ_j$ ③$)$ であり，$c' =$④に対しては，どの $i \in N$ に対しても $\neg($④ $\succsim_i$ ③$)$ であり，また，どの $j \in N$ に対しても $\neg($④ $\succ_j$ ③$)$ でもあるからである。

4. ④は E 効率的である。

　$c' =$①に対しては，$\neg($① $\succsim_1$ ④$)$ でも $\neg($① $\succsim_3$ ④$)$ でもあり，$c' =$②に対しては，$\neg($② $\succsim_1$ ④$)$ でも $\neg($② $\succsim_3$ ④$)$ でもあり，$c' =$③に対しては，どの $i \in N$ に対しても $\neg($③ $\succsim_i$ ④$)$ であり，また，どの $j \in N$ に対しても $\neg($③ $\succ_j$ ④$)$ でもあり，$c' =$④に対しては，どの $j \in N$ に対しても $\neg($④ $\succ_j$ ④$)$ であるからである。

　この分析結果より，E 効率性の概念に基づくと，3 人の主体全体からなる主体の集まりとしての 1 つの社会にとって，達成されてほしい，あるいは，達成されるべき「効率的な状態」である車は，①，③，④の 3 台となる。　　□

4.2.3　UMEP 効率性とは何か

　3 番目の効率性の概念は UMEP 効率性である。「UMEP」の最初の「U」は universal の頭文字で，「MEP」は定義の中の「$\succsim$」を意味する「More or Equally Preferred」を表している。

定義 4.2.3（UMEP 効率性）　状態 $c \in C$ に対して，c が UMEP 効率的であるとは，

$$\forall c' \in C, (\exists i \in N, c \succsim_i c')$$

であるときをいう。

　すなわち，どの状態 $c' \in C$ を考えても，少なくとも 1 人の主体にとって c が c' と同等以上である場合，c を UMEP 効率的と呼ぶ。　　□

c が UMEP 効率的である場合，他のどの状態 c' に対しても，N の中の少なくとも 1 人の主体 i が c を c' と同等以上に好む（つまり $c \succsim_i c'$）ということが成立していることになる。このことは，「主体 i にとって c' が c よりも好ましくない」と解釈できる c と c' の間の 4 つの関係の中の (iii)$c \succsim_i c'$（主体 i にとって c が c' と同等以上である）と一致している。これが UMEP 効率性の定義の特徴的な点である。

定義 4.2.3 の式は，

$$\neg(\exists c' \in C, (\forall i \in N, \neg(c \succsim_i c')))$$

という式と論理的同値である（演習問題 17 を参照）。さらに，1.5.3 節のリストの 17 の (a) の性質を用いると，主体の選好 $(\succsim_i)_{i \in N}$ が完備（1.5.3 節のリストの 4 参照）である場合には，この式が，

$$\neg(\exists c' \in C, (\forall i \in N, c' \succ_i c))$$

という式と論理的に同値であることがわかる（演習問題 18 を参照）。そしてこの最後の式が，4.2.4 節で紹介する wE 効率性（定義 4.2.4）の定義の式になる。

UMEP 効率性の概念を使った効率分析の例として再び，例 4.1.1 の「3 人の主体による車選び」を分析してみよう（課題 8）。分析結果は例 4.2.3 のようになる。

例 4.2.3（**UMEP 効率性を用いた例 4.1.1 の「3 人の主体による車選び」の分析結果**）　例 4.1.1 の「3 人の主体による車選び」における UMEP 効率的な状態は，定義 4.2.3 の式と論理的同値である

$$\neg(\exists c' \in C, (\forall i \in N, \neg(c \succsim_i c')))$$

と図 4.2 に基づくと，次の通り，①と②の 2 つであることがわかる。

1. ①は UMEP 効率的である。
   なぜなら，$c' =$①に対しては，どの $i \in N$ に対しても ①$\succsim_i$① であり，$c' =$②に対しては，①$\succsim_1$② であり，$c' =$③に対しては，①$\succsim_1$③ であり，$c' =$④に対しては，①$\succsim_2$④ であるからである。
2. ②は UMEP 効率的である。

なぜなら，$c' =$①に対しては，②$\succsim_2$① でも②$\succsim_3$① でもあり，$c' =$②
に対しては，どの $i \in N$ に対しても ②$\succsim_i$② であり，$c' =$③に対して
は，②$\succsim_1$③ であり，$c' =$④に対しては，②$\succsim_2$④ であるからである。

3. ③は UMEP 効率的ではない。

なぜなら，$c' =$④に対して，どの $i \in N$ に対しても ¬(③ $\succsim_i$ ④) である
からである。

4. ④は UMEP 効率的ではない。

なぜなら，$c' =$③に対して，どの $i \in N$ に対しても ¬(④ $\succsim_i$ ③) である
からである。

　この分析結果より，UMEP 効率性の概念に基づくと，3 人の主体全体から
なる主体の集まりとしての 1 つの社会にとって，達成されてほしい，あるい
は，達成されるべき「効率的な状態」である車は，①と②の 2 台となる。　□

4.2.4　wE 効率性とは何か

　4 番目の効率性の概念は wE 効率性である。最初の「w」は定義で要求され
ている条件が弱い（weak）ことを表し，「E」は existential の頭文字をとった
もので，これは定義 4.2.4 の通り，この効率性の概念の数理的な定義の最初が
通常「¬(∃…)」であり，「∃」が存在量化子（existential quantifier）と呼ばれ
るためである。「∃」については 1.5.1 節のリストの 7 と 18 を参照してほしい。

定義 4.2.4（wE 効率性）　状態 $c \in C$ に対して，c が wE 効率的であるとは，

$$\neg(\exists c' \in C, (\forall i \in N, c' \succ_i c))$$

であるときをいう。

　すなわち，どの状態 $c' \in C$ を考えても，少なくとも 1 人の主体にとって c'
が c よりも好ましい場合，c を wE 効率的と呼ぶ。　　　　　　　　　□

　c が wE 効率的である場合，他のどの状態 c' に対しても，「N の中のすべて
の主体 i が c' を c よりも好む（つまり $c' \succ_j c$）」ということが「成立しない」
ことになる。定義 4.2.4 の，

$$\neg(\exists c' \in C, (\forall i \in N, c' \succ_i c))$$

という式は,

$$\forall c' \in C, (\exists i \in N, \neg(c' \succ_i c))$$

という式と論理的に同値（1.5.1 節のリストの 8 参照）である（演習問題 19 を参照）ので, c が wE 効率的である場合, 他のどの c' に対しても, 少なくとも 1 人の主体にとって c' が c よりも好ましいということがない, ということが成り立っている, という解釈もできる。このうち「c' が c よりも好ましいということがない」の部分は, 式の中の $\neg(c' \succ_i c)$ に対応しており, 「主体 i にとって c' が c よりも好ましくない」と解釈できる c と c' の間の 4 つの関係の中の (iv) $\neg(c' \succ_i c)$（主体 i にとって c' が c より好ましいということがない）に一致している。これが wE 効率性の定義の特徴的な点である。

$$\forall c' \in C, (\exists i \in N, \neg(c' \succ_i c))$$

という式はさらに, 1.5.3 節のリストの 17 の (b) の性質を用いると, 主体の選好 $(\succsim_i)_{i \in N}$ が完備（1.5.3 節のリストの 4 を参照）である場合には,

$$\forall c' \in C, (\exists i \in N, c \succsim_i c')$$

という式と論理的に同値であることがわかる（演習問題 20 を参照）。この最後の式は UMEP 効率性（定義 4.2.3）の定義の式である。

　wE 効率性の概念を使った効率分析の例として再度, 例 4.1.1 の「3 人の主体による車選び」を分析してみよう（課題 9）。分析結果は例 4.2.4 のようになる。

例 4.2.4（**wE 効率性を用いた例 4.1.1 の「3 人の主体による車選び」の分析結果**）　例 4.1.1 の「3 人の主体による車選び」における wE 効率的な状態は, 定義 4.2.4 の式

$$\neg(\exists c' \in C, (\forall i \in N, c' \succ_i c))$$

と図 4.2 に基づくと, 次の通り, ①, ②, ③, ④の 4 つであることがわかる。

1. ①は wE 効率的である。

   なぜなら，$c' =$①に対しては，どの $i \in N$ に対しても $\neg$(① $\succ_i$ ①) であり，$c'=$②に対しては，$\neg$(② $\succ_1$ ①) でも $\neg$(② $\succ_2$ ①) でも $\neg$(② $\succ_3$ ①) でもあり，$c' =$③に対しては，$\neg$(③ $\succ_1$ ①) でも $\neg$(③ $\succ_2$ ①) でもあり，$c' =$④に対しては，どの $i \in N$ に対しても $\neg$(④ $\succ_i$ ①) であるからである。

2. ②は wE 効率的である。

   なぜなら，$c' =$①に対しては，$\neg$(① $\succ_2$ ②) でも $\neg$(① $\succ_3$ ②) でもあり，$c' =$②に対しては，どの $i \in N$ に対しても $\neg$(② $\succ_i$ ②) であり，$c' =$③に対しては，$\neg$(③ $\succ_1$ ②) でも $\neg$(③ $\succ_2$ ②) でもあり，$c' =$④に対しては，どの $i \in N$ に対しても $\neg$(④ $\succ_i$ ②) であるからである。

3. ③は wE 効率的である。

   $c' =$①に対しては，$\neg$(① $\succ_2$ ③) でも $\neg$(① $\succ_3$ ③) でもあり，$c' =$②に対しては，$\neg$(② $\succ_2$ ③) でも $\neg$(② $\succ_3$ ③) でもあり，$c' =$③に対しては，どの $i \in N$ に対しても $\neg$(③ $\succ_i$ ③) であり，$c' =$④に対しては，どの $i \in N$ に対しても $\neg$(④ $\succ_i$ ③) であるからである。

4. ④は wE 効率的である。

   $c' =$①に対しては，$\neg$(① $\succ_1$ ④) でも $\neg$(① $\succ_3$ ④) でもあり，$c' =$②に対しては，$\neg$(② $\succ_1$ ④) でも $\neg$(② $\succ_3$ ④) でもあり，$c' =$③に対しては，どの $i \in N$ に対しても $\neg$(③ $\succ_i$ ④) であり，$c' =$④に対しては，どの $i \in N$ に対しても $\neg$(④ $\succ_i$ ④) であるからである。

　この分析結果より，wE 効率性の概念に基づくと，3 人の主体全体からなる主体の集まりとしての 1 つの社会にとって，達成されてほしい，あるいは，達成されるべき「効率的な状態」である車は，①，②，③，④の 4 台となる。□

4.3　効率性の概念の間にはどのような関係があるか

　この節では，前の 4.2 節で定義が与えられた 4 つの効率性の概念，すなわち，U 効率性（定義 4.2.1），E 効率性（定義 4.2.2），UMEP 効率性（定義 4.2.3），wE 効率性（定義 4.2.4）の間の関係について述べる。

　状態 $c \in C$ が U 効率的であることは

$$\forall c' \in C, ((\exists i \in N, c' \succ_i c) \rightarrow (\exists j \in N, c \succ_j c'))$$

が成立することとして定義されていた（定義 4.2.1）。これは，c と異なるどの
状態 c' に対しても「少なくとも 1 人にとってより好ましいならば，他の少な
くとも 1 人にとってより好ましくない」ということが成立していることを意
味している。ただしここでの「より好ましくない」は「c が c' より好ましい」
（$c \succ_j c'$）に対応している。また，$c \in C$ が U 効率的であることの定義は，

$$\neg(\exists c' \in C, ((\forall i \in N, \neg(c \succ_i c')) \wedge (\exists j \in N, c' \succ_j c)))$$

と論理的に同値であった。これは，c と異なるどの c' に対しても「どの主体に
とってもより好ましくないということがなく，かつ，少なくとも 1 人にとっ
てより好ましい」ということが「成立していない」ということを意味してい
る。

　$c \in C$ が E 効率的であることは

$$\neg(\exists c' \in C, ((\forall i \in N, c' \succsim_i c) \wedge (\exists j \in N, c' \succ_j c)))$$

または

$$\neg(\exists c' \in C, ((\forall i \in N, c' \succsim_i c) \wedge (\exists j \in N, \neg(c \succsim_j c'))))$$

が成立することとして定義されていた（定義 4.2.2）。これは，c と異なるどの
c' に対しても「どの主体にとっても同等以上であり，かつ，少なくとも 1 人
にとってより好ましい」ということが「成立していない」ということ，また
は，「どの主体にとっても同等以上であり，かつ，少なくとも 1 人にとって同
等以下ではない」ということが「成立していない」ということを意味してい
る。また，$c \in C$ が E 効率的であることの定義は，

$$\forall c' \in C, ((\exists i \in N, c' \succ_i c) \rightarrow (\exists j \in N, \neg(c' \succsim_j c)))$$

と論理的に同値であった。これは，c と異なるどの c' に対しても「少なくとも
1 人にとってより好ましいならば，他の少なくとも 1 人にとってより好ましく
ない」ということが成立しているということを意味している。ただしここでの
「より好ましくない」は「c' が c と同等以上ではない」（$\neg(c' \succsim_j c)$）に対応し
ている。

$c \in C$ が UMEP 効率的であることは

$$\forall c' \in C, (\exists i \in N, c \succsim_i c')$$

が成立することとして定義されていた（定義 4.2.3）。これは，c と異なるどの c' に対しても「少なくとも 1 人にとってより好ましくない」ということが成立していることを意味している。ただしここでの「より好ましくない」は「c が c' と同等以上である」（$c \succsim_i c'$）に対応している。また，$c \in C$ が UMEP 効率的であることの定義は，

$$\neg(\exists c' \in C, (\forall i \in N, \neg(c \succsim_i c')))$$

と論理的に同値であった。これは，c と異なるどの c' に対しても「どの主体にとっても同等以下ではない」ということが「成立していない」ということを意味している。

$c \in C$ が wE 効率的であることは

$$\neg(\exists c' \in C, (\forall i \in N, c' \succ_i c))$$

が成立することとして定義されていた（定義 4.2.4）。これは，c と異なるどの c' に対しても「どの主体にとってもより好ましい」ということが「成立していない」ということを意味している。また，$c \in C$ が wE 効率的であることの定義は，

$$\forall c' \in C, (\exists i \in N, \neg(c' \succ_i c))$$

と論理的に同値であった。これは，c と異なるどの c' に対しても「少なくとも 1 人にとってより好ましくない」ということが成立しているということを意味している。ただしここでの「より好ましくない」は「c' が c より好ましいということがない」（$\neg(c' \succ_i c)$）に対応している。

このように 4 つの効率性の概念は，その定義式や論理的に同値な式，あるいはその意味において互いに異なることがわかる。また，これら 4 つの効率性の概念を用いた効率分析が，実際に互いに異なる分析結果を与える場合があるということを示す例として，前の 4.2 節で分析例として挙げられていた例 4.1.1 の「3 人の主体による車選び」の分析結果（例 4.2.1，例 4.2.2，例 4.2.3，例 4.2.4 を参照）を表 4.1 にまとめて示しておこう。

表 4.1 例 4.1.1 の「3 人の主体による車選び」の効率分析の結果のまとめ

効率性の概念	コンフリクトの状態			
	①	②	③	④
U	✓		✓	
E	✓		✓	✓
UMEP	✓	✓		
wE	✓	✓	✓	✓

　表 4.1 に示されているように，例 4.1.1 の「3 人の主体による車選び」の効率分析の結果は，用いられる効率性の概念によって互いに異なる。特に，U効率性と UMEP 効率性の間，および，E 効率性と UMEP 効率性の間には，各効率性の概念に関して効率的な結果全体の集合についての包含関係がないことがわかる。つまり，U 効率的な状態，あるいは，E 効率的な状態はいつでも UMEP 効率的である，ということや，UMEP 効率的な状態は U 効率的である，あるいは，E 効率的である，ということは一般には成立しないことが，この例によって示されている。

　一方この例において，U 効率的な状態は E 効率的でも wE 効率的でもあり，E 効率的な状態，および，UMEP 効率的な状態は wE 効率的でもある。これらのことは以下の命題（命題 4.3.1，命題 4.3.2，命題 4.3.3，命題 4.3.4）により，一般に成立する包含関係であることが示される。

命題 4.3.1（U 効率的ならば E 効率的である）　状態 $c \in C$ に対して，c が U 効率的（定義 4.2.1）ならば，c は E 効率的（定義 4.2.2）である。　　　□

（証明）　c が U 効率的ならば，

$$\forall c' \in C, ((\exists i \in N, c' \succ_i c) \to (\exists j \in N, c \succ_j c'))$$

である。$(c \succ_j c')$ は $((c \succsim_j c') \land \neg(c' \succsim_j c))$ であることとして定義（1.5.3 節のリストの 10 を参照）されており，また，$((c \succsim_j c') \land \neg(c' \succsim_j c))$ ならば，$\neg(c' \succsim_j c)$ が成立する（1.5.1 節のリストの 12 を参照）。したがって，c が U 効率的ならば，

$$\forall c' \in C, ((\exists i \in N, c' \succ_i c) \rightarrow (\exists j \in N, \neg(c' \succsim_j c)))$$

であり，これは c が U 効率的であることと論理的に同値である。　　　　■

　主体の選好 $(\succsim_i)_{i \in N}$ が完備（1.5.3 節のリストの 4 を参照）である場合に U 効率性と E 効率性が論理的に同値であることは，4.2.1 節と 4.2.2 節で確認した通りである（課題 10 を参照）。

命題 4.3.2（**E 効率的ならば wE 効率的である**）　状態 $c \in C$ に対して，c が E 効率的（定義 4.2.2）ならば，c は wE 効率的（定義 4.2.4）である。　　□

　（証明）　c が E 効率的ならば，

$$\forall c' \in C, ((\exists i \in N, c' \succ_i c) \rightarrow (\exists j \in N, \neg(c' \succsim_j c)))$$

である。この式は，1.5.3 節のリストの 10 や 18 の性質から，

$$\Leftrightarrow \forall c' \in C, (\neg(\exists i \in N, c' \succ_i c) \vee (\exists j \in N, \neg(c' \succsim_j c)))$$
$$\Leftrightarrow \forall c' \in C, ((\forall i \in N, \neg(c' \succ_i c)) \vee (\exists j \in N, \neg(c' \succsim_j c)))$$

という論理的に同値な式に変形できる。またこの式からは，

$$\forall c' \in C, ((\forall i \in N, \neg(c' \succ_i c)) \vee (\exists j \in N, \neg(c' \succ_j c)))$$

という式を導くことができる。なぜなら，$(c \succ_j c')$ が $((c \succsim_j c') \wedge \neg(c' \succsim_j c))$ であることとして定義（1.5.3 節のリストの 10 を参照）されているため，$\neg(c' \succsim_j c)$ である場合 $\neg(c' \succ_j c)$ が成立するからである。さらにこの式からは，j が N の要素であることと，「∀」と「∃」の間の関係，および「∨」の性質に注意すると，

$$\forall c' \in C, (\exists i \in N, \neg(c' \succ_i c))$$

が成立することがわかる。これは，c が wE 効率的であることと論理的に同値である。　　　　　　　　　　　　　　　　　　　　　　　　　■

　命題 4.3.1 と命題 4.3.2 をあわせて考えれば，次の命題が成立することがわ

かる。

命題 4.3.3（**U 効率的ならば wE 効率的である**）　状態 $c \in C$ に対して，c が U 効率的（定義 4.2.1）ならば，c は wE 効率的（定義 4.2.4）である。　　　□

（証明）　c が U 効率的ならば，命題 4.3.1 より，c は E 効率的であり，さらにこのとき，命題 4.3.2 より，c は wE 効率的である。　　　　■

命題 4.3.4（**UMEP 効率的ならば wE 効率的である**）　状態 $c \in C$ に対して，c が UMEP 効率的（定義 4.2.3）ならば，c は wE 効率的（定義 4.2.4）である。□

（証明）　c が UMEP 効率的ならば，

$$\forall c' \in C, (\exists i \in N, c \succsim_i c')$$

である。これは次の，c が wE 効率的であることと論理的に同値である式を導く。

$$\forall c' \in C, (\exists i \in N, \neg(c' \succ_i c))$$

なぜなら，$(c' \succ_i c)$ が $((c' \succsim_i c) \wedge \neg(c \succsim_i c'))$ であることとして定義（1.5.3 節のリストの 10 を参照）されているため，$c \succsim_i c'$ である場合 $\neg(c' \succ_i c)$ が成立するからである。　　　　■

　主体の選好 $(\succsim_i)_{i \in N}$ が完備（1.5.3 節のリストの 4 を参照）である場合には，UMEP 効率性と wE 効率性が論理的に同値であることは，4.2.3 節と 4.2.4 節で確認した通りである（課題 11 を参照）。
　さらに，主体の選好 $(\succsim_i)_{i \in N}$ が完備な場合に U 効率性と E 効率性が論理的に同値であることと，UMEP 効率性と wE 効率性が論理的に同値であること，および，命題 4.3.2 をあわせて考えると，命題 4.3.5 が成立することがわかる。

命題 4.3.5（**完備な選好に対する効率性の概念の関係**）　主体の選好 $(\succsim_i)_{i \in N}$ が完備（1.5.3 節のリストの 4 を参照）である場合，状態 $c \in C$ に対して，

(1) c が U 効率的ならば，c は E 効率的でも UMEP 効率的でも wE 効率的でもある。

(2) c が E 効率的ならば，c は U 効率的でも UMEP 効率的でも wE 効率的でもある。

(3) c が UMEP 効率的ならば，c は wE 効率的でもある。

(4) c が wE 効率的ならば，c は UMEP 効率的でもある。

((1) についてはチャレンジ問題 2 を参照。) □

（証明） 主体の選好 $(\succsim_i)_{i \in N}$ が完備ならば，U 効率性と E 効率性が論理的に同値なので，c が U 効率的ならば，c は E 効率的である。また命題 4.3.2 から，c は wE 効率的である。主体の選好が完備であることから，さらに，UMEP 効率性と wE 効率性が論理的に同値であり，したがって c は UMEP 効率的である。U 効率性と UMEP 効率性の間の関係についてはチャレンジ問題 2 も参照してほしい。

c が E 効率的ならば，主体の選好が完備であることから U 効率性と E 効率性が論理的に同値なので，c が U 効率的となり，したがって c は UMEP 効率的でも wE 効率的でもある。

c が UMEP 効率的ならば，c は wE 効率的でもあること，および，c が wE 効率的ならば，c は UMEP 効率的でもあることは，主体の選好が完備である場合には UMEP 効率性と wE 効率性が論理的に同値であることから導かれる。 ■

命題 4.3.5 は，主体の選好 $(\succsim_i)_{i \in N}$ が完備である場合についての効率性の概念の間の関係を述べていた。では，主体の選好 $(\succsim_i)_{i \in N}$ が反対称的（1.5.3 節のリストの 5 を参照）である場合には，効率性の概念の間に新たにどのような関係が成り立つだろうか。命題 4.3.6 は，そのうちの 2 つを述べている。

命題 4.3.6（反対称的な選好に対する効率性の概念の関係） 主体の選好 $(\succsim_i)_{i \in N}$ が反対称的（1.5.3 節のリストの 5 を参照）である場合，状態 $c \in C$ に対して，

(1) c が UMEP 効率的ならば，c は U 効率的でもある。

(2) c が wE 効率的ならば，c は E 効率的でもある。 □

（証明）　主体の選好 $(\succsim_i)_{i \in N}$ が反対称的であるとする。

まず (1) について，c が UMEP 効率的な場合，

$$\forall c' \in C, (\exists i \in N, c \succsim_i c')$$

が成立する。$c' \in C$ について，(i)$c' \neq c$ と (ii)$c' = c$ の 2 つの場合を考える。

　(i) の場合，$c \succsim_i c'$ であること，主体の選好が反対称的であること，および，$c' \neq c$ であることから，$(\exists j \in N, c \succ_j c')$ が成り立つ。これを p とし，また，$(\exists i \in N, c' \succ_i c)$ を q とする。一般に p と q に対しては，1.5.1 節のリストの 10，13，16 より，$(p \to (q \to p)) \Leftrightarrow ((\neg p) \lor ((\neg q) \lor p)) \Leftrightarrow (t \lor (\neg q)) \Leftrightarrow t$ が成立する。ただしここで t は，つねに真である命題を指す（1.5.1 節のリストの 10 を参照）。p にあたる $(\exists j \in N, c \succ_j c')$ が成立している場合には，$q \to p$ にあたる $((\exists i \in N, c' \succ_i c) \to (\exists j \in N, c \succ_j c'))$ も成立する。

　(ii) について，$c' = c$ である場合には，一般にどんな $i \in N$ に対しても $((c' \succsim_i c) \land (\neg(c \succsim_i c')))$ が「成立しない」ので，$(\forall i \in N, \neg(c' \succ_i c))$ である。これは，1.5.1 節のリストの 18 より，$(\exists i \in N, c' \succ_i c)$ が「成立しない」ことを意味するので，$((\exists i \in N, c' \succ_i c) \to (\exists j \in N, c \succ_j c'))$ が成り立つことを導く（$p \to q$ の真理値表（1.6.1 節の演習問題 1 の表 1.5，および，その解答（「演習問題・チャレンジ問題の解説と解答例」の解答（演習問題）1 の表 8.4））を参照）。

　つまり，(i) と (ii) のいずれの場合においても，$((\exists i \in N, c' \succ_i c) \to (\exists j \in N, c \succ_j c'))$ が成立することがわかり，したがって，

$$\forall c' \in C, ((\exists i \in N, c' \succ_i c) \to (\exists j \in N, c \succ_j c'))$$

となる。これは，U 効率性の定義の式（定義 4.2.1）である。

　次に (2) について，c が wE 効率的な場合，

$$\forall c' \in C, (\exists i \in N, \neg(c' \succ_i c))$$

が成立する。$c' \in C$ について，(i)$c' \neq c$ と (ii)$c' = c$ の 2 つの場合を考える。

　(i) の場合，$(\exists j \in N, \neg(c' \succsim_j c))$ が成り立つ。これは，主体の選好が反対称的であることと $c' \neq c$ であることから，もし $c' \succsim_j c$ ならば $\neg(c \succsim_j c')$ が成立し，したがって $c' \succ_j c$ が成り立つことになり，$\neg(c' \succ_i c)$ と矛盾するためである。

ここで $(\exists j \in N, \neg(c' \succsim_j c))$ を p とし，また，$(\exists i \in N, c' \succ_i c)$ を q とする。(1) の (i) の証明と同様に，一般に p と q に対しては，1.5.1 節のリストの 10，13，16 より，$(p \to (q \to p)) \Leftrightarrow ((\neg p) \vee ((\neg q) \vee p)) \Leftrightarrow (t \vee (\neg q)) \Leftrightarrow t$ が成立する。ただしここで t は，つねに真である命題を指す（1.5.1 節のリストの 10 を参照）。p にあたる $(\exists j \in N, \neg(c' \succsim_j c))$ が成立している場合には，$q \to p$ にあたる $((\exists i \in N, c' \succ_i c) \to (\exists j \in N, \neg(c' \succsim_j c)))$ も成立する。

(ii) について，$c' = c$ である場合には，一般にどんな $i \in N$ に対しても $((c' \succsim_i c) \wedge (\neg(c \succsim_i c')))$ が「成立しない」ので，$(\forall i \in N, \neg(c' \succ_i c))$ である。これは，1.5.1 節のリストの 18 より，$(\exists i \in N, c' \succ_i c)$ が「成立しない」ことを意味するので，$((\exists i \in N, c' \succ_i c) \to (\exists j \in N, \neg(c' \succsim_j c)))$ が成り立つことを導く（$p \to q$ の真理値表（1.6.1 節の演習問題 1 の表 1.5，および，その解答（「演習問題・チャレンジ問題の解説と解答例」の解答（演習問題）1 の表 8.4））を参照）。

つまり，(i) と (ii) のいずれの場合においても，$((\exists i \in N, c' \succ_i c) \to (\exists j \in N, \neg(c' \succsim_j c)))$ が成立することがわかり，したがって，

$$\forall c' \in C, ((\exists i \in N, c' \succ_i c) \to (\exists j \in N, \neg(c' \succsim_j c)))$$

となる。これは，E 効率性の定義の式（定義 4.2.2）と論理的に同値な式である。　　∎

命題 4.3.6 と，命題 4.3.1，命題 4.3.2，命題 4.3.3 をあわせて考えると，命題 4.3.7 が成立することがわかる。

命題 4.3.7（反対称的な選好に対する効率性の概念の関係）　主体の選好 $(\succsim_i)_{i \in N}$ が反対称的（1.5.3 節のリストの 5 を参照）である場合，状態 $c \in C$ に対して，

(1) c が U 効率的ならば，c は E 効率的でも wE 効率的でもある。

(2) c が E 効率的ならば，c は wE 効率的でもある。

(3) c が UMEP 効率的ならば，c は U 効率的でも E 効率的でも wE 効率的でもある。

(4) c が wE 効率的ならば，c は E 効率的でもある。　　□

（証明）　(1) については命題 4.3.1 と命題 4.3.3 で証明済みである。(2) については命題 4.3.2 で証明されている。(3) については，c が UMEP 効率的ならば，命題 4.3.6 により，c は U 効率的でもある。したがって，(1) から c は E 効率的でも wE 効率的でもある。(4) については命題 4.3.6 で証明されている。∎

命題 4.3.5 と命題 4.3.7 を用いると，主体の選好 $(\succsim_i)_{i \in N}$ が完備，かつ，反対称的である場合について命題 4.3.8 が成り立つことがわかる。

命題 4.3.8（完備かつ反対称的な選好に対する効率性の概念の関係）　主体の選好 $(\succsim_i)_{i \in N}$ が完備かつ反対称的である場合，状態 $c \in C$ に対して，c が U 効率的であること，c が E 効率的であること，c が UMEP 効率的であること，および，c が wE 効率的であることは，互いに論理的に同値（1.5.1 節のリストの 8 を参照）である。　　　　　　　　　　　　　　□

命題 4.3.8 の証明は課題としよう（課題 12 を参照）。1.5.3 節のリストの 5 にある通り，線形順序で表される選好は完備かつ反対称的なので，命題 4.3.8 を適用することができる。つまり主体の選好 $(\succsim_i)_{i \in N}$ が線形順序で表される場合には，U 効率性，E 効率性，UMEP 効率性，および，wE 効率性が互いに論理的に同値である。

この章で扱ってきた効率性の概念の間の関係は図 4.3 のようにまとめられる。図 4.3 の (i) はどんな選好に対しても成立する関係を示しており，命題 4.3.1，命題 4.3.2，命題 4.3.3，命題 4.3.4 に対応している。(ii)，(iii)，(iv) は，それぞれ完備な選好，反対称的な選好，完備かつ反対称的な選好に対して成立する関係である。(ii) は命題 4.3.5 に，(iii) は命題 4.3.6 と命題 4.3.7 に，(iv) は命題 4.3.8 に対応している。図の中の一方向の二重線の矢印は，矢印の始点にある効率性が終点にある効率性を論理的に含意すること（1.5.1 節のリストの 11 参照），つまり，矢印の始点にある効率性が成立すれば終点にある効率性も成立することを表している。両方向の二重線の矢印は，その両端にある 2 つの効率性の概念が論理的に同値であること（1.5.1 節のリストの 8 参照），つまり，一方の効率性が成立すれば他方の効率性も成立することを表している。

この章の最後の話題として，本章で紹介した 4 つとは異なる効率性の概念

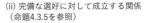

(i) どんな選好に対しても成立する
関係（命題4.3.1, 命題4.3.2, 命題4.3.3,
命題4.3.4を参照）

(ii) 完備な選好に対して成立する関係
（命題4.3.5を参照）

(iii) 反対称的な選好に対して成立する
関係（命題4.3.6, 命題4.3.7を参照）

(iv) 完備かつ反対称的な選好に対して
成立する関係（命題4.3.8を参照）

図 **4.3** 効率性の概念の間の関係

(i) はどんな選好に対しても成立する関係，(ii)，(iii)，(iv) は，それぞれ，完備な選好，反対称的な選好，完備かつ反対称的な選好に対して成立する関係である。一方向の二重線の矢印は，矢印の始点にある効率性が終点にある効率性を論理的に含意すること（1.5.1 節のリストの 11 参照）を表している。両方向の二重線の矢印は，その両端にある 2 つの効率性の概念が論理的に同値であること（1.5.1 節のリストの 8 参照）を表している。

が定義できる可能性について触れておく。

状態 $c \in C$ が UMEP 効率的であることは

$$\neg(\exists c' \in C, (\forall i \in N, \neg(c \succsim_i c')))$$

と論理的に同値であった。この式と類似の式として，

$$\neg(\exists c' \in C, (\forall i \in N, \neg(c \succ_i c')))$$

を考えることができる。しかしこの式は，主体の選好が反射性（1.5.3 節のリストの 2 を参照）を満たす場合，成立することがない。それは，c' として c をとると，$(\forall i \in N, \neg(c \succ_i c'))$ がつねに成立するからである。

また，状態 $c \in C$ が wE 効率的であることは

$$\neg(\exists c' \in C, (\forall i \in N, c' \succ_i c))$$

と論理的に同値であった。この式と類似の式として，

$$\neg(\exists c' \in C, (\forall i \in N, c' \succsim_i c))$$

を考えることができる。しかしこの式も，主体の選好が反射性（1.5.3 節のリストの 2 を参照）を満たす場合，成立することがない。c' として c をとると，$(\forall i \in N, c' \succsim_i c)$ がつねに成立するからである。

4.4　演習問題・チャレンジ問題

　この節の演習問題とチャレンジ問題の解説と解答例については巻末の「演習問題・チャレンジ問題の解説と解答例」の解答（演習問題）と解答（チャレンジ問題）を参照せよ。解答の番号は演習問題とチャレンジ問題の番号に対応している。

演習問題 11（U 効率性の定義）

　U 効率性（定義 4.2.1）の定義の式「$\forall c' \in C, ((\exists i \in N, c' \succ_i c) \to (\exists j \in N, c \succ_j c'))$」が，式「$\forall c' \in C, ((\forall i \in N, \neg(c' \succ_i c)) \vee (\exists j \in N, c \succ_j c'))$」と，論理的に同値であることを証明せよ。　　　　　　　　　　□

演習問題 12（U 効率性の定義式の変形）

　U 効率性（定義 4.2.1）の定義の式「$\forall c' \in C, ((\exists i \in N, c' \succ_i c) \to (\exists j \in N, c \succ_j c'))$」が，式「$\neg(\exists c' \in C, ((\forall i \in N, \neg(c \succ_i c')) \wedge (\exists j \in N, c' \succ_j c)))$」と，論理的に同値であることを証明せよ。　　　　　　　　　　□

演習問題 13（U 効率性と E 効率性の間の関係）

　主体の選好 $(\succsim_i)_{i \in N}$ が完備（1.5.3 節のリストの 4 参照）である場合，演習問題 12 にある式「$\neg(\exists c' \in C, ((\forall i \in N, \neg(c \succ_i c')) \wedge (\exists j \in N, c' \succ_j c)))$」が，定義 4.2.2 の式「$\neg(\exists c' \in C, ((\forall i \in N, c' \succsim_i c) \wedge (\exists j \in N, c' \succ_j c)))$」と，論理的に同値であることを，1.5.3 節のリストの 17 の (b) の性質を用いて証明せよ。　　　　　　　　　　□

演習問題 14（E 効率性の定義）

定義 4.2.2 にある 2 つの式「$\neg(\exists c' \in C, ((\forall i \in N, c' \succsim_i c) \wedge (\exists j \in N, c' \succ_j c)))$」と「$\neg(\exists c' \in C, ((\forall i \in N, c' \succsim_i c) \wedge (\exists j \in N, \neg(c \succsim_j c'))))$」が論理的に同値であることを証明せよ。 □

演習問題 15（E 効率性の定義式の変形）

E 効率性（定義 4.2.2）の定義の式「$\neg(\exists c' \in C, ((\forall i \in N, c' \succsim_i c) \wedge (\exists j \in N, c' \succ_j c)))$」が，式「$\forall c' \in C, ((\forall i \in N, \neg(c' \succ_i c)) \vee (\exists j \in N, \neg(c' \succsim_j c)))$」と，論理的に同値であることを証明せよ。 □

演習問題 16（E 効率性と U 効率性の間の関係）

主体の選好 $(\succsim_i)_{i \in N}$ が完備（1.5.3 節のリストの 4 参照）である場合，式「$\forall c' \in C, ((\exists i \in N, c' \succ_i c) \rightarrow (\exists j \in N, \neg(c' \succsim_j c)))$」が，U 効率性（定義 4.2.1）の定義の式「$\forall c' \in C, ((\exists i \in N, c' \succ_i c) \rightarrow (\exists j \in N, c \succ_j c'))$」と，論理的に同値であることを，1.5.3 節のリストの 17 の (a) の性質を用いて証明せよ。 □

演習問題 17（UMEP 効率性の定義式の変形）

UMEP 効率性（定義 4.2.3）の定義の式「$\forall c' \in C, (\exists i \in N, c \succsim_i c')$」が，式「$\neg(\exists c' \in C, (\forall i \in N, \neg(c \succsim_i c')))$」と，論理的に同値であることを証明せよ。 □

演習問題 18（UMEP 効率性と wE 効率性の間の関係）

主体の選好 $(\succsim_i)_{i \in N}$ が完備（1.5.3 節のリストの 4 参照）である場合，式「$\neg(\exists c' \in C, (\forall i \in N, \neg(c \succsim_i c')))$」が，wE 効率性（定義 4.2.4）の定義の式「$\neg(\exists c' \in C, (\forall i \in N, c' \succ_i c))$」と，論理的に同値であることを，1.5.3 節のリストの 17 の (a) の性質を用いて証明せよ。 □

演習問題 19（wE 効率性の定義式の変形）

wE 効率性（定義 4.2.4）の定義の式「$\neg(\exists c' \in C, (\forall i \in N, c' \succ_i c))$」が，式「$\forall c' \in C, (\exists i \in N, \neg(c' \succ_i c))$」と，論理的に同値であることを証明せよ。 □

演習問題 20（wE 効率性と UMEP 効率性の間の関係）

主体の選好 $(\succsim_i)_{i \in N}$ が完備（1.5.3 節のリストの 4 参照）である場合，式「$\forall c' \in C, (\exists i \in N, \neg(c' \succ_i c))$」が，UMEP 効率性（定義 4.2.3）の定義の式「$\forall c' \in C, (\exists i \in N, c \succsim_i c')$」と，論理的に同値であることを，1.5.3 節のリストの 17 の (b) の性質を用いて証明せよ。 □

チャレンジ問題 2（U 効率性と UMEP 効率性）

少なくとも 1 人の主体の選好が完備（1.5.3 節のリストの 4 参照）である場合，状態 c が U 効率的ならば，c は UMEP 効率的でもあることを証明せよ。 □

4.5 課題

課題 6（「3 人の主体による車選び」における U 効率的な状態）

例 4.1.1 の「3 人の主体による車選び」において，U 効率的な状態は① と③であることを確認せよ（例 4.2.1 を参照）。 □

課題 7（「3 人の主体による車選び」における E 効率的な状態）

例 4.1.1 の「3 人の主体による車選び」において，E 効率的な状態は①，③，④であることを確認せよ（例 4.2.2 を参照）。 □

課題 8（「3 人の主体による車選び」における UMEP 効率的な状態）

例 4.1.1 の「3 人の主体による車選び」において，UMEP 効率的な状態は①と②であることを確認せよ（例 4.2.3 を参照）。 □

課題 9（「3 人の主体による車選び」における wE 効率的な状態）

例 4.1.1 の「3 人の主体による車選び」において，wE 効率的な状態は①，②，③，④であることを確認せよ（例 4.2.4 を参照）。 □

課題 10（完備な選好に対しては U 効率性と E 効率性は論理的に同値）

主体の選好 $(\succsim_i)_{i \in N}$ が完備（1.5.3 節のリストの 4 を参照）である場合，U 効率性と E 効率性が論理的に同値であることを，4.2.1 節と 4.2.2 節の記述を通して確認せよ。 □

課題 11（完備な選好に対しては **UMEP** 効率性と **wE** 効率性は論理的に同値）

　主体の選好 $(\succsim_i)_{i \in N}$ が完備（1.5.3 節のリストの 4 を参照）である場合，UMEP 効率性と wE 効率性が論理的に同値であることを，4.2.3 節と 4.2.4 節の記述を通して確認せよ。　　　　　　　　　　　　　　　　　　　□

課題 12（完備かつ反対称的な選好に対する効率性の論理的同値性）

　主体の選好 $(\succsim_i)_{i \in N}$ が完備（1.5.3 節のリストの 4 を参照）かつ反対称的（1.5.3 節のリストの 5 を参照）である場合，状態 $c \in C$ に対して，c が U 効率的であること，c が E 効率的であること，c が UMEP 効率的であること，および，c が wE 効率的であることは，互いに論理的に同値（1.5.1 節のリストの 8 参照）であることを，命題 4.3.5 と命題 4.3.7 を用いて証明せよ。　　　□

第5章

効率分析の結果から得られる示唆は何か

この章では，1.1 節でストーリーを挙げたコンフリクトの例について，1.4 節で与えたグラフモデルを効率分析の方法を用いて分析した結果を記述し，そこから得られる示唆について述べる。そのためにまず，主体の総数が 2 ないしは 3 で，主体の選好が完備（1.5.3 節のリストの 4 を参照）かつ推移的（1.5.3 節のリストの 3 を参照）であるコンフリクトについて，効率的な状態を見つける方法を 5.1 節で紹介する。

効率分析の分析結果は序.4 節の図序.2 の中の「(5) 解・命題」にあたり，そこから得られる示唆は序.4 節の図序.2 の中の「(7) 問題解決への示唆」にあたる。そして，分析結果から示唆を得るプロセスが，序.4 節の図序.2 の中の「(6) 解釈」に該当する。

5.1 効率的な状態はどのように見つけられるか

コンフリクトのグラフモデルが 1 つ与えられ，そこで達成されうるコンフリクトの状態全体の集合の中から効率的な状態をすべて見つける方法としては，4.2 節の例 4.2.1，例 4.2.2，例 4.2.3，例 4.2.4 のように，各状態が効率性の概念の定義を満足するかどうかを 1 つ 1 つ確認していくことが確実である。しかし，特に主体の選好が完備「ではない」（完備な関係については 1.5.3 節のリストの 4 を参照）場合には，効率性の概念の間に一般に成立する関係が少ない（4.3 節の図 4.3 の (i) と (iii) を参照）ため，確認すべきことが多くなる。このような場合には，主体の総数が 2 ないしは 3 で，かつ，達成されうるコンフリクトの状態の総数が 2 から 4 など，比較的小さな規模のコンフリクトであっても，計算プログラムの力が必要となることが多い（序.7 節を参照）。

一方，主体の選好が完備性を満たせば，4.3 節の図 4.3 の (ii) に示されている通り，U 効率性と E 効率性が論理的に同値であり，また，UMEP 効率性と

wE 効率性が論理的に同値であるので，4 つの効率性の概念が 2 つにまとめられる。さらに主体の選好が反対称性（1.5.3 節のリストの 5 を参照）を満たせば，4 つの効率性の概念すべてが互いに論理的に同値（1.5.1 節のリストの 8 を参照）であるので，これらは 1 つにまとめられる（4.3 節の図 4.3 の (iv) を参照）。

　ここでは主体の選好が完備かつ推移的（1.5.3 節のリストの 3 を参照）である場合について，効率的な状態を見つける方法を紹介する。また，E 効率性（主体の選好が完備な場合には U 効率性と論理的に同値である（4.2.1 節と第 4.2.2 節を参照））についての分析結果と wE 効率性（主体の選好が完備な場合には UMEP 効率性と論理的に同値である（4.2.3 節と 4.2.4 節を参照））についての分析結果が異なる場合の例を示す。

5.1.1　囚人のジレンマのグラフモデルにおいて効率的な状態はどれか

　例として図 1.1 の囚人のジレンマのグラフモデルを考えよう。この場合，2 人の主体の選好はいずれも線形順序（1.5.3 節のリストの 6 を参照）で表されているので，主体の選好は，反射的（1.5.3 節のリストの 2 を参照）であり，推移的（1.5.3 節のリストの 3 を参照）であり，完備（1.5.3 節のリストの 4 を参照）であり，反対称的（1.5.3 節のリストの 5 を参照）である。特に，主体の選好が完備かつ反対称的なので，4 つの効率性の概念すべてが互いに論理的に同値となる（4.3 節の命題 4.3.8 と図 4.3 の (iv) を参照）。したがって 4 つの効率性の概念のうちの 1 つ，例えば wE 効率性の概念を用いて効率的な状態を見つければよい。

　図 1.1 での囚人のジレンマのグラフモデルにおいて効率的な状態を wE 効率性の概念を用いてすべて見つけるためには，図 5.1 のように，2 人の主体にとっての「選好のレベル」を横と縦の軸とする「平面」上に達成されうるコンフリクトの状態を「プロット」して分析する方法が有効である。

　図 5.1 において，横軸と縦軸はそれぞれ主体 1 と主体 2 にとっての各状態の好ましさを表すための軸であり，横軸と縦軸の 2 つの軸で「平面」が描かれていると考える。横軸の右方向が主体 1 にとって「より好ましい」ことを表すため，左から右に向かって 1，2，3，… と数字を書いていく。ただしこれらの数字は，1 よりも 2 の方が好ましく，2 よりも 3 の方が好ましく，… という数字の大小関係だけに意味があり，和や積には意味がないとする。このような数字は「序数」（ordinal number）と呼ばれ，主体にとっての状態に対す

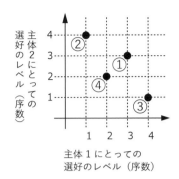

図 5.1 図 1.1 の囚人のジレンマのグラフモデルについて，達成されうるコンフリクトの状態を「平面」上に「プロット」した結果

る「選好のレベル」を表現していると考えることができる．縦軸についても同様に，下から上に向かって 1, 2, 3, … と選好のレベルを表す数字を書くことで，主体 2 にとって上方向が「より好ましい」ことを表す．

　主体の選好が完備（1.5.3 節のリストの 4 を参照）かつ推移的（1.5.3 節のリストの 3 を参照）である場合，その選好を用いることで，達成されうるコンフリクトの各状態に対して，その主体にとってのその状態の選好のレベルを表す数字（序数）を自然に割り当てることができる．例えば，もっとも好ましくない状態に 1，次に好ましい状態に 2，その次に好ましい状態に 3，… というように順に数字を割り当てていき，もっとも好ましい状態にもっとも大きな数字が割り当てられるようにすれば，より大きい数字が割り当てられた状態がより好ましい状態であることになる．ただし複数の状態が同程度に好まれている場合には，それの状態に同じ数字を割り当てる．図 1.1 の囚人のジレンマのグラフモデルの場合，主体 1 は②よりも④を，④よりも①を，①よりも③を好んでいるので，主体 1 にとっての状態の選好のレベルは，①が 3，②が 1，③が 4，④が 2 となる．同様に主体 2 にとっての状態の選好のレベルは，①が 3，②が 4，③が 1，④が 2 となる．

　各主体にとっての各状態の選好のレベルが定まったら，各状態に対する主体の選好のレベルの組を「座標」として捉えて，各状態を横軸と縦軸で描かれている「平面」上に「プロット」していく．例えば①に対する選好のレベルは，上記の通り，主体 1 が 3，主体 2 が 3 なので，「座標」が $(3,3)$ となると考え，①を「平面」の $(3,3)$ の位置に「プロット」する．同様に，②を $(1,4)$ に，③

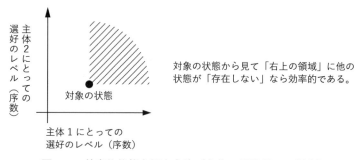

図 **5.2**　効率的状態を探す方法（主体の総数が 2 の場合）

を $(4, 1)$ に，④を $(2, 2)$ に，それぞれ「プロット」する。

　すべての状態の「平面」上への「プロット」が終わったら，wE 効率性の概念を用いて効率的な状態を見つける手順に進む。

　状態 $c \in C$ が wE 効率的であることは

$$\neg (\exists c' \in C, (\forall i \in N, c' \succ_i c))$$

が成立することとして定義されていた（定義 4.2.4）。この定義に基づいて分析の対象の状態が wE 効率的であるかどうかを「平面」上で判定するには，その対象の状態から見て「右上の領域」に他の状態が「存在しない」かどうかを確認すればよい（図 5.2 を参照）。なぜなら，上の定義の中の「$(\forall i \in N, c' \succ_i c)$」の部分が，すべての（ここでは 2 人の）主体にとって c' が c よりも好ましいことを表していて，これは「平面」上では，c' が c から見て「右上の領域」に位置することを意味し，「$\neg (\exists c' \in C,$」の部分が，そのような c' が（c については）「存在しない」ことを表しているからである。

　図 5.1 の中の各状態を対象として，対象の状態から見て「右上の領域」に他の状態が「存在しない」ならば対象の状態に「☆」を付けて効率的であることを示し，そうでない状態には「×」を付けて「効率的ではない」ことを示したものが図 5.3 である。例えば対象の状態として ① をとると，① から見て「右上の領域」に他の状態が「存在しない」ので，① が効率的であることを示すために「☆」を付ける。同様に ② と ③ も，それぞれから見て「右上の領域」に他の状態が「存在しない」ので効率的である。しかし ④ については，そこから見て「右上の領域」に ① が存在する。これは $c =$ ④ に対して，

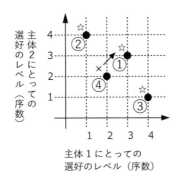

図 5.3 図 1.1 の囚人のジレンマのグラフモデルについての効率分
析の結果

「☆」が付けられている状態が効率的であり，「×」が付けれられている状態が「効
率的ではない」。矢印は，始点にある状態が「効率的ではない」理由の 1 つが終点に
ある状態が存在することである，ということを表す。

$(\forall i \in N, c' \succ_i c)$ であるような c' として① が存在することを意味するので，
④ が「効率的ではない」ことがわかり，そのことを「×」を付けて示す。④
から ① に向かう矢印は，「④ が『効率的ではない』理由の 1 つは ① が存在
することである」ということを表している。

5.1.2 共有地の悲劇のグラフモデルにおいて効率的な状態はどれか

次の例として図 1.6 の牛 1 頭の移動についての共有地の悲劇のグラフモデ
ルを用いる。これは 3 人の主体からなるコンフリクトである。主体の総数が
3 の場合，前節（5.1.1 節）で見た主体の総数が 2 の場合と比べて，効率的な状
態をすべて見つけるための手順がいくつか増える。

2 人の主体にとっての選好のレベルを横と縦の軸とする「平面」上に，達成
されうるコンフリクトの状態を「プロット」する，という最初の手順は，主体
の総数が 3 の場合も，主体の総数が 2 の場合と同じである。3 人の主体のうち
2 人を選んで，その 2 人にとっての選好のレベルを横軸と縦軸としてとり，そ
の 2 つの軸で定まる「平面」上の「座標」に達成されうるコンフリクトの状
態を「プロット」していけばよい。以下では，5.1.1 節と同じく，横軸が主体
1 にとっての選好のレベルで，縦軸が主体 2 にとっての選好のレベルであると
しよう。

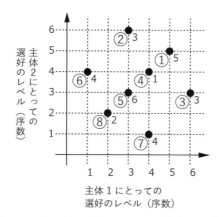

図5.4　図 1.6 の牛 1 頭の移動についての共有地の悲劇のグラフ
モデルについて，達成されうるコンフリクトの状態を「平面上」に
「プロット」し 3 人目の主体の選好のレベルを書き込んだもの

　次に，3 人目の主体である主体 3 にとっての選好のレベルを，「平面」上に
「プロット」された各状態の近くに書き込んでいく。主体 3 の選好のレベル
は，他の 2 人の主体の場合と同じように，選好のレベルを表す数字である序
数を用いて表す。図 1.6 の共有地の悲劇のグラフモデルについて，主体 3 の選
好のレベルを書き込むところまでを記述した「平面」が図 5.4 である。

　図 5.4 において，主体 3 の選好のレベルは各状態を表す点の右下に書かれて
いる。例えば⑥は $(1,4)$ の位置に「プロット」されていて，その右下に 4 と記
されているので，この状態についての主体 1，主体 2，主体 3 の選好のレベル
は，それぞれ 1，4，4 である。

　そして，各状態が効率的であるかどうかの判定は，状態 $c \in C$ が wE 効率
的であることの定義が

$$\neg(\exists c' \in C, (\forall i \in N, c' \succ_i c))$$

であることに基づいて，次のように行う（図 5.5 を参照）。まず，5.1.1 節の
図 5.2 と同様に，対象の状態から見て「右上の領域」に他の状態が「存在し
ない」ならば，対象の状態は効率的である。主体 3 の選好を参照するまでも
なく，主体 1 と主体 2 の両者にとって対象の状態 c よりも好ましい他の状態
c' が存在しないことがわかるため，上の定義の中の「$(\forall i \in N, c' \succ_i c)$」がど

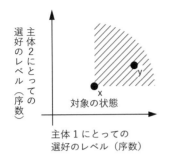

対象の状態から見て「右上の領域」に他の
状態が「存在しない」か，存在しても
主体3にとっての選好のレベルが小さい
（x > y）なら効率的である。

図 5.5　効率的状態を探す方法（主体の総数が3の場合）

のような c' に対しても成立しないことになるからである。また，c から見て
「右上の領域」に他の c' が存在しても，c' の主体3にとっての選好のレベルが
c のものより小さいなら，c は効率的である。この場合も「$(\forall i \in N, c' \succ_i c)$」
がどのような c' に対しても成立しないからである。対象の状態が効率的に
なるのはこれらの場合だけである。すなわち，対象の状態 c が「効率的では
ない」のは，c から見て「右上の領域」に他の c' が存在し，c' の主体3にと
っての選好のレベルが c のものを超える場合である。このときには「$(\forall i \in N, c' \succ_i c)$」が成立している。

　この方法に従って図5.4の中の各状態が効率的であるかどうかの判定を行っ
た結果を図5.6に示す。図5.3と同様に，効率的な状態には「☆」を付け，効
率的ではない状態には「×」を付けてある。また効率的ではない状態からは，
その状態が効率的ではなくなる理由である他の状態のうちの1つに向かう矢
印を書いてある。つまり，状態 c から状態 c' に向かう矢印は，「c が『効率的
ではない』理由の1つは c' が存在することである」ということを表す。

　図5.6には，図1.6の牛1頭の移動についての共有地の悲劇のグラフモデル
においては，①，②，③，⑤が効率的であり，それ以外が効率的ではないこ
とが示されている。①，②，③については，対象の状態から見て「右上の領
域」に他の状態が「存在しない」ので，効率的であると判定される。⑤につ
いては，「右上の領域」に他の状態が複数あるものの，そのいずれについても
主体3にとっての選好のレベルが対象の状態である⑤のものより小さいので，
やはり効率的であると判定される。一方，図5.6の中の矢印で示されている通
り，④，⑥，⑦，⑧は，それぞれ①，①，①，⑤などが存在するので，効率

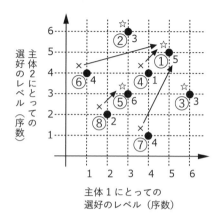

図 5.6　図 1.6 の牛 1 頭の移動についての共有地の悲劇のグラフモ
デルについての効率分析の結果

「☆」が付けられている状態が効率的であり，「×」が付けれられている状態が「効
率的ではない」。矢印は，始点にある状態が「効率的ではない」理由の 1 つが終点に
ある状態が存在することである，ということを表す。

的ではないと判定される。例えば⑥については，その「右上の領域」に主体 3
にとっての選好のレベルが 5 である①が存在する。あわせて，対象の状態で
ある⑥の主体 3 にとっての選好のレベルが 4 であるため，①はすべての主体
にとって対象の状態である⑥よりも好ましいことになる。したがって，⑥は
効率的ではない。⑧については，⑤のほか，①，②，③が存在するため，効
率的ではないと判定される。

5.1.3　E 効率性と wE 効率性の違いは何か

　主体の選好が完備（1.5.3 節のリストの 4 を参照）である場合，4.3 節の図 4.3
の (ii) の通り，U 効率性と E 効率性が論理的に同値であり，また，UMEP 効
率性と wE 効率性が論理的に同値である。したがって，例えば E 効率性を用
いる効率分析と wE 効率性を用いる効率分析の 2 つを実行すれば，4 つの効率
性の概念すべてについての効率分析の結果が得られることになる。

　では，E 効率性を用いる効率分析と wE 効率性を用いる効率分析の違いは何
であろうか。これら 2 つの効率分析は両方とも，前節（5.1 節）で紹介した方
法で実行できる。違いは，「右上の領域」にその境界を含めるかどうかと，主
体の総数が 3 の場合の主体 3 にとっての選好のレベルの比較方法である。

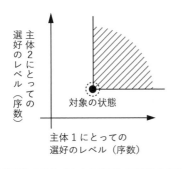
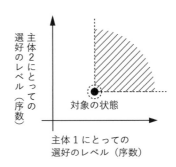

E 効率性の場合「右上の領域」に境界を含む。
ただし対象の状態そのものは含まない。

wE 効率性の場合「右上の領域」に境界も
対象の状態そのものも含まない。

図 5.7 E 効率性と wE 効率性の違い

図 5.7 の左の図の通り，E 効率性を用いる効率分析では「右上の領域」にその境界を含め，同じく右の図の通り，wE 効率性を用いる効率分析では「右上の領域」にその境界を含めない。対象の状態が効率的であるために他の状態が「存在しない」領域が，E 効率性の方が wE 効率性よりも，境界の分だけ少し広いことになる。したがって E 効率性の方が wE 効率性よりも，状態が効率的であるための条件が少し強い。ただしどちらの場合も，対象の状態そのものは「右上の領域」に含まない。主体の総数が 3 の場合の主体 3 にとっての選好のレベルの比較方法については，E 効率性を用いる効率分析の場合には，（境界を含む）「右上の領域」に存在する状態についての主体 3 にとっての選好のレベルが対象の状態についての主体 3 にとっての選好のレベル「以上である」場合に，対象の状態が効率的でないと判断される一方，wE 効率性を用いる効率分析の場合には，（境界を含まない）「右上の領域」に存在する状態についての主体 3 にとっての選好のレベルが，対象の状態についての主体 3 にとっての選好のレベル「よりも大きい」場合に，対象の状態が効率的でないと判断される。

実際に E 効率性を用いる場合と wE 効率性を用いる場合で効率分析の結果に違いが出る例として，図 5.8 で示される単純なものが挙げられる。この例で①は，wE 効率的であるが E 効率的ではない。①を対象の状態としたときの「右上の領域」の境界上に②が存在するためである。②は wE 効率的かつ E 効率的である。

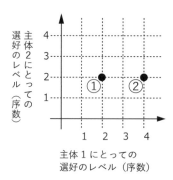

①は wE 効率的であるが E 効率的ではない。
②は wE 効率的かつE 効率的である。

図 5.8　E 効率性を用いる場合と wE 効率性を用いる場合で効率
分析の結果に違いが出る例

5.2　効率分析の結果の例には何があるか

　この節では，第1章でストーリーを挙げたコンフリクトの例について，その効率分析の結果の例を記述する。ここで扱う例はすべて，主体の選好が完備（1.5.3 節のリストの 4 を参照）かつ推移的（1.5.3 節のリストの 3 を参照）であるものばかりなので，前節（5.1 節）で紹介した効率的な状態を見つける方法を用いることができる。例の中には主体の選好が反対称性（1.5.3 節のリストの 5 を参照）を満たさないものもある。しかしそのいずれにおいても，5.1.3 節で見たような，E 効率性を用いる効率分析の結果と wE 効率性を用いる効率分析の結果の違いは生じない（課題 13 を参照）。つまりこの節で扱うすべての例において，4 つの効率性の概念に関する効率分析の結果が一致する。

5.2.1　囚人のジレンマのグラフモデルの効率分析の結果
　図 1.1 の囚人のジレンマのグラフモデルについての効率分析の結果は，すでに 5.1.1 節の図 5.3 に示してある。また図 1.2 の不可逆的な状態遷移を含む囚人のジレンマのグラフモデルについての効率分析の結果は，主体の選好が図 1.1 の囚人のジレンマのグラフモデルと同じなので，効率分析の結果も図 1.1 の囚人のジレンマのグラフモデルのものと同じになり，5.1.1 節の図 5.3 に示されている通りになる。
　図 1.3 の多段階の行動を考えた囚人のジレンマの拡張のグラフモデルについ

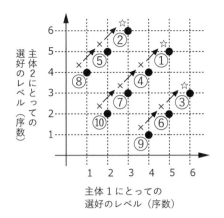

図 5.9 図 1.3 の多段階の行動を考えた囚人のジレンマの拡張のグラフモデルについての効率分析の結果

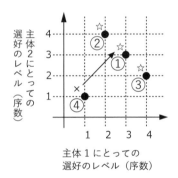

図 5.10 図 1.4 のチキンゲームのグラフモデル，および，図 1.5 の不可逆的な状態遷移を含むチキンゲームのグラフモデルについての効率分析の結果

ての効率分析の結果は図 5.9 のようになる。つまり効率的な状態は，①，②，③の 3 つである。

5.2.2　チキンゲームのグラフモデルの効率分析の結果

　図 1.4 のチキンゲームのグラフモデルについての効率分析の結果は，図 5.10 のようになる。つまり効率的な状態は，①，②，③の 3 つである。また図 1.5 の不可逆的な状態遷移を含むチキンゲームのグラフモデルについての効率分析

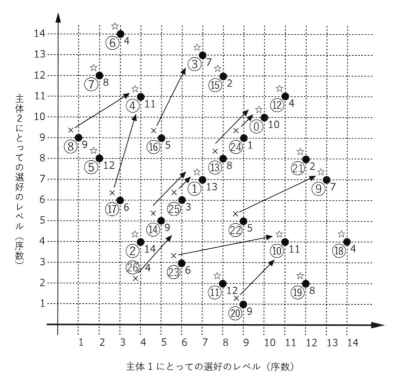

図 **5.11**　図 1.7 の牛 2 頭の移動についての共有地の悲劇のグラフ
モデルについての効率分析の結果

の結果は，主体の選好が図 1.4 のチキンゲームのグラフモデルと同じなので，
効率分析の結果も図 1.4 のチキンゲームのグラフモデルのものと同じになり，
図 5.10 に示されている通りになる。

5.2.3　共有地の悲劇のグラフモデルの効率分析の結果

　図 1.6 の牛 1 頭の移動についての共有地の悲劇のグラフモデルについての効
率分析の結果は，すでに 5.1.2 節の図 5.6 に示してある。

　図 1.7 の牛 2 頭の移動についての共有地の悲劇のグラフモデルについての効
率分析の結果は図 5.11 のようになる。つまり効率的な状態は，⓪，①，②，
③，④，⑤，⑥，⑦，⑨，⑩，⑪，⑫，⑮，⑱，⑲，㉑の 16 個である。た
だしこの図の中で②と㉖は両方とも「平面」上の (4, 4) の位置にあり，主体

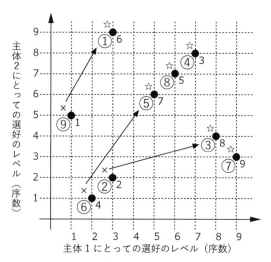

図 5.12 図 1.8 のエルマイラのコンフリクトのグラフモデルについての効率分析の結果

3にとっての選好のレベルは，それぞれ 14 と 4 である。このうち⑳は効率的であり，㉖は⑭が存在するので効率的ではない。

5.2.4　エルマイラ (Elmira) のコンフリクトのグラフモデルの効率分析の結果

　図 1.8 のエルマイラのコンフリクトのグラフモデルについての効率分析の結果は，図 5.12 の通りである。効率的な状態は，①，③，④，⑤，⑦，⑧の 6 個である。

5.3　効率分析の結果から得られる示唆には何があるか

　5.1 節と 5.2 節にある効率分析の結果の例からは，まず，すべての例において効率的な状態が存在しているということがわかる。これらの例では，主体の総数が 2 または 3 で，達成されうるコンフリクトの状態の総数が 2，4，8，9，10，27 であり，主体の選好が完備（1.5.3 節のリストの 4 を参照）かつ推移的（1.5.3 節のリストの 3 を参照）であった。このことから，これらの例のような大きさのコンフリクトのグラフモデルについては，効率的な状態がいつでも

存在する，という示唆が得られる．一方，達成されうるコンフリクトの状態が無限個ある場合には，主体の総数が 2 であっても，効率的な状態が存在しないようなグラフモデルを作ることができる．それは，対象の状態から見て「右上の領域」の中に 2 人の主体にとって同時により好ましい状態を作る，ということを何回でも繰り返すことができるからである（課題 14 を参照）．

　効率的な状態であっても，その状態の好ましさは主体間で差が生じうる，という示唆も得られる．図 1.1 の囚人のジレンマのグラフモデルについての効率分析の結果である図 5.3 では，①，②，③が効率的である．①と比べると②は，主体 1 にとってはより好ましくなく主体 2 にとってはより好ましい．逆に②は，主体 2 にとってより好ましく主体 2 にとってはより好ましくない．1.2.2 節にある通り効率分析は，「コンフリクトに巻き込まれている主体全体からなる主体の集まり」を 1 つの社会とみなし，その社会にとって達成されてほしい，あるいは，達成されるべき状態を知るためのコンフリクトの分析方法である．「社会にとって達成されてほしい，あるいは，達成されるべき状態」についての評価基準にはさまざまなものが考えられ，その中には平等性や公平性など，状態の好ましさについての主体間の差をできるだけ小さくしようとするものもある．一方，効率分析では，主体全員にとって同時により好ましい状態が達成されうる状態の中には存在しないような状態を，「社会にとって達成されてほしい，あるいは，達成されるべき状態」とみなす．そこでは，状態の好ましさについての主体間の差をできるだけ小さくしようとする，ということは考慮されないため，平等性や公平性に欠けるように見える状態も効率的と判断されうることになる．状態の好ましさについての主体間の差をできるだけ小さくしようとするのであれば，平等性や公平性などの評価基準を考慮するような新たな分析方法を用いる必要がある．

　さらに効率分析の結果から示唆を得るために，第 2 章と第 3 章で見た合理分析の結果とともに考察を進めよう．

5.3.1　囚人のジレンマのグラフモデルの効率分析の結果から得られる示唆

　図 5.13 は，図 1.1 の囚人のジレンマのグラフモデルについての合理分析の結果である 3.1.1 節の図 3.1 に，効率分析の結果（5.1.1 節の図 5.3 を参照）を合成したものである．

　この図において注目すべき点は，まず，均衡が効率的であるかどうかであ

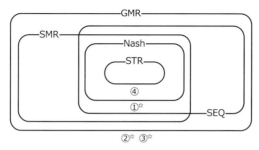

図 5.13 図 1.1 の囚人のジレンマのグラフモデルについての合理分析の結果（図 3.1）と効率分析の結果（図 5.3）の合成

る。1.2.1 節にある通り，均衡は「コンフリクトが決着する状態，あるいは，コンフリクトの結末の状態」として捉えられ，効率的な状態は「社会にとって達成されてほしい，あるいは，達成されるべき状態」である。したがって，均衡が効率的であれば，コンフリクトの決着・結末の状態が社会にとって達成されてほしい・達成されるべき状態であるということを意味し，その均衡の状態はコンフリクトの決着・結末として一定程度の望ましさを備えているといえる。均衡が効率的ではない場合には，コンフリクトの決着・結末が社会にとって達成されてほしい・達成されるべき状態「ではない」ということを意味するので，その均衡の状態が達成されることは避けられるべきであるといえる。図 5.13 からは，Nash に関する均衡である④が効率的ではなく，SMR，SEQ，GMR に関する均衡である①が効率的であることがわかる。このことから得られる示唆としては，図 1.1 の囚人のジレンマのグラフモデルにおける主体は，Nash が想定するように振る舞うのではなく，SMR や SEQ や GMR が想定するように振る舞うことにより，コンフリクトの決着・結末として効率的な状態をより達成することができるようになるということが挙げられる。

図 5.14 は，図 1.2 の不可逆的な状態遷移を含む囚人のジレンマのグラフモデルについての合理分析の結果である 3.1.1 節の図 3.2 に，効率分析の結果（5.1.1 節の図 5.3 を参照）を合成したものである。

図 5.14 においても均衡が効率的であるかどうかに注目すると，STR に関する均衡である④が効率的ではなく，SMR，SEQ，GMR に関する均衡である①が効率的であることがわかる。このことから得られる示唆としては，図 1.2 の不可逆的な状態遷移を含む囚人のジレンマのグラフモデルにおける主体は

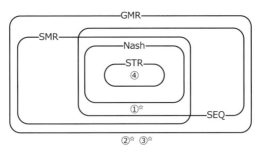

図 5.14　図 1.2 の不可逆的な状態遷移を含む囚人のジレンマのグラフモデルについての合理分析の結果（図 3.2）と効率分析の結果（図 5.3）の合成

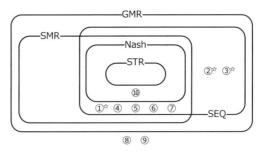

図 5.15　図 1.3 の多段階の行動を考えた囚人のジレンマの拡張のグラフモデルについての合理分析の結果（図 3.3）と効率分析の結果（図 5.9）の合成

Nash が想定するように振る舞うのではなく，SMR や SEQ や GMR が想定するように振る舞うことにより，コンフリクトの決着・結末として効率的な状態をより達成することができるということ，そして，社会が抜け出すことができない状態（STR に関する均衡の④）が効率的ではないので，社会はその状態に陥らないようにするべきであるということが挙げられる。

　図 5.15 は，図 1.3 の多段階の行動を考えた囚人のジレンマの拡張のグラフモデルについての合理分析の結果である 3.1.1 節の図 3.3 に，効率分析の結果（5.2.1 節の図 5.9 を参照）を合成したものである。

　図 5.15 からは，効率的な均衡としては，SMR，SEQ，GMR に関する均衡である①と，SEQ と GMR に関する均衡である②と③が存在することがわか

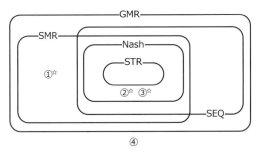

図 **5.16** 図 1.4 のチキンゲームのグラフモデルについての合理分析の結果（図 3.4）と効率分析の結果（図 5.10）の合成

る。ただし SMR，SEQ，GMR に関する均衡の中には，効率的ではない④，⑤，⑥，⑦も存在する。また，Nash に関する均衡である⑩が効率的ではないこともわかる。このことから得られる示唆としては，図 1.3 の多段階の行動を考えた囚人のジレンマの拡張のグラフモデルにおける主体は，Nash や SMR が想定するように振る舞うのではなく，SEQ や GMR が想定するように振る舞うことにより，コンフリクトの決着・結末として効率的な状態をより達成することができるということが挙げられる。また，SEQ や GMR が想定するように振る舞う場合には，効率的ではない④，⑤，⑥，⑦を達成することがないようにする必要があることもわかる。

5.3.2 チキンゲームのグラフモデルの効率分析の結果から得られる示唆

チキンゲームのグラフモデル（図 1.4 を参照）の分析結果から得られる示唆は何だろうか。図 5.16 は，図 1.4 のチキンゲームのグラフモデルについての合理分析の結果である 3.1.2 節の図 3.4 に，効率分析の結果（5.2.2 節の図 5.10 を参照）を合成したものである。

図 5.16 からは，SMR と GMR に関する均衡である①と，Nash，SMR，SEQ，GMR に関する均衡である②と③が効率的であることがわかる。つまり図 1.4 のチキンゲームのグラフモデルにおける主体は，①を達成するためには，Nash が想定するように振る舞うのではなく，SMR や GMR が想定するように振る舞うべきであるということがわかる。そして，Nash が想定するように振る舞う場合には，②と③のいずれかが達成されることになり，どちらが達成されるかによって主体にとっての好ましさが大きく異なる，というこ

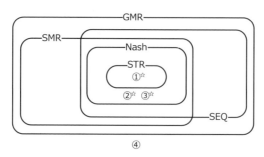

図 **5.17**　図 1.5 の不可逆的な状態遷移を含むチキンゲームのグラフモデルについての合理分析の結果（図 3.5）と効率分析の結果（図 5.10）の合成

とも示唆される。実際，図 1.4 のチキンゲームのグラフモデルにある通り，主体 1 にとっては③がもっとも好ましく，主体 2 にとっては②がもっとも好ましい。2 人の主体がそれぞれ自分にとってもっとも好ましい状態が達成されることに固執して，主体 1 が④から②への状態遷移を，また，主体 2 が④から③への状態遷移を実行しないでいると，両者ともにとってもっとも好ましくなく，また，効率的でもない④が達成されることが考えられる。

　不可逆的な状態遷移を含むチキンゲームのグラフモデル（図 1.5 を参照）の分析結果も見てみよう。図 5.17 は，図 1.5 の不可逆的な状態遷移を含むチキンゲームのグラフモデルについての合理分析の結果である 3.1.2 節の図 3.5 に，効率分析の結果（5.2.2 節の図 5.10 を参照）を合成したものである。

　図 5.17 からは，すべての安定性概念に関して均衡である①と，Nash，SMR，SEQ，GMR に関する均衡である②と③が効率的であることがわかる。

　このうち①は，社会が抜けだすことができない状態である STR に関する均衡であり，かつ，社会にとって達成されてほしい・達成されるべきである効率的な状態のうちの 1 つでもあるので，主体は①が達成されるように振る舞うべきである。Nash，SEQ，GMR に関する均衡である②と③については，図 1.4 のチキンゲームのグラフモデルの場合と同様に，各主体が自分にとってもっとも好ましい状態を達成することに固執すると，両者にとってもっとも好ましくなく，したがって効率的ではない④が達成されることが考えられる，という示唆が得られる。

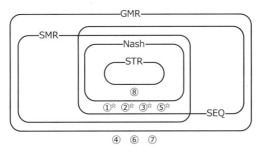

図 **5.18** 図 1.6 の牛 1 頭の移動についての共有地の悲劇のグラフモデルについての合理分析の結果（図 3.6）と効率分析の結果（図 5.6）の合成

5.3.3 牛 1 頭の移動についての共有地の悲劇のグラフモデルの効率分析の結果から得られる示唆

次は，図 1.6 の牛 1 頭の移動についての共有地の悲劇のグラフモデルの分析結果から得られる示唆である。図 5.18 は，図 1.6 の牛 1 頭の移動についての共有地の悲劇のグラフモデルについての合理分析の結果である 3.1.3 節の図 3.6 に，効率分析の結果（5.1.2 節の図 5.6 を参照）を合成したものである。

図 5.18 からは，SMR，SEQ，GMR に関する均衡である①，②，③，⑤が効率的であり，それ以外の状態，特に Nash に関する均衡である⑧が効率的ではないことがわかる。これは，図 5.13 に示されている図 1.1 の囚人のジレンマのグラフモデルについての分析結果との類似点である。一方で，図 5.18 からは，どの安定性概念に関しても均衡ではない④，⑥，⑦が効率的ではないこともわかる。これは，図 5.13 に示されている図 1.1 の囚人のジレンマのグラフモデルについての分析結果との相違点である。

図 5.18 の検討から得られる示唆は，図 1.6 の牛 1 頭の移動についての共有地の悲劇のグラフモデルにおける主体は，Nash が想定するように振る舞うのではなく，SMR，SEQ，GMR が想定するように振る舞うことで，コンフリクトの決着・結末として効率的な状態をより達成することができるようになるということであり，これは図 5.13 の検討から得られる図 1.1 の囚人のジレンマのグラフモデルについての示唆と同じである。

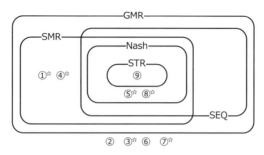

図 **5.19**　図 1.8 のエルマイラのコンフリクトのグラフモデルについての合理分析の結果（図 3.7）と効率分析の結果（図 5.12）の合成

5.3.4　エルマイラ (Elmira) のコンフリクトのグラフモデルの効率分析の結果から得られる示唆

　効率分析の結果から得られる示唆の例として最後に挙げるのは，図 1.8 のエルマイラのコンフリクトのグラフモデルについてのものである。

　図 5.19 は，図 1.8 のエルマイラのコンフリクトのグラフモデルについての合理分析の結果である 3.1.4 節の図 3.7 に，効率分析の結果（5.2.4 節の図 5.12 を参照）を合成したものである。

　図 5.19 からは，Nash，SMR，SEQ，GMR に関する均衡である⑤と⑧，SMR と GMR に関する均衡である①と④，そして，どの安定性概念に関しても均衡ではない状態の中の③と⑦が効率的であることがわかる。また，すべての安定性概念に関して均衡である⑨が効率的ではないこともわかる。これらのことから得られる示唆としては，図 1.8 のエルマイラのコンフリクトのグラフモデルにおける主体は，Nash，SMR，SEQ，GMR が想定するように振る舞うことでコンフリクトの決着・結末として効率的な状態を達成することができる，ということが挙げられる。また，⑨が社会が抜けだすことができない状態である STR に関する均衡であり，かつ，効率的ではない状態でもあるので，社会は⑨に陥らないようにするべきであるという示唆も得られる。

5.4　問題解決に向けて何ができるか

　前節の 5.3 節で得られた示唆は，序.4 節の図序.2 の中の「(7) 問題解決へ

の示唆」にあたる。これは同じく序.4節の図序.2の中の「(1)現実の問題」を解決するために，「(2)単純化・抽象化」，「(3)数理モデル」，「(4)分析」，「(5)解・命題」，「(6)解釈」を経て得られたものである。そして「(7)問題解決への示唆」を「(8)適用」することで，「(1)現実の問題」の解決を行う。

では，この「(1)現実の問題」の解決に向けた「(7)問題解決への示唆」の「(8)適用」として，何ができるだろうか。

5.3節で得られた示唆の多くに共通することは，合理分析の結果として得られるコンフリクトの決着・結末としての均衡は，必ずしも社会にとって達成されてほしい・達成されるべき効率的な状態ではないので，効率的な状態が均衡になるような，あるいは，効率的ではない状態が均衡にならないような主体の振る舞いが，例えば Nash，SMR，SEQ，GMR などが想定する主体の振る舞いの中から適切に選ばれるべきである，ということである。つまり，主体自身が自分の振る舞い方を適切に選択することで，コンフリクトの決着や帰結が望ましいものになる可能性がある。

合理的な個人による振る舞いに注目してコンフリクトの決着や帰結を知ろうとすることが合理分析の目的であった（1.2.1節を参照）。一方，提携による合理的な振る舞いに注目するのが提携分析である（1.2.3節を参照）。提携による振る舞いによっても，効率的な状態が均衡となる，あるいは，効率的ではない状態が均衡にならないことが考えられる。このことが第6章と第7章の主題となる。

コンフリクトの構成要素に影響を与えることができる立場にある人や組織が存在する場合には，主体，あるいは，提携による振る舞いの選択以外にも，効率的な均衡がコンフリクトの決着・帰結となるようにする，あるいは，効率的ではない均衡をコンフリクトの決着・帰結としないようにすることができる可能性がある。

その1つとして，コンフリクトの構成要素の中の，主体が実行可能な状態遷移に変化が生じるような影響を与えることによって，いずれかの主体について安定であるような，あるいは，均衡となっているような状態の変化が期待できる。主体が実行可能な状態遷移に変化が生じるような影響としては，それまで認められていなかった主体の振る舞いを新たに認めるような，いわゆる規制の緩和のようなものや，それまで認められていた主体の振る舞いに制限をかけるような，いわゆる規制の強化のようなものが考えられる。

　主体がコンフリクトの状態に対して持っている選好に変化が生じるような
影響を与えることによっても，安定である，あるいは，均衡である状態に変化
が生じうる。しかしこの場合には，安定である，あるいは，均衡である状態の
変化に加えて，効率的な状態の変化も生じうるため，影響を与えたものの，効
率的な均衡がコンフリクトの決着・帰結となるようにする，あるいは，効率的
ではない均衡をコンフリクトの決着・帰結としないようにするという意図の通
りの決着・帰結にならない可能性があることに注意が必要である。主体がコン
フリクトの状態に対して持っている選好に変化が生じるような影響としては，
主体の特定の振る舞いに新たに報酬を与えたり，逆に罰を与えたりするような
ものが考えられる。また，新たな評価基準を考慮して選好を再構成するように
主体を促すような影響も考えられる。例えば，4.1 節の例 4.1.1 で見た「3 人
の主体による車選び」の場面で，各主体それぞれが採用している 2 つの評価
基準に加えて，他の 2 人の主体が採用している 4 つの評価基準も考慮して自
分の選好を再構成するように主体を促す，ということが考えられる。また，他
の主体の選好や「主体ではないもの」にとっての状態の好ましさを考慮して選
好を再構成するように主体を促すような影響も考えられる。ここで「主体では
ないもの」とは，主体から見た「環境」やコンフリクトの決着や帰結に影響を
与えることができない人々のことを指す。他の主体の選好や「主体ではないも
の」にとっての状態の好ましさを考慮して再構成される選好については，コン
フリクト解決のためのグラフモデルの枠組みの中の「態度分析」の方法で扱う
ことができる。しかし本書が対象とする範囲を超えるので，詳しい説明はしな
いこととする。態度分析に興味がある読者は，文献 [5, 6, 8] などを参照してほ
しい。

5.5　課題

課題 13（E 効率的な状態と wE 効率的な状態の一致）
　5.2 節にある効率分析の結果のうち，主体の選好が反対称性（1.5.3 節のリス
トの 5 を参照）を満たさないもの，つまり，図 5.9 と図 5.11 について，E 効率
性を用いる効率分析の結果と wE 効率性を用いる効率分析の結果が一致するこ
とを確認せよ。　　　　　　　　　　　　　　　　　　　　　　　　　　　□

課題 14（効率的な状態が存在しないコンフリクトのグラフモデル）
　主体の総数が 2 で達成されうるコンフリクトの状態が無限個あるコンフリクトのグラフモデルで，効率的な状態が存在しないようなものを作れ。　　　□

第6章

提携分析とは何か

この章では，主体による提携の形成を考慮した分析方法である提携分析について，その目的と定義を詳述する。

提携分析は，第2章と第3章で紹介した合理分析や，第4章と第5章で紹介した効率分析と同じように，序.4節の図序.2の「(3) 数理モデル」としてのコンフリクトのグラフモデルが1つ与えられている場合，そのグラフモデルの分析（序.4節の図序.2の (4) を参照）に用いることができる分析方法の1つである。コンフリクトのグラフモデルの構成要素は，1.3節の定義 1.3.1 にある通り，(1) 主体，(2) コンフリクトの状態，(3) コンフリクトの状態遷移，(4) 主体がコンフリクトの状態に対して持っている選好の4つである。これら4つの構成要素が与えられていれば提携分析を実行することができる。コンフリクトについて追加の情報は必要ない。

この章ではさらに，序.4節の図序.2の中の「(5) 解・命題」にあたる例や命題も与える。

6.1 提携分析の目的は何か

提携分析の目的は合理分析の目的とほぼ同じである。違いは，合理分析が主体個人による移動（定義 2.2.1）や改善（定義 2.2.2），および，それらの列（定義 2.2.3, 定義 2.2.4）と，主体個人にとって同等以下の状態（定義 2.2.5）に注目しているのに対し，提携分析は，主体の集まりである提携による移動（定義 6.2.1）や改善（定義 6.2.2），および，それらの列（定義 6.2.3, 定義 6.2.4）と，提携にとって同等以下の状態（定義 6.2.5）に注目している点にある。

すなわち，合理分析の目的が，「合理的な個人による振る舞いに注目して，達成されうるコンフリクトの状態のうちどれが各主体について安定であるか，あるいは，安定ではないかを知ること，および，コンフリクトの状態のうちど

れが均衡であるか，あるいは，均衡ではないかを知ること」（1.2.1節を参照）であるのに対し，提携分析の目的は，「提携による合理的な振る舞いに注目して，達成されうるコンフリクトの状態のうちどれが各提携について安定であるか，あるいは，安定ではないかを知ること」，および，「コンフリクトの状態のうちどれが均衡か，あるいは，均衡でないかを知ること」である（1.2.3節）。

コンフリクトのある状態がある提携について安定であることについても，その状態がある主体について安定であることと同様に2通り考えられる。

1つは，その提携がそのコンフリクトの状態からの状態遷移を「実行できない」ことを指す。この場合，そのコンフリクトの状態は，その提携の影響によって遷移することがないため，その提携について安定しているといえる。もう1つは，その提携がそのコンフリクトの状態からの状態遷移を「実行しない」ことを指す。提携が状態遷移を実行しない理由についても，主体が状態遷移を実行しない理由と同様に，一般にはさまざまに考えられる。提携分析においては，やはり合理分析と同様，主に，その提携にとってより好ましい状態に遷移させることができない場合や，その提携が状態遷移を実行することでコンフリクトをその提携にとってより好ましい状態に遷移させることができるものの，その状態遷移の後の他の提携による状態遷移によって，コンフリクトがその提携にとって元の状態と同程度かより好ましくない状態に遷移されうる場合が扱われる。すなわち，コンフリクトのある状態がある提携について安定であるとは，その提携がそのコンフリクトの状態にとどまらざるをえない，あるいは，自らとどまろうとする場合を指す。

そして提携分析において，すべての提携について安定であるコンフリクトの状態を均衡と呼ぶことも，合理分析の場合と同様である。つまり提携分析における均衡においては，そのコンフリクトの状態にとどまらざるをえない，あるいは，自らとどまろうとする，ということがどの提携についても成り立っている。

ある提携がコンフリクトのある状態にとどまらざるをえないかどうかは，その提携の中の主体がその状態にとどまらざるをえないかどうかで定まり，それは，そのコンフリクトのグラフモデルの構成要素の1つである「主体が実行可能なコンフリクトの状態遷移全体の集合」に表現されている。この場合の安定の考え方は，6.2.2節の定義6.2.6で定義される，提携構造的安定性（Coalition STRuctural stability: CSTR）と呼ばれる安定性概念で表現され

る。一方，ある提携がコンフリクトのある状態に自らとどまろうとするかど
うかは，その提携がどのような提携であるかをどのように想定するかに依存
して，さまざまに考えられる。この場合の安定の考え方の中の代表的なもの
として，定義 6.2.7，定義 6.2.8，定義 6.2.9，定義 6.2.10 でそれぞれ定義さ
れる，提携ナッシュ安定性（Coalition Nash stability: CNash），提携一般メ
タ合理性（Coalition General MetaRationality: CGMR），提携対称メタ合理性
（Coalition Symmetric MetaRationality: CSMR），提携連続安定性（Coalition
SEQuestial Stability: CSEQ）という安定性概念がある。

　提携分析におけるこれら4つの代表的な安定性概念が想定する主体の違
いも，合理分析におけるナッシュ安定性（定義 2.2.7），一般メタ合理性（定
義 2.2.8），対称メタ合理性（定義 2.2.9），連続安定性（定義 2.2.10）が想定す
る主体の違いと同様である。つまり，ある提携が状態遷移を実行することでコ
ンフリクトをその提携にとってより好ましい状態に遷移させることができる
場合に，その状態遷移の後の他の提携による状態遷移を検討するかどうかの
想定の違いによって，CNash とその他の安定性概念が区別される。また，他
の提携の状態遷移を検討する際に，他の提携によるあらゆる状態遷移を検討
するか，コンフリクトの状態を他の提携それぞれにとってより好ましい状態に
遷移させるような状態遷移のみを検討するかによって，CGMR と CSMR が
CSEQ から区別される。そして，他の提携による状態遷移を検討した後，再
度元の提携による状態遷移を考慮するかどうかで，CSMR が CGMR と区別
される。

　次の 6.2 節では，CSTR，CNash，CGMR，CSMR，CSEQ が想定する主
体を数理的に表現することによって，各安定性概念の数理的な定義を与える。
これらを見れば，提携分析における安定性の概念の定義が，合理分析における
安定性の概念の定義の中の主体による移動や改善に関する部分を提携による
移動や改善に置き換え，個人による移動の列や改善の列にあたる部分を提携に
よる移動の列や改善の列に置き換えることにより，並行に得られることがわか
る。

6.2 提携分析の方法には何があるか

　この節では，提携が状態遷移を実行できないことを表す CSTR（定義 6.2.6），

および，提携分析で用いられる 4 つの代表的な安定性概念である CNash（定義 6.2.7），CGMR（定義 6.2.8），CSMR（定義 6.2.9），CSEQ（定義 6.2.10）の数理的な定義を紹介する。定義には合理分析の場合と同様に，コンフリクトのグラフモデル $(N, C, (A_i)_{i \in N}, (\succsim_i)_{i \in N})$ の構成要素である，N（コンフリクトに巻き込まれている主体全体の集合），C（コンフリクトの状態全体の集合），各 $i \in N$ についての A_i（主体 i が実行可能なコンフリクトの状態遷移全体の集合），および，各 $i \in N$ についての $\succsim_i$（主体 i がコンフリクトの状態に対して持っている選好）を用いて，定義 6.2.1，定義 6.2.2，定義 6.2.3，定義 6.2.4，定義 6.2.5 で定義される 5 つの数理的な概念を用いる。

　これら 5 つの数理的な概念の定義の適用例を示すために，コンフリクトのグラフモデル $(N, C, (A_i)_{i \in N}, (\succsim_i)_{i \in N})$ の 1 つの例としてエルマイラのコンフリクトのグラフモデル（1.4.5 節の図 1.8）を取り上げる。エルマイラのコンフリクトのグラフモデルの構成要素は例 6.2.1 の通りである。

例 6.2.1（エルマイラのコンフリクトのグラフモデルの構成要素）　エルマイラのコンフリクトのグラフモデル（1.4.5 節の図 1.8）の構成要素は，

$N = \{\mathrm{M}, \mathrm{U}, \mathrm{L}\}$，

$C = \{①, ②, ③, ④, ⑤, ⑥, ⑦, ⑧, ⑨\}$，

$A_{\mathrm{M}} = \{(①, ②), (③, ④), (⑤, ⑥), (⑦, ⑧)\}$；

$A_{\mathrm{U}} = \{(①, ③), (②, ④), (⑤, ⑦), (⑥, ⑧), (①, ⑨), (②, ⑨), (③, ⑨), (④, ⑨),$
$\quad (⑤, ⑨), (⑥, ⑨), (⑦, ⑨), (⑧, ⑨)\}$；

$A_{\mathrm{L}} = \{(①, ⑤), (⑤, ①), (②, ⑥), (⑥, ②), (③, ⑦), (⑦, ③), (④, ⑧), (⑧, ④)\}$，

$\succsim_{\mathrm{M}} = \{(①, ①), (①, ②), (①, ⑥), (①, ⑨), (②, ②), (②, ⑥), (②, ⑨), (③, ①),$
$\quad (③, ②), (③, ③), (③, ④), (③, ⑤), (③, ⑥), (③, ⑧), (③, ⑨), (④, ①),$
$\quad (④, ②), (④, ④), (④, ⑤), (④, ⑥), (④, ⑧), (④, ⑨), (⑤, ①), (⑤, ②),$
$\quad (⑤, ⑤), (⑤, ⑥), (⑤, ⑨), (⑥, ⑥), (⑥, ⑨), (⑦, ①), (⑦, ②), (⑦, ③),$
$\quad (⑦, ④), (⑦, ⑤), (⑦, ⑥), (⑦, ⑦), (⑦, ⑧), (⑦, ⑨), (⑧, ①), (⑧, ②),$
$\quad (⑧, ⑤), (⑧, ⑥), (⑧, ⑧), (⑧, ⑨), (⑨, ⑨)\}$；

$\succsim_U = \{(①,①),(①,②),(①,③),(①,④),(①,⑤),(①,⑥),(①,⑦),(①,⑧),$

$\qquad (①,⑨),(②,②),(②,⑥),(③,②),(③,③),(③,⑥),(③,⑦),(④,②),$

$\qquad (④,③),(④,④),(④,⑤),(④,⑥),(④,⑦),(④,⑧),(④,⑨),(⑤,②),$

$\qquad (⑤,③),(⑤,⑤),(⑤,⑥),(⑤,⑦),(⑤,⑨),(⑥,⑥),(⑦,②),(⑦,⑥),$

$\qquad (⑦,⑦),(⑧,②),(⑧,③),(⑧,⑤),(⑧,⑥),(⑧,⑦),(⑧,⑧),(⑧,⑨),$

$\qquad (⑨,②),(⑨,③),(⑨,⑥),(⑨,⑦),(⑨,⑨)\};$

$\succsim_L = \{(①,①),(①,②),(①,④),(①,⑥),(①,⑧),(①,⑨),(②,②),(②,⑨),$

$\qquad (③,①),(③,②),(③,③),(③,④),(③,⑤),(③,⑥),(③,⑧),(③,⑨),$

$\qquad (④,②),(④,④),(④,⑨),(⑤,①),(⑤,②),(⑤,④),(⑤,⑤),(⑤,⑥),$

$\qquad (⑤,⑧),(⑤,⑨),(⑥,②),(⑥,④),(⑥,⑥),(⑥,⑨),(⑦,①),(⑦,②),$

$\qquad (⑦,③),(⑦,④),(⑦,⑤),(⑦,⑥),(⑦,⑦),(⑦,⑧),(⑦,⑨),(⑧,②),$

$\qquad (⑧,④),(⑧,⑥),(⑧,⑧),(⑧,⑨),(⑨,⑨)\},$

である（6.5 節の課題 15 を参照）。　　　　　　　　　　　　　　　□

6.2.1　提携分析の安定性概念の定義に用いる 5 つの数理的概念とは何か

コンフリクトのグラフモデル $(N, C, (A_i)_{i \in N}, (\succsim_i)_{i \in N})$ が 1 つ与えられているとし，提携分析の安定性概念の定義に用いる 5 つの数理的概念を順に定義していこう。

提携移動（coalition moves）とは何か

最初は，定義 6.2.1 の提携移動である。これは提携が実行できる状態遷移を表す。提携は，1 人以上の主体からなる主体の集まり H（つまり，$H \neq \emptyset$ かつ $H \subseteq N$ であるような H）で表現され，提携 H による提携移動は，すべての $i \in H$ とすべての $c \in C$ についての個人移動 $S_i(c)$ を用いて定義される。個人移動 $S_i(c)$ はコンフリクトのグラフモデル $(N, C, (A_i)_{i \in N}, (\succsim_i)_{i \in N})$ が 1 つ与えられていれば，定義 2.2.1 に従って与えられる。

定義 6.2.1（提携移動（coalition moves））　提携 H（ただし $H \neq \emptyset$ かつ $H \subseteq N$ とする）に対して，すべての $i \in H$ とすべての $c \in C$ についての個人移

動 $S_i(c)$ が与えられているとする。ある状態 $c \in C$ からの提携 H による提携移動（coalition moves）によって達成される状態全体の集合 $S_H(c)$ は，すべての $i \in H$ とすべての $c \in C$ についての個人移動 $S_i(c)$ に対して次の (i) と (ii) の条件を繰り返し適用して帰納的に定まるものを指す。

(i)　もし $[i \in H$ かつ $c' \in S_i(c)]$ ならば $c' \in S_H(c)$ である。

(ii)　もし $[c' \in S_H(c),\ i \in H,\ c'' \in S_i(c'),\ $かつ，$c'' \neq c]$ ならば $c'' \in S_H(c)$ である。

また便宜的に，どの $c \in C$ に対しても $S_\emptyset(c) = \emptyset$ と定める。そして，$c' \in C$ に対して $c' \in S_H(c)$ である場合，c' を，c からの提携 H による提携移動によって達成される状態と呼ぶ。　　　　　　　　　　　　　　　　　　　　　□

　ここで，提携移動の定義（定義 6.2.1）と個人移動の列の定義（定義 2.2.3）が一致していることに注意してほしい。実際，定義 6.2.1 で定義されている「状態 c からの提携 H による提携移動によって達成される状態全体の集合」$S_H(c)$ は，定義 2.2.3 で定義されている「状態 c からの H の中の主体による個人移動の列によって達成される状態全体の集合」$S_H(c)$ と同じであり，そのため記号も同じものが用いられている。つまり，ある状態からある提携による提携移動によって達成される状態は，その状態からその提携の中の主体が次々に個人移動を実行することで達成される状態である，ということである。

例 6.2.2（エルマイラのコンフリクトのグラフモデルにおける提携移動）　エルマイラのコンフリクトのグラフモデル（1.4.5 節の図 1.8）を考える。例 6.2.1 から，各主体 $i \in N$ と各状態 $c \in C$ についての個人移動 $S_i(c)$（定義 2.2.1 を参照）は，

$S_\mathrm{M}(①)=\{②\};\ S_\mathrm{M}(②)=\emptyset;\ S_\mathrm{M}(③)=\{④\};\ S_\mathrm{M}(④)=\emptyset;$

$S_\mathrm{M}(⑤)=\{⑥\};\ S_\mathrm{M}(⑥)=\emptyset;\ S_\mathrm{M}(⑦)=\{⑧\};\ S_\mathrm{M}(⑧)=\emptyset;\ S_\mathrm{M}(⑨)=\emptyset,$

$S_\mathrm{U}(①)=\{③,⑨\};\ S_\mathrm{U}(②)=\{④,⑨\};\ S_\mathrm{U}(③)=\{⑨\};\ S_\mathrm{U}(④)=\{⑨\};$

$S_\mathrm{U}(⑤)=\{⑦,⑨\};\ S_\mathrm{U}(⑥)=\{⑧,⑨\};\ S_\mathrm{U}(⑦)=\{⑨\};\ S_\mathrm{U}(⑧)=\{⑨\};\ S_\mathrm{U}(⑨)=\emptyset,$

$S_\mathrm{L}(①)=\{⑤\};\ S_\mathrm{L}(②)=\{⑥\};\ S_\mathrm{L}(③)=\{⑦\};\ S_\mathrm{L}(④)=\{⑧\};$

$S_\mathrm{L}(⑤)=\{①\};\ S_\mathrm{L}(⑥)=\{②\};\ S_\mathrm{L}(⑦)=\{③\};\ S_\mathrm{L}(⑧)=\{④\};\ S_\mathrm{L}(⑨)=\emptyset,$

である。

エルマイラのコンフリクトのグラフモデルでは主体のグラフの推移性（定義 1.3.1 のあとに続く説明を参照）が成立しており，また，主体のグラフの推移性が成立している場合には，1 人の主体 $i \in N$ からなる $H = \{i\}$ については $S_H(c) = S_i(c)$ が成り立つ（定義 2.2.3 のあとに続く説明を参照）。したがって，どの $c \in C$ に対しても，$S_{\{M\}}(c) = S_M(c)$，$S_{\{U\}}(c) = S_U(c)$，$S_{\{U\}}(c) = S_U(c)$ である。

N の中の主体 i と主体 j の 2 人からなる $H = \{i,j\}$ についての各状態 $c \in C$ に関する $S_H(c)$ は次のように定まる。まず定義 6.2.1 の (i) の条件を適用して，$S_H(c)$ には，$S_i(c)$ の要素すべてと $S_j(c)$ の要素すべてが含まれることになる。例えば $H = \{M, U\}$ である場合，$S_{\{M,U\}}(①)$ には $S_M(①)$ の要素の② と $S_U(①)$ の要素の③と⑨が含まれるので，②，③，⑨ $\in S_{\{M,U\}}(①)$ となる。次に定義 6.2.1 の (ii) の条件を適用すると，$S_H(c)$ には新たに，この段階で $S_H(c)$ の要素となっている c' に対する $S_i(c')$ の要素すべてと $S_j(c')$ の要素すべてが含まれることになる。$S_{\{M,U\}}(①)$ についていえば，この段階では ②，③，⑨ $\in S_{\{M,U\}}(①)$ であるので，$S_M(②) = \emptyset$，$S_M(③) = \{④\}$，$S_M(⑨) = \emptyset$，および，$S_U(②) = \{④,⑨\}$，$S_U(③) = \{⑨\}$，$S_U(⑨) = \emptyset$ の，すべての要素が $S_{\{M,U\}}(①)$ に含まれることになる。新たに $S_{\{M,U\}}(①)$ に加わるのは，④だけなので，この段階で，②，③，④，⑨ $\in S_{\{M,U\}}(①)$ となる。そして再度，定義 6.2.1 の (ii) の条件を適用すると，$S_H(c)$ には再度新たに，この段階で $S_H(c)$ の要素となっている c' に対する $S_i(c')$ の要素すべてと $S_j(c')$ の要素すべてが含まれることになる。$S_{\{M,U\}}(①)$ の場合，この段階では ②，③，④，⑨ $\in S_{\{M,U\}}(①)$ であるので，$S_M(②) = \emptyset$，$S_M(③) = \{④\}$，$S_M(④) = \emptyset$，$S_M(⑨) = \emptyset$，および，$S_U(②) = \{④,⑨\}$，$S_U(③) = \{⑨\}$，$S_U(④) = \{⑨\}$，$S_U(⑨) = \emptyset$ の，すべての要素が $S_{\{M,U\}}(①)$ に含まれることになる。しかし $S_{\{M,U\}}(①)$ の場合，この段階で新たに加わる要素はない。一般の場合においても，定義 6.2.1 の (ii) の条件の適用を繰り返していくことで，$S_H(c)$ に新たに加わる要素がなくなる段階に達する。その段階での $S_H(c)$ が定義 6.2.1 における「状態 c からの提携 H による提携移動によって達成される状態全体の集合」$S_H(c)$ である。$S_{\{M,U\}}(①)$ の場合，$S_{\{M,U\}}(①) = \{②,③,④,⑨\}$ である。

同様の手順で，すべての c とすべての H に対する $S_H(c)$ を求めることがで

表 6.1　エルマイラのコンフリクトのグラフモデルにおける提携移動 $S_H(c)$
c に対応する行と H に対応する列の交わるところに，c と H に対する $S_H(c)$ の要素が書かれている。ただしこの表の中の 3 つの「演習 21」の部分については，6.4 節の演習問題 21 を参照してほしい。

状態 c	{M}	{U}	{L}	{M, U}	{M, L}	{U, L}	{M, U, L}
①	②	③⑨	⑤	②③④⑨	②⑤⑥	③⑤⑦⑨	演習 21
②	∅	④⑨	⑥	④⑨	⑥	④⑥⑧⑨	④⑥⑧⑨
③	④	⑨	⑦	④⑨	④⑦⑧	⑦⑨	④⑦⑧⑨
④	∅	⑨	⑧	⑨	⑧	⑧⑨	⑧⑨
⑤	⑥	⑦⑨	①	演習 21	①②⑥	①③⑦⑨	演習 21
⑥	∅	⑧⑨	②	⑧⑨	②	②④⑧⑨	②④⑧⑨
⑦	⑧	⑨	③	⑧⑨	③④⑧	③⑨	③④⑧⑨
⑧	∅	⑨	④	⑨	④	④⑨	④⑨
⑨	∅	∅	∅	∅	∅	∅	∅

き，それをまとめたものが表 6.1 である。一番左の列に①から⑨までの 9 つの状態が並んでいて，2 行目に 7 つの提携すべてが並んでいる。c に対応する行と H に対応する列の交わるところに，c と H に対する $S_H(c)$ の要素が書かれている。例えば上記で確認した $S_{\{M,U\}}(①) = \{②, ③, ④, ⑨\}$ については，①の行と {M, U} の列が交わるところに並んでいる ②③④⑨ で示されている。表 6.1 の中に 3 つある「演習 21」については，6.4 節の演習問題 21 を参照してほしい。　　　　　　　□

　ここで提携移動についての性質を述べている命題 6.2.1 を証明しておこう。命題 6.2.1 は，定義 6.2.3 で定義される提携移動の列（sequences of coalition moves）によって達成される状態全体の集合を求めるのに有用である。

命題 6.2.1（提携移動の単調性）　状態 $c \in C$ と，$H \subseteq K$ であるような 2 つの提携 H と提携 K を考える。このとき，c からの提携 H による提携移動によって達成される状態全体の集合 $S_H(c)$ と c からの提携 K による提携移動によって達成される状態全体の集合 $S_K(c)$ の間には $S_H(c) \subseteq S_K(c)$ が成立する。　　　　　　　□

（証明）　$c' \in S_H(c)$ を仮定して $c' \in S_K(c)$ を示せばよい。$c' \in S_H(c)$ である場合，定義 6.2.1 より，ある $m \geq 2$ に対して，$1 \leq t \leq m-1$ であるどの t に対しても $c_t \neq c_{t+1}$ かつ $c_{t+1} \in S_{i_t}(c_t)$ を満たす，C の要素の列 $c = c_1$, c_2, ..., $c_m = c'$ と H の要素の列 i_1, i_2, ..., i_m が存在する。$H \subseteq K$ であることから，i_1, i_2, ..., i_m は K の要素の列でもある。したがって，ある $m \geq 2$ に対して，$1 \leq t \leq m-1$ であるどの t に対しても $c_t \neq c_{t+1}$ かつ $c_{t+1} \in S_{i_t}(c_t)$ を満たす，C の要素の列 $c = c_1$, c_2, ..., $c_m = c'$ と K の要素の列 i_1, i_2, ..., i_m が存在することになり，これは $c' \in S_K(c)$ であることを意味する。　　　　　　　　　　　　　　　　　　　　　　∎

提携改善（coalition improvements）とは何か

　提携分析の安定性概念の定義に用いる 5 つの数理的概念の中の 2 つ目は，定義 6.2.2 の提携改善である。

　ある状態からのある提携による提携改善によって達成される状態は，その状態からのその提携による提携移動によって達成される状態のうち，提携の中のすべての主体にとって元の状態よりも好ましい状態を指す。

定義 6.2.2（提携改善（coalition improvements））　状態 $c \in C$ と状態 $c' \in C$，および，提携 H（ただし $H \neq \emptyset$ かつ $H \subseteq N$ とする）に対して，$c' \in S_H(c)$ であり，かつ，すべての $i \in H$ に対して $c' \succsim_i c$ であるとき，c' を，c からの提携 H による提携改善（coalition improvements）と呼ぶ。そして，c からの提携 H による提携改善全体の集合を $S_H^{++}(c)$ で表す。つまり，$S_H^{++}(c) = \{c' \in C \mid ((c' \in S_H(c)) \wedge (\forall i \in H, c' \succ_i c)\}$ である。なお，どの $c \in C$ に対しても $S_\emptyset(c) = \emptyset$ であると便宜的に定めている（定義 2.2.3 と定義 6.2.1 を参照）ことから，$S_\emptyset^{++}(c) = \emptyset$ となる。　　　　　　　　　　　　□

　ここで定義された c からの提携 H による提携改善全体の集合 $S_H^{++}(c)$ と定義 2.2.4 の c からの H の中の主体による個人改善の列によって達成される状態全体の集合 $S_H^+(c)$ の違いを把握することは重要である。

　定義 2.2.4 にある通り，$S_H^+(c)$ は，すべての $i \in H$ とすべての $c \in C$ についての個人改善 $S_i^+(c)$ から帰納的に定義され，H の中の主体が次々に個人改善を実行することに対応している。例えば，$H = \{i, j\}$ と C の要素 c, c', c''

に対して，もし $c' \in S_i^+(c)$ かつ $c'' \in S_j^+(c')$ かつ $c'' \neq c$ ならば，$c'' \in S_H^+(c)$ である。このとき，$c' \succ_i c$ と $c'' \succ_j c'$ は成立するものの，$c'' \succ_i c$ と $c'' \succ_j c$ は成立するとは限らない。つまり，H の中の主体が次々に個人改善を実行したとしても，最終的に達成される状態は H の中のすべての主体にとって元の状態よりも好ましいとは限らない。

　一方，定義 6.2.2 の提携改善 $S_H^{++}(c)$ では，まず元の状態からの提携 H による提携移動によって達成される状態全体の集合 $S_H(c)$ を考え，その中で提携の中のすべての主体にとって元の状態よりも好ましい状態を選び出す。例えば，$H = \{i, j\}$ と C の要素 c, c', c'' に対して，もし $c' \in S_i(c)$ かつ $c'' \in S_j(c')$ かつ $c'' \neq c$ ならば $c'' \in S_H(c)$ となる。そしてもし $c'' \succ_i c$ と $c'' \succ_j c$ が成立していれば $c'' \in S_H^{++}(c)$ となり，そうでなければ，つまり，$c'' \succ_i c$ と $c'' \succ_j c$ のいずれか一方，あるいは，両方が成立していなければ $c'' \notin S_H^{++}(c)$ となる。ただし，$c'' \in S_H^{++}(c)$ となる場合でも，$c' \succ_i c$ と $c'' \succ_j c'$ が成立するとは限らない。これは，c'' は c からの提携 H による提携移動によって達成される状態ではあるものの，c からの H の中の主体による個人改善の列によって達成される状態であるとは限らないからである。すなわち，ある状態からのある提携による提携改善によって達成される状態は，その提携の中のすべての主体にとって元の状態よりも好ましい状態となる。しかし，元の状態から提携改善によって達成される状態に到達する間には，提携の中の主体による個人改善ではない個人移動が実行される必要がある場合がある。このような，個人改善ではない個人移動が提携の中の主体によって実行されるためには，提携の中のすべての主体にとって元の状態よりも好ましい状態を達成するために，必ずしも個人改善であるとは限らない個人移動でも実行するという，主体が実行する個人移動の調整を可能にする，提携の中の主体の間の協力関係が想定される。

　エルマイラのコンフリクトのグラフモデル（1.4.5 節の図 1.8，例 6.2.1，例 6.2.2 を参照）を例として用いて，定義 6.2.2 の c からの提携 H による提携改善全体の集合 $S_H^{++}(c)$ と定義 2.2.4 の c からの H の中の主体による個人改善の列によって達成される状態全体の集合 $S_H^+(c)$ の違いを見てみよう。

例 6.2.3（エルマイラのコンフリクトのグラフモデルにおける提携改善）　エルマイラのコンフリクトのグラフモデル（1.4.5 節の図 1.8）を考える。例 6.2.1

表6.2 エルマイラのコンフリクトのグラフモデルにおける，cからの H の中の主体による個人改善の列によって達成される状態全体の集合 $S_H^+(c)$

c に対応する行と H に対応する列の交わるところに，c と H に対する $S_H^+(c)$ の要素が書かれている。ただしこの表の中の3つの「演習 22」の部分については，6.4 節の演習問題 22 を参照してほしい。

状態 c	$\{M\}$	$\{U\}$	$\{L\}$	$\{M, U\}$	$\{M, L\}$	$\{U, L\}$	N
①	$\emptyset$	$\emptyset$	⑤	$\emptyset$	⑤	⑤	演習 22
②	$\emptyset$	④⑨	⑥	④⑨	⑥	④⑥⑧⑨	④⑥⑧⑨
③	$\emptyset$	⑨	⑦	⑨	⑦	⑦⑨	⑦⑨
④	$\emptyset$	$\emptyset$	⑧	$\emptyset$	⑧	⑧	⑧
⑤	$\emptyset$	$\emptyset$	$\emptyset$	演習 22	$\emptyset$	$\emptyset$	演習 22
⑥	$\emptyset$	⑧⑨	$\emptyset$	⑧⑨	$\emptyset$	⑧⑨	⑧⑨
⑦	$\emptyset$	⑨	$\emptyset$	⑨	$\emptyset$	⑨	⑨
⑧	$\emptyset$	$\emptyset$	$\emptyset$	$\emptyset$	$\emptyset$	$\emptyset$	$\emptyset$
⑨	$\emptyset$	$\emptyset$	$\emptyset$	$\emptyset$	$\emptyset$	$\emptyset$	$\emptyset$

表の上部中央に H の見出しがある。

から，各主体 $i \in N$ と各状態 $c \in C$ についての個人改善 $S_i^+(c)$（定義 2.2.2 を参照）は，

$$S_M^+(①) = \emptyset; S_M^+(②) = \emptyset; S_M^+(③) = \emptyset; S_M^+(④) = \emptyset;$$
$$S_M^+(⑤) = \emptyset; S_M^+(⑥) = \emptyset; S_M^+(⑦) = \emptyset; S_M^+(⑧) = \emptyset; S_M^+(⑨) = \emptyset,$$
$$S_U^+(①) = \emptyset; S_U^+(②) = \{④, ⑨\}; S_U^+(③) = \{⑨\}; S_U^+(④) = \emptyset;$$
$$S_U^+(⑤) = \emptyset; S_U^+(⑥) = \{⑧, ⑨\}; S_U^+(⑦) = \{⑨\}; S_U^+(⑧) = \emptyset; S_U^+(⑨) = \emptyset,$$
$$S_L^+(①) = \{⑤\}; S_L^+(②) = \{⑥\}; S_L^+(③) = \{⑦\}; S_L^+(④) = \{⑧\};$$
$$S_L^+(⑤) = \emptyset; S_L^+(⑥) = \emptyset; S_L^+(⑦) = \emptyset; S_L^+(⑧) = \emptyset; S_L^+(⑨) = \emptyset,$$

である。

　例 6.2.2 で表 6.1 を作成した手順と同様の手順で，すべての c とすべての H に対する $S_H^+(c)$ を求めることができ，それをまとめたものが表 6.2 である。表の読み方も表 6.1 と同様である。表 6.2 の中に3つある「演習 22」については，6.4 節の演習問題 22 を参照してほしい。

　すべての c とすべての H に対する，c からの提携 H による提携改善全体の

表6.3　エルマイラのコンフリクトのグラフモデルにおける，c からの H による提携改善全体の集合 $S_H^{++}(c)$

c に対応する行と H に対応する列の交わるところに，c と H に対する $S_H^{++}(c)$ の要素が書かれている。ただしこの表の中の 3 つの「演習 23」の部分については，6.4 節の演習問題 23 を参照してほしい。

状態 c	H {M}	{U}	{L}	{M, U}	{M, L}	{U, L}	N
①	$\emptyset$	$\emptyset$	⑤	$\emptyset$	⑤	$\emptyset$	演習 23
②	$\emptyset$	④⑨	⑥	④	$\emptyset$	④⑧	④⑧
③	$\emptyset$	⑨	⑦	$\emptyset$	⑦	$\emptyset$	$\emptyset$
④	$\emptyset$	$\emptyset$	⑧	$\emptyset$	$\emptyset$	$\emptyset$	$\emptyset$
⑤	$\emptyset$	$\emptyset$	$\emptyset$	演習 23	$\emptyset$	$\emptyset$	演習 23
⑥	$\emptyset$	⑧⑨	$\emptyset$	⑧	$\emptyset$	⑧	⑧
⑦	$\emptyset$	⑨	$\emptyset$	$\emptyset$	$\emptyset$	$\emptyset$	$\emptyset$
⑧	$\emptyset$	$\emptyset$	$\emptyset$	$\emptyset$	$\emptyset$	$\emptyset$	$\emptyset$
⑨	$\emptyset$	$\emptyset$	$\emptyset$	$\emptyset$	$\emptyset$	$\emptyset$	$\emptyset$

集合 $S_H^{++}(c)$ は，例 6.2.1 と例 6.2.2 から，表 6.3 のようにまとめられる。表の読み方は，表 6.1 や表 6.2 と同様である。表 6.3 の中に 3 つある「演習 23」については，6.4 節の演習問題 23 を参照してほしい。　　　　□

　表 6.2 と表 6.3 を比較することで，$S_H^+(c)$ と $S_H^{++}(c)$ の類似性や相違の傾向がわかる。多くの c と H について，ある c' が $S_H^{++}(c)$ に入っていれば，c' は $S_H^+(c)$ にも入っているが，しかし，c' が $S_H^+(c)$ に入っている場合でも c' が $S_H^{++}(c)$ に入らない場合もある。具体的には例えば，$c = $② と $H = \{U, L\}$ について，$S_{\{U,L\}}^{++}(②) = \{④, ⑧\}$ であり，かつ，$S_{\{U,L\}}^+(②) = \{④, ⑥, ⑧, ⑨\}$ であることから，④と⑧は $S_{\{U,L\}}^{++}$ にも $S_{\{U,L\}}^+$ にも入るが，⑥と⑨は，$S_{\{U,L\}}^+$ には入るものの $S_{\{U,L\}}^{++}$ には入らないことがわかる。しかし $S_H^{++}(c)$ が $S_H^+(c)$ の部分集合であるという関係，つまり，$S_H^{++}(c) \subseteq S_H^+(c)$ は，一般には成立しない。実際，6.4 節の演習問題 22 と演習問題 23 で確かめられるように，$S_{\{M,U\}}^{++}(⑤)$ には⑧が入るが，$S_{\{M,U\}}^+(⑤)$ には⑧が入らない。このような場合，すなわち，$c' \in S_H^{++}(c)$ ではあるが $c' \notin S_H^+(c)$ であるような c，H，および，c' の組み合わせは，エルマイラのコンフリクトのグラフモデルについては，この $c = $⑤，$H = \{M, U\}$，および，$c' = $⑧ だけであることが，表 6.2 と

表 6.3 を比較することでわかる。したがってこの例から，$S_H^+(c)$ と $S_H^{++}(c)$ の間には一般的に成立する包含関係はないことがわかる。

さらに表 6.3 からは，提携移動に関して命題 6.2.1 で証明されたような単調性は，提携改善では成立しないことがわかる。実際，表 6.3 において，$\{U\} \subseteq \{U,L\}$ ではあるものの，$S_{\{U\}}^{++}(②) = \{④,⑨\}$ かつ $S_{\{U,L\}}^{++}(②) = \{④,⑧\}$ であり，$S_{\{U\}}^{++}(②)$ と $S_{\{U,L\}}^{++}(②)$ の間に包含関係がない，特に $S_{\{U\}}^{++}(②) \subseteq S_{\{U,L\}}^{++}(②)$ が成立しないことがわかる。

提携移動 $S_H(c)$（定義 6.2.1）と提携改善 $S_H^{++}(c)$（定義 6.2.2）の間には次のことが成立することがわかる。

命題 6.2.2（提携改善であれば提携移動である）　状態 $c \in C$ と提携 H について，c からの H による提携改善全体の集合 $S_H^{++}(c)$ は，c からの H による提携移動によって達成される状態全体の集合 $S_H(c)$ の部分集合である。すなわち，$S_H^{++}(c) \subset S_H(c)$ が成立する。　　　　　　　　　　□

（証明）　定義 6.2.2 で，c からの H による提携改善全体の集合 $S_H^{++}(c)$ は，$S_H^{++}(c) = \{c' \in C \mid ((c' \in S_H(c)) \wedge (\forall i \in H, c' \succ_i c)\}$ と定義されている。したがって，$c' \in S_H^{++}(c)$ であれば，c' は $(c' \in S_H(c)) \wedge (\forall i \in H, c' \succ_i c)$ を満たすことになり，特に $c' \in S_H(c)$ である。よって $S_H^{++}(c) \subset S_H(c)$ が成立する。　■

提携移動の列（sequences of coalition moves）とは何か

合理分析において個人移動の列（2.2.1 節の定義 2.2.3 を参照）を考えたのと同様に，提携分析においては定義 6.2.3 の提携移動の列を考える。これが，提携分析の安定性概念の定義に用いる 5 つの数理的概念の中の 3 つ目である。

個人移動の列を定義する際に主体の集まりを考えたのと同様に，提携移動の列を定義する際には提携の集まりを考える。1 つの提携は，1 人以上の主体からなる主体の集まり H（つまり，$H \neq \emptyset$ かつ $H \subseteq N$ であるような H）で表現されるので，提携の集まりは，主体の集まり H を 1 つ以上集めたものとなる。集合論において集合の集まりのことを集合の族（family）と呼ぶことにならって，ここでは提携の集まりのことを提携の族と呼び，$\mathbb{F}$ や $\mathbb{P}$ などの記号を用いて表すことにする。例としてエルマイラのコンフリクトのグラフモデ

ルを考えると，例 6.2.1 にある通り主体全体の集合が $N = \{M, U, L\}$ である
ので，提携は全部で $\{M\}$，$\{U\}$，$\{L\}$，$\{M, U\}$，$\{M, L\}$，$\{U, L\}$，$\{M, U, L\}$
$(= N)$ の7つとなる。このうちのいくつかの集まりを考えて，例えば $\mathbb{F} =$
$\{\{U\}, \{L\}, \{U, L\}\}$ などとすれば，3つの提携を要素として持つ提携の族 $\mathbb{F}$ を
1つ与えることになる。また，主体の集まり H について $\mathbb{P}(H)$ と書いて，H
の中の主体で形成可能なすべての提携の族を表すことにする。つまり $\mathbb{P}(H)$
は $\{K \subseteq H \mid K \neq \emptyset\}$ で定義される。例えば H を，主体 M と主体 L か
らなる提携，つまり，$H = \{M, L\}$ とすると，H の中の主体で形成可能な
提携には $\{M\}$，$\{L\}$，$\{M, L\}$ の3つがあるので，$\mathbb{P}(H) = \{\{M\}, \{L\}, \{M, L\}\}$
となる。また，$\mathbb{P}(N \backslash H)$ と書いた場合，これは $N \backslash H$ の中の主体，つまり，H
に入っていない主体で形成可能なすべての提携の族を表すことになり，$H =$
$\{M, L\}$ とすると，$N \backslash H = \{U\}$ なので，$\mathbb{P}(N \backslash H) = \mathbb{P}(\{U\}) = \{\{U\}\}$ とな
る。定義より，$\mathbb{P}(N)$ は N の中の主体で形成可能な提携すべてからなる提携
の族 $\{K \subseteq N \mid K \neq \emptyset\}$ となり，また，$\mathbb{P}(\emptyset)$ は $\emptyset$ となる。

　提携の族の考え方を使って，提携移動の列は定義 6.2.3 のように定義され
る。コンフリクトのグラフモデル $(N, C, (A_i)_{i \in N}, (\succsim_i)_{i \in N})$ が1つ与えられて
おり，また，提携の族 $\mathbb{F}$ が1つ与えられているとする。提携移動の列は，提
携の族 $\mathbb{F}$ について，すべての $H \in \mathbb{F}$ とすべての $c \in C$ についての提携移動に
よって達成される状態全体の集合 $S_H(c)$ から帰納的に定義され，$\mathbb{F}$ の中の提
携が次々に提携移動を実行することを指す。

定義 6.2.3（提携移動の列（**sequences of coalition moves**））　提携の族 $\mathbb{F}$
に対して，すべての $H \in \mathbb{F}$ とすべての $c \in C$ についての提携移動によって達
成される状態全体の集合 $S_H(c)$ が与えられているとする。ある状態 $c \in C$ か
らの $\mathbb{F}$ の中の提携による提携移動の列（sequences of coalition moves）によっ
て達成される状態全体の集合 $S_\mathbb{F}(c)$ は，すべての $H \in \mathbb{F}$ とすべての $c \in C$ に
ついての提携移動によって達成される状態全体の集合 $S_H(c)$ に対して次の (i)
と (ii) の条件を繰り返し適用して帰納的に定まるものを指す。

(i)　もし $[H \in \mathbb{F}$ かつ $c' \in S_H(c)]$ ならば $c' \in S_\mathbb{F}(c)$ である。

(ii)　もし $[c' \in S_\mathbb{F}(c)$，$H \in \mathbb{F}$，$c'' \in S_H(c')$，かつ，$c'' \neq c]$ ならば $c'' \in$
　　 $S_\mathbb{F}(c)$ である。

また，どの $c \in C$ に対しても $S_\emptyset(c) = \emptyset$ であると便宜的に定めている

表 **6.4**　エルマイラのコンフリクトのグラフモデルにおける提携移動の列 $S_{\mathbb{P}(N\setminus H)}(c)$

c に対応する行と H に対応する列の交わるところに，$\mathbb{P}(N\setminus H)$ と表すことができる提携の族の中の提携による提携移動の列によって達成される状態全体の集合 $S_{\mathbb{P}(N\setminus H)}(c)$ の要素が書かれている。

状態 c	{M}	{U}	{L}	{M, U}	{M, L}	{U, L}	N
①	③⑤⑦⑨	②⑤⑥	②③④⑨	⑤	③⑨	②	∅
②	④⑥⑧⑨	⑥	④⑨	⑥	④⑨	∅	∅
③	⑦⑨	④⑦⑧	④⑨	⑦	⑨	④	∅
④	⑧⑨	⑧	⑨	⑧	⑨	∅	∅
⑤	①③⑦⑨	①②⑥	⑥⑦⑧⑨	①	⑦⑨	⑥	∅
⑥	②④⑧⑨	②	⑧⑨	②	⑧⑨	∅	∅
⑦	③⑨	③④⑧	⑧⑨	③	⑨	⑧	∅
⑧	④⑨	④	⑨	④	⑨	∅	∅
⑨	∅	∅	∅	∅	∅	∅	∅

（定義 2.2.3 と定義 6.2.1 を参照）ことから，$\mathbb{F} = \emptyset$ については，どの $c \in C$ に対しても $S_{\mathbb{F}}(c) = \emptyset$ となる。そして，$c' \in C$ に対して $c' \in S_{\mathbb{F}}(c)$ である場合，c' を，c からの $\mathbb{F}$ の中の提携による提携移動の列によって達成される状態と呼ぶ。　　　　　　　　　　　　　　　　　　　　　　　　　　　　□

例 **6.2.4**（エルマイラのコンフリクトのグラフモデルにおける提携移動の列）
エルマイラのコンフリクトのグラフモデル（1.4.5 節の図 1.8）を考える。すべての提携 H とすべての $c \in C$ についての提携移動によって達成される状態全体の集合 $S_H(c)$ は，表 6.1 の通りに与えられている。

　ここでは，ある提携 H に対して $\mathbb{P}(N\setminus H)$ と表すことができる提携の族の中の提携による提携移動の列によって達成される状態全体の集合 $S_{\mathbb{P}(N\setminus H)}(c)$ の例を見よう。これらは CGMR（定義 6.2.8）と CSMR（定義 6.2.9）の定義に使われることになる。

　$N = \{\mathrm{M, U, L}\}$ なので，$H = \{\mathrm{M}\}$ とすると，$\mathbb{P}(N\setminus H) = \mathbb{P}(\{\mathrm{U, L}\}) = \{\{\mathrm{U}\}, \{\mathrm{L}\}, \{\mathrm{U, L}\}\}$ となる。$c = ①$ として，定義 6.2.3 の (i) の条件を $S_{\{\mathrm{U}\}}(c)$，$S_{\{\mathrm{L}\}}(c)$，$S_{\{\mathrm{U, L}\}}(c)$ に適用すると，表 6.1 から，③，⑤，⑦，⑨ $\in S_{\mathbb{P}(N\setminus H)}(c)$

となることがわかる。そして，c' として③，⑤，⑦，⑨をそれぞれとり，定義 6.2.3 の (ii) の条件を適用しても，$S_{\mathbb{P}(N \backslash H)}(c)$ に新たに加わる状態がないこともわかる。したがって $H = \{\mathrm{M}\}$ の場合，$S_{\mathbb{P}(N \backslash H)}(①) = \{③, ⑤, ⑦, ⑨\}$ となる。

　同様にして，すべての $c \in C$ とすべての H に対して $S_{\mathbb{P}(N \backslash H)}(c)$ を求めることができ，それをまとめたものが表 6.4 である。　　　　　　　　　　□

　表 6.4 では，すべての $c \in C$ とすべての H に対して，$\mathbb{P}(N \backslash H)$ と表すことができる提携の族の中の提携による提携移動の列によって達成される状態全体の集合 $S_{\mathbb{P}(N \backslash H)}(c)$ が与えられている。命題 6.2.3 により，$S_{\mathbb{P}(N \backslash H)}(c)$ を求めるには c からの提携 $N \backslash H$ による提携移動によって達成される状態全体の集合 $S_{N \backslash H}(c)$ を求めればよいことがわかる。

命題 6.2.3（提携移動の列と提携移動）　状態 $c \in C$ と提携 H を考える。このとき，c からの $\mathbb{P}(N \backslash H)$ と表すことができる提携の族の中の提携による提携移動の列によって達成される状態全体の集合 $S_{\mathbb{P}(N \backslash H)}(c)$ は，c からの提携 $N \backslash H$ による提携移動によって達成される状態全体の集合 $S_{N \backslash H}(c)$ と等しい。つまり $S_{\mathbb{P}(N \backslash H)}(c) = S_{N \backslash H}(c)$ である。　　　　　　　　　□

　（証明）　まず $S_{N \backslash H}(c) \subseteq S_{\mathbb{P}(N \backslash H)}(c)$ であることを示す。$c' \in S_{N \backslash H}(c)$ とすると，提携 $N \backslash H$ は 提携の族 $\mathbb{P}(N \backslash H)$ の要素であるから，定義 6.2.3 の (i) の条件から，$c' \in S_{\mathbb{P}(N \backslash H)}(c)$ となることがわかる。

　次に $S_{\mathbb{P}(N \backslash H)}(c) \subseteq S_{N \backslash H}(c)$ であることを示す。$c' \in S_{\mathbb{P}(N \backslash H)}(c)$ とすると，定義 6.2.3 から，ある $m \geq 2$ に対して，$1 \leq t \leq m - 1$ であるどの t に対しても $c_t \neq c_{t+1}$ かつ $c_{t+1} \in S_{H_t}(c_t)$ を満たす，C の要素の列 $c = c_1$, c_2, ..., $c_m = c'$ と $\mathbb{P}(N \backslash H)$ の要素の列 H_1, H_2, ..., H_m が存在する。$1 \leq t \leq m$ であるどの t に対しても $H_t \subseteq (N \backslash H)$ であることから，命題 6.2.1 より，$S_{H_t}(c) \subseteq S_{N \backslash H}(c)$ となる。したがって，$1 \leq t \leq m$ であるどの t に対しても $c_t \in S_{N \backslash H}(c)$ となり，特に，$c' = c_m \in S_{N \backslash H}(c)$ である。　　　■

　命題 6.2.3 に基づくと，例えば表 6.4 の中の $H = \{\mathrm{M}\}$ の列に書かれている各状態 $c \in C$ に対する $S_{\mathbb{P}(N \backslash \{\mathrm{M}\})}(c)$ の要素は，表 6.1 の $H = (N \backslash \{\mathrm{M}\}) = $

{U, L} の列から得られることがわかる。

提携改善の列（sequences of coalition improvements）とは何か

提携移動（定義 6.2.1）を使って提携移動の列（定義 6.2.3）を定義したのと同様に，提携改善（定義 6.2.2）を使って提携改善の列を定義 6.2.4 のように定義する。これは，合理分析における個人改善の列（2.2.1 節の定義 2.2.4）に対応し，提携分析の安定性概念の定義に用いる 5 つの数理的概念の中の 4 つ目である。

コンフリクトのグラフモデル $(N, C, (A_i)_{i \in N}, (\succsim_i)_{i \in N})$ が 1 つ与えられているとし，また，提携の族 $\mathbb{F}$ が 1 つ与えられているとする。提携改善の列は，提携の族 $\mathbb{F}$ について，すべての $H \in \mathbb{F}$ とすべての $c \in C$ についての提携改善全体の集合 $S_H^{++}(c)$ から帰納的に定義され，$\mathbb{F}$ の中の提携が次々に提携改善を実行することを指す。

定義 6.2.4（提携改善の列（sequences of coalition improvements）） 提携の族 $\mathbb{F}$ に対して，すべての $H \in \mathbb{F}$ とすべての $c \in C$ についての提携改善全体の集合 $S_H^{++}(c)$ が与えられているとする。ある状態 $c \in C$ からの $\mathbb{F}$ の中の提携による提携改善の列（sequences of coalition improvements）によって達成される状態全体の集合 $S_{\mathbb{F}}^{++}(c)$ は，すべての $H \in \mathbb{F}$ とすべての $c \in C$ についての提携改善全体の集合 $S_H^{++}(c)$ に対して次の (i) と (ii) の条件を繰り返し適用して帰納的に定まるものを指す。

(i) もし $[H \in \mathbb{F}$ かつ $c' \in S_H^{++}(c)]$ ならば $c' \in S_{\mathbb{F}}^{++}(c)$ である。

(ii) もし $[c' \in S_{\mathbb{F}}^{++}(c),\ H \in \mathbb{F},\ c'' \in S_H^{++}(c'),\ $かつ$,\ c'' \neq c]$ ならば $c'' \in S_{\mathbb{F}}^{++}(c)$ である。

また，どの $c \in C$ に対しても $S_{\emptyset}^{++}(c) = \emptyset$ となる（定義 6.2.2 を参照）ことから，$\mathbb{F} = \emptyset$ については，どの $c \in C$ に対しても $S_{\mathbb{F}}^{++}(c) = \emptyset$ となる。そして，$c' \in C$ に対して $c' \in S_{\mathbb{F}}^{++}(c)$ である場合，c' を，c からの $\mathbb{F}$ の中の提携による提携改善の列によって達成される状態と呼ぶ。   □

例 6.2.5（エルマイラのコンフリクトのグラフモデルにおける提携改善の列）
エルマイラのコンフリクトのグラフモデル（1.4.5 節の図 1.8）を考える。すべての H とすべての $c \in C$ についての提携改善によって達成される状態全体の

表 6.5　エルマイラのコンフリクトのグラフモデルにおける提携改善の列 $S^{++}_{\mathbb{P}(N\setminus H)}(c)$

c に対応する行と H に対応する列の交わるところに，$\mathbb{P}(N\setminus H)$ と表すことができる提携の族の中の提携による提携改善の列によって達成される状態全体の集合 $S^{++}_{\mathbb{P}(N\setminus H)}(c)$ の要素が書かれている。

状態 c	H						
	{M}	{U}	{L}	{M, U}	{M, L}	{U, L}	N
①	⑤	⑤	∅	⑤	∅	∅	∅
②	④⑥⑧⑨	⑥	④⑨	⑥	④⑨	∅	∅
③	⑦⑨	⑦	⑨	⑦	⑨	∅	∅
④	⑧	⑧	∅	⑧	∅	∅	∅
⑤	∅	∅	⑧	∅	∅	∅	∅
⑥	⑧⑨	∅	⑧⑨	∅	⑧⑨	∅	∅
⑦	⑨	∅	⑨	∅	⑨	∅	∅
⑧	∅	∅	∅	∅	∅	∅	∅
⑨	∅	∅	∅	∅	∅	∅	∅

集合 $S^{++}_H(c)$ は，表 6.3 の通りに与えられている。

例 6.2.4 と同様に，ここでもある提携 H に対して $\mathbb{P}(N\setminus H)$ と表すことができる提携の族を考えて，その中の提携による提携改善の列によって達成される状態全体の集合 $S^{++}_{\mathbb{P}(N\setminus H)}(c)$ の例を見よう。これらは CSEQ（定義 6.2.10）の定義に使われることになる。

$N = \{\text{M,U,L}\}$ なので，$H = \{\text{M}\}$ とすると，$\mathbb{P}(N\setminus H) = \mathbb{P}(\{\text{U,L}\}) = \{\{\text{U}\},\{\text{L}\},\{\text{U,L}\}\}$ となる。$c = ①$ として，定義 6.2.4 の (i) の条件を $S^{++}_{\{\text{U}\}}(c)$，$S^{++}_{\{\text{L}\}}(c)$，$S^{++}_{\{\text{U,L}\}}(c)$ に適用すると，表 6.3 から ⑤ $\in S^{++}_{\mathbb{P}(N\setminus H)}(c)$ となることがわかる。そして，c' として ⑤ をとり，定義 6.2.4 の (ii) の条件を適用しても，$S^{++}_{\mathbb{P}(N\setminus H)}(c)$ に新たに加わる状態がないこともわかる。したがって $H = \{\text{M}\}$ の場合，$S^{++}_{\mathbb{P}(N\setminus H)}(①) = \{⑤\}$ となる。

同様にして，すべての $c \in C$ とすべての H に対して $S^{++}_{\mathbb{P}(N\setminus H)}(c)$ を求めることができ，それをまとめたものが表 6.5 である。　　　　　　　　□

表 6.3 と表 6.5 を比較することで，命題 6.2.3 で証明された提携移動の列と提携移動の間の関係は，提携改善の列と提携改善の間には成立しないこと

がわかる。正確には，$S_{N\setminus H}^{++}(c) \subseteq S_{\mathbb{P}(N\setminus H)}^{++}(c)$ という関係は，提携 $N\setminus H$ が提携の族 $\mathbb{P}(N\setminus H)$ の要素であることと定義 6.2.4 の (i) の条件から，いつでも成立する。しかし $S_{\mathbb{P}(N\setminus H)}^{++}(c) \subseteq S_{N\setminus H}^{++}(c)$ という関係は，いつでも成立するとは限らない。実際，$c =$ ② とし $H = \{\mathrm{M}\}$ とすると，表 6.3 から $S_{N\setminus H}^{++}(c) = S_{\{\mathrm{U},\mathrm{L}\}}^{++}(②) = \{④, ⑧\}$ であり，表 6.5 から $S_{\mathbb{P}(N\setminus H)}^{++}(c) = S_{\mathbb{P}(N\setminus\{\mathrm{M}\})}^{++}(②) = \{④, ⑥, ⑧, ⑨\}$ であることがわかり，$S_{\mathbb{P}(N\setminus H)}^{++}(c) \subseteq S_{N\setminus H}^{++}(c)$ は成立していない。

　提携移動の列（定義 6.2.3）と提携改善の列（定義 6.2.4）の間の関係を 1 つ証明しておこう。

命題 6.2.4（提携改善の列によって達成される状態は提携移動の列によって達成される）　状態 $c \in C$ と提携の族 $\mathbb{F}$ について，c からの $\mathbb{F}$ の中の提携による提携改善の列によって達成される状態全体の集合 $S_{\mathbb{F}}^{++}(c)$ は，c からの $\mathbb{F}$ の中の提携による提携移動の列によって達成される状態全体の集合 $S_{\mathbb{F}}(c)$ の部分集合である。すなわち，$S_{\mathbb{F}}^{++}(c) \subset S_{\mathbb{F}}(c)$ が成立する。　　　　□

　（証明）　いま $c' \in S_{\mathbb{F}}^{++}(c)$ であるとすると，定義 6.2.4 より，互いに異なる状態 c_1, c_2, ..., c_m と互いに異なる提携 H_1, H_2, ..., H_m, H_{m+1} が存在して，$c_1 \in S_{H_1}^{++}(c)$, $c_2 \in S_{H_2}^{++}(c_1)$, ..., $c_m \in S_{H_m}^{++}(c_{m-1})$, および，$c' \in S_{H_{m+1}}^{++}(c_m)$ が成り立つ。命題 6.2.2 により，どの $c \in C$, どの H に対しても $S_H^{++}(c) \subset S_H(c)$ が成立することが示されているので，互いに異なる状態 c_1, c_2, ..., c_m と互いに異なる提携 H_1, H_2, ..., H_m, H_{m+1} が存在して，$c_1 \in S_{H_1}(c)$, $c_2 \in S_{H_2}(c_1)$, ..., $c_m \in S_{H_m}(c_{m-1})$, および，$c' \in S_{H_{m+1}}(c_m)$ が成り立つことになる。これは定義 6.2.3 より $c' \in S_{\mathbb{F}}(c)$ であることを意味する。　　　■

提携にとって同等以下の状態（**equally or less preferred states for coalition**）とは何か

　提携分析の安定性概念の定義に用いる 5 つの数理的概念の中の最後のものは，定義 6.2.5 で定義される「提携にとっての同等以下の状態」(equally or less preferred states for coalition) である。これは，2.2.1 節の定義 2.2.5 において主体個人について定義された「同等以下の状態」を提携に拡張したもので

ある。

定義 6.2.5（提携にとっての同等以下の状態（**equally or less preferred states for coalition**））　状態 $c \in C$ と状態 $c' \in C$，および，提携 H（ただし $H \neq \emptyset$ かつ $H \subseteq N$ とする）に対して，H の中の少なくとも 1 人の主体 i について $c \succsim_i c'$ であるとき，c' を，H にとっての c と同等以下の状態（equally or less preferred states for coalition）と呼ぶ。そして，H にとっての c と同等以下の状態全体の集合を $\phi_{\tilde{H}}^{\approx}(c)$ で表す。つまり，$\phi_{\tilde{H}}^{\approx}(c) = \{c' \in C \mid \exists i \in H, c \succsim_i c'\}$ である。また便宜的に，どの $c \in C$ に対しても $\phi_{\tilde{\emptyset}}^{\approx}(c) = \emptyset$ と定める。　□

すべての主体の選好が反射性（1.5.3 節のリストの 2 を参照）を満たしていれば，どの $i \in N$，どの $c \in C$ に対しても $c \succsim_i c$ が成立するので，どの H，どの c に対しても $c \in \phi_{\tilde{H}}^{\approx}(c)$ が成り立つ。

例 6.2.6（エルマイラのコンフリクトのグラフモデルの提携にとっての同等以下の状態）　エルマイラのコンフリクトのグラフモデル（1.4.5 節の図 1.8）を考える。この場合の主体の選好 $(\succsim_i)_{i \in N}$ は例 6.2.1 の $\succsim_M$，$\succsim_U$，$\succsim_L$ のように与えられる。

例として $H = \{U, L\}$ と $c = ②$ を考えると，$\phi_{\tilde{H}}^{\approx}(c) = \phi_{\widetilde{\{U,L\}}}^{\approx}(②) = \{②, ⑥, ⑨\}$ となる。また $\phi_{\tilde{U}}^{\approx}(c) = \phi_{\tilde{U}}^{\approx}(②) = \{②, ⑥\}$，かつ，$\phi_{\tilde{L}}^{\approx}(c) = \phi_{\tilde{L}}^{\approx}(②) = \{②, ⑨\}$ であることから，$\phi_{\widetilde{\{U,L\}}}^{\approx}(②) = \phi_{\tilde{U}}^{\approx}(②) \cup \phi_{\tilde{L}}^{\approx}(②)$ が成立していることもわかる。　□

次の命題 6.2.5 により，H にとっての c と同等以下の状態全体の集合 $\phi_{\tilde{H}}^{\approx}(c)$（定義 6.2.5）は，$H$ の中の主体 i にとっての c と同等以下の状態全体の集合 $\phi_i^{\approx}(c)$（定義 2.2.5）を用いて求めることができることがわかる。

命題 6.2.5（提携にとっての同等以下の状態と主体にとっての同等以下の状態）　H にとっての c と同等以下の状態全体の集合 $\phi_{\tilde{H}}^{\approx}(c)$ は，H の中の主体 i にとっての c と同等以下の状態全体の集合 $\phi_i^{\approx}(c)$ の H の中のすべての主体 i についての和集合 $\cup_{i \in N} \phi_i^{\approx}(c)$ と等しい。つまり，$\phi_{\tilde{H}}^{\approx}(c) = \cup_{i \in H} \phi_i^{\approx}(c)$ であ

る。 □

（証明）定義 6.2.5 から $\phi_{\widetilde{H}}(c) = \{c' \in C \mid \exists i \in H, c \succsim_i c'\}$ であるから，$c' \in \phi_{\widetilde{H}}(c)$ であることは $(\exists i \in H, c \succsim_i c')$ が成立することと論理的に同値（1.5.1 節のリストの 8）である。またこれは，定義 2.2.5 から $\phi_{\widetilde{i}}(c) = \{c' \in C \mid c \succsim_i c'\}$ であるから，$(\exists i \in H, c' \in \phi_{\widetilde{i}}(c))$ と論理的に同値である。さらにこれは，$c' \in \cup_{i \in H} \phi_{\widetilde{i}}(c)$ であることと論理的に同値である。したがって，$\phi_{\widetilde{H}}(c) = \cup_{i \in H} \phi_{\widetilde{i}}(c)$ が成立する。 ■

6.2.2 提携分析の代表的な安定性概念には何があるか

定義 6.2.1 から定義 6.2.5 の 5 つの数理的な概念と記号，つまり，提携移動 $S_H(c)$（定義 6.2.1），提携改善 $S_H^{++}(c)$（定義 6.2.2），提携移動の列 $S_{\mathbb{F}}(c)$（定義 6.2.3），提携改善の列 $S_{\mathbb{F}}^{++}(c)$（定義 6.2.4），提携にとっての同等以下の状態 $\phi_{\widetilde{H}}(c)$（定義 6.2.5）を用いて，提携構造的安定性（Coalition STRuctural stability: CSTR）（定義 6.2.6），提携ナッシュ（Coalition Nash）安定性（定義 6.2.7），提携一般メタ合理性（Coalition General MetaRationality: CGMR）（定義 6.2.8），提携対称メタ合理性（Coalition Symmetric MetaRationality: CSMR）（定義 6.2.9），提携連続安定性（Coalition SEQuential stability: CSEQ）（定義 6.2.10）などの安定性概念が定義される。

提携構造的安定性（Coalition STRuctural stability: CSTR）とは何か

まず，状態 $c \in C$ からの提携 H による提携移動によって達成される状態全体の集合 $S_H(c)$（定義 6.2.1）を使って，提携構造的安定性が定義 6.2.6 の通り定義できる。

定義 6.2.6（提携構造的安定性（Coalition STRuctural stability: CSTR））
状態 $c \in C$ と提携 H に対して，c が H について提携構造的安定（Coalition STRucturally stable），あるいは，CSTR であるとは，$S_H(c) = \emptyset$ であるときをいう。H について CSTR である状態全体の集合を C_H^{CSTR} で表す。つまり，

$$(c \in C_H^{\mathrm{CSTR}}) \Leftrightarrow (S_H(c) = \emptyset)$$

である。また，主体 $i \in N$ について，$i \in H$ であるようなすべての H につ

いて c が CSTR であるとき，c は主体 i について提携構造的安定，あるいは，CSTR であるといい，主体 i について CSTR である状態全体の集合を C_i^{CSTR} で表す。そして，すべての主体について CSTR である状態を提携構造的均衡，あるいは，CSTR 均衡（CSTR equiribrium）と呼び，CSTR 均衡全体の集合を C^{CSTR} で表す。すなわち，

$$(c \in C_i^{\mathrm{CSTR}}) \Leftrightarrow (\forall H \in \mathbb{P}(N), ((i \in H) \to c \in C_H^{\mathrm{CSTR}}))$$
$$\Leftrightarrow (\forall H \in \mathbb{P}(N), ((i \in H) \to (S_H(c) = \emptyset)))$$

であり，

$$(c \in C^{\mathrm{CSTR}}) \Leftrightarrow (\forall i \in N, c \in C_i^{\mathrm{CSTR}})$$
$$\Leftrightarrow (\forall i \in N, (\forall H \in \mathbb{P}(N), ((i \in H) \to c \in C_H^{\mathrm{CSTR}})))$$
$$\Leftrightarrow (\forall i \in N, (\forall H \in \mathbb{P}(N), ((i \in H) \to (S_H(c) = \emptyset))))$$

である。 □

　c が H について提携構造的安定であること，つまり，$c \in C_H^{\mathrm{CSTR}}$ であることは，$S_H(c) = \emptyset$ が成立していることとして定義される。これは，c からの H による提携移動（定義 6.2.1）が存在しないこと，つまり，H が c からの状態遷移を実行できないことを表している。H が c からの状態遷移を実行できないため，c は H について安定であるとみなされる。

例 6.2.7（エルマイラのコンフリクトのグラフモデルの **CSTR**）　エルマイラのコンフリクトのグラフモデル（1.4.5 節の図 1.8）における提携移動 $S_H(c)$ は表 6.1 のようにまとめられる。$S_H(c) = \emptyset$ であるような c が H について CSTR なので，各 H や各主体 $i \in N$ について CSTR である状態，および，CSTR 均衡は表 6.6 に示されているようになる。すなわち，②，④，⑥，⑧，⑨の5つの状態が提携 {M} について CSTR である。また⑨は，すべての提携とすべての主体について CSTR であり，したがって CSTR 均衡となることもわかる。 □

提携ナッシュ安定性（Coalition Nash stability: CNash）とは何か
　次に定義される提携ナッシュ安定性は，定義 6.2.7 にある通り，状態 $c \in C$

表 6.6 図 1.8 のエルマイラのコンフリクトのグラフモデルの CSTR
「○」は，その行の主体や提携について，その列の状態が CSTR であることを表す。「✓」
は，その列の状態が CSTR 均衡であることを表す。

安定性概念		コンフリクトの状態								
		①	②	③	④	⑤	⑥	⑦	⑧	⑨
	均衡									✓
CSTR	主体 M									○
	主体 U									○
	主体 L									○
	提携 {M}	○		○		○		○		○
	提携 {U}									○
	提携 {L}									○
	提携 {M, U}									○
	提携 {M, L}									○
	提携 {U, L}									○
	提携 {M, U, L}									○

からの提携 H による提携改善全体の集合 $S_H^{++}(c)$ （定義 6.2.2）を使って定義
される。

定義 6.2.7（提携ナッシュ安定性（Coalition Nash stability: CNash）） 状
態 $c \in C$ と提携 H に対して，c が H について提携ナッシュ安定（Coalition
Nash stable），あるいは，CNash であるとは，$S_H^{++}(c) = \emptyset$ であるときをいう。
提携 H について CNash である状態全体の集合を C_H^{CNash} で表す。つまり，

$$(c \in C_H^{\mathrm{CNash}}) \Leftrightarrow (S_H^{++}(c) = \emptyset)$$

である。また，主体 $i \in N$ について，$i \in H$ であるようなすべての H につ
いて c が CNash であるとき，c は主体 i について提携ナッシュ安定，あるい
は，CNash であるといい，主体 i について CNash である状態全体の集合を
C_i^{CNash} で表す。そして，すべての主体について CNash である状態を提携ナ
ッシュ均衡，あるいは，CNash 均衡（CNash equiribrium）と呼び，CNash 均
衡全体の集合を C^{CNash} で表す。すなわち，

$$(c \in C_i^{\mathrm{CNash}}) \Leftrightarrow (\forall H \in \mathbb{P}(N), ((i \in H) \to c \in C_H^{\mathrm{CNash}}))$$
$$\Leftrightarrow (\forall H \in \mathbb{P}(N), ((i \in H) \to (S_H^{++}(c) = \emptyset)))$$

であり，

$$(c \in C^{\mathrm{CNash}}) \Leftrightarrow (\forall i \in N, c \in C_i^{\mathrm{CNash}})$$
$$\Leftrightarrow (\forall i \in N, (\forall H \in \mathbb{P}(N), ((i \in H) \to c \in C_H^{\mathrm{CNash}})))$$
$$\Leftrightarrow (\forall i \in N, (\forall H \in \mathbb{P}(N), ((i \in H) \to (S_H^{++}(c) = \emptyset))))$$

である。 □

　c が H について提携ナッシュ安定であること，つまり，$c \in C_H^{\mathrm{CNash}}$ であることは，$S_H^{++}(c) = \emptyset$ が成立していることとして定義される。これは，c からの H による提携改善（定義 6.2.2）が存在しないこと，つまり，H は c からの提携移動を実行することでは，コンフリクトを H の中のすべての主体にとって c よりも好ましい状態に遷移させることができないことを表している。このとき，H は c からの状態遷移を実行しないと想定され，したがって c は H について安定であるとみなされる。

例 6.2.8（エルマイラのコンフリクトのグラフモデルの **CNash**）　エルマイラのコンフリクトのグラフモデル（1.4.5 節の図 1.8）における提携改善 $S_H^{++}(c)$ は表 6.3 のようにまとめられる。$S_H^{++}(c) = \emptyset$ であるような c が H について CNash なので，各 H や各主体 $i \in N$ について CNash である状態，および，CNash 均衡は表 6.7 に示されているようになる。特に，主体 M について CNash であるのは④，⑦，⑧，⑨の 4 つの状態であり，主体 U については①，④，⑧，⑨の 4 つ，主体 L については⑤，⑦，⑧，⑨の 4 つの状態が CNash であることがわかり，したがって，すべての提携とすべての主体について CNash である⑧と⑨が CNash 均衡となることがわかる。 □

　2.2.2 節の命題 2.2.1 で証明された STR（定義 2.2.6）と Nash（定義 2.2.7）の間の関係と同様の関係が，CSTR（定義 6.2.6）と CNash（定義 6.2.7）の間にも命題 6.2.6 で示される通り成立する。

表 6.7 図 1.8 のエルマイラのコンフリクトのグラフモデルの CNash
「○」は，その行の主体や提携について，その列の状態が CNash であることを表す。
「✓」は，その列の状態が CNash 均衡であることを表す。

安定性概念		コンフリクトの状態								
		①	②	③	④	⑤	⑥	⑦	⑧	⑨
	均衡								✓	✓
	主体 M				○			○	○	○
	主体 U	○			○			○	○	○
	主体 L					○		○	○	○
CNash	提携 {M}	○	○	○	○	○	○	○	○	○
	提携 {U}	○			○	○		○	○	○
	提携 {L}					○	○	○	○	○
	提携 {M, U}	○		○	○			○	○	○
	提携 {M, L}		○		○	○		○	○	○
	提携 {U, L}	○			○	○		○	○	○
	提携 {M, U, L}	○			○	○		○	○	○

命題 6.2.6（CSTR ならば CNash である） 状態 $c \in C$ と提携 H に対して，c が H について CSTR（定義 6.2.6）ならば，c は同時に H について CNash（定義 6.2.7）でもある。つまり，どの H に対しても $C_H^{\mathrm{CSTR}} \subseteq C_H^{\mathrm{CNash}}$ である。したがって，どの主体 i に対しても $C_i^{\mathrm{CSTR}} \subseteq C_i^{\mathrm{CNash}}$ であり，また，$C^{\mathrm{CSTR}} \subseteq C^{\mathrm{CNash}}$ である。 □

（証明） c が H について CSTR であるとする。これは $S_H(c) = \emptyset$ であることを意味する。定義 6.2.2 の通り，$S_H^{++}(c) = \{c' \in C \mid ((c' \in S_H(c)) \land (\forall i \in H, c' \succ_i c)\}$ であるので，$S_H^{++}(c) \subseteq S_H(c)$ が成立し，$S_H^{++}(c) = \emptyset$ を得る。したがって，c は H について CNash である。つまり，どの H に対しても $C_H^{\mathrm{CSTR}} \subseteq C_H^{\mathrm{CNash}}$ である。またどの主体 $i \in N$ に対しても，もし $c \in C_i^{\mathrm{CSTR}}$ ならば $i \in H$ であるようなすべての H に対して $c \in C_H^{\mathrm{CSTR}}$ が成立する。したがって，$i \in H$ であるようなすべての H に対して $c \in C_H^{\mathrm{CNash}}$ が成立することになるので，$c \in C_i^{\mathrm{CNash}}$ となることがわかる。よって，$i \in H$ であるようなすべての H に対して $C_H^{\mathrm{CSTR}} \subseteq C_H^{\mathrm{CNash}}$ が成立することになるので，どの主体 i に対しても $C_i^{\mathrm{CSTR}} \subseteq C_i^{\mathrm{CNash}}$ である。さらに，$c \in C^{\mathrm{CSTR}}$ である

場合には，すべての主体 i に対して $c \in C_i^{\mathrm{CSTR}}$ が成立する。すべての主体 i に対して $C_i^{\mathrm{CSTR}} \subseteq C_i^{\mathrm{CNash}}$ が成立することを用いると，すべての主体 i に対して $c \in C_i^{\mathrm{CNash}}$ となる。これは $c \in C^{\mathrm{CNash}}$ であることを意味する。したがって，$C^{\mathrm{CSTR}} \subseteq C^{\mathrm{CNash}}$ が成立する。　　　　　　　　　　　■

　この命題により，ある状態が CSTR であれば，それは同時に CNash でもある，ということがわかる。

提携一般メタ合理性（Coalition General MetaRationality: CGMR）とは何か

　提携一般メタ合理性（定義 6.2.8）は，合理分析における代表的な安定性概念（2.2.2 節を参照）の中の 1 つである一般メタ合理性（定義 2.2.2）に対応する安定性概念である。提携一般メタ合理性の定義では，提携改善 $S_H^{++}(c)$（定義 6.2.2），提携移動の列 $S_{\mathbb{F}}(c)$（定義 6.2.3），特にある提携 H について $S_{\mathbb{P}(N \setminus H)}(c)$ で表されるもの（例 6.2.4 や命題 6.2.3 を参照），および，提携にとっての同等以下の状態 $\phi_{\widetilde{H}}(c)$（定義 6.2.5）が用いられる。

定義 6.2.8（**提携一般メタ合理性**（**Coalition General MetaRationality: CGMR**））　状態 $c \in C$ と提携 H に対して，c が H について提携一般メタ合理的（Coalition generally metarational），あるいは，CGMR であるとは，どの $c' \in S_H^{++}(c)$ に対しても，ある $c'' \in S_{\mathbb{P}(N \setminus H)}(c')$ が少なくとも 1 つ存在して $c'' \in \phi_{\widetilde{H}}(c)$ を満たすときをいう。これは，どの $c' \in S_H^{++}(c)$ に対しても $(S_{\mathbb{P}(N \setminus H)}(c') \cap \phi_{\widetilde{H}}(c)) \neq \emptyset$ である，つまり $(\forall c' \in S_H^{++}(c), ((S_{\mathbb{P}(N \setminus H)}(c') \cap \phi_{\widetilde{H}}(c)) \neq \emptyset))$，あるいは，より正確に，$(\forall c')(c' \in S_H^{++}(c) \to ((S_{\mathbb{P}(N \setminus H)}(c') \cap \phi_{\widetilde{H}}(c)) \neq \emptyset))$ と書き換えることができる。

　H について CGMR である状態全体の集合を C_H^{CGMR} で表す。つまり，

$$(c \in C_H^{\mathrm{CGMR}}) \Leftrightarrow (\forall c' \in S_H^{++}(c), ((S_{\mathbb{P}(N \setminus H)}(c') \cap \phi_{\widetilde{H}}(c)) \neq \emptyset))$$

である。また，主体 $i \in N$ について，$i \in H$ であるようなすべての H について c が CGMR であるとき，c は主体 i について提携一般メタ合理的，あるいは，CGMR であるといい，主体 i について CGMR である状態全体の集合を C_i^{CGMR} で表す。そして，すべての主体について CGMR である状態を提携

一般メタ合理的均衡，あるいは，CGMR 均衡（CGMR equiribrium）と呼び，CGMR 均衡全体の集合を C^{CGMR} で表す。すなわち，

$$
\begin{aligned}
(c \in C_i^{\mathrm{CGMR}}) &\Leftrightarrow (\forall H \in \mathbb{P}(N), ((i \in H) \to c \in C_H^{\mathrm{CGMR}})) \\
&\Leftrightarrow (\forall H \in \mathbb{P}(N), ((i \in H) \\
&\quad \to (\forall c' \in S_H^{++}(c), ((S_{\mathbb{P}(N \setminus H)}(c') \cap \phi_{\widetilde{H}}^{\sim}(c)) \neq \emptyset)))))
\end{aligned}
$$

であり，

$$
\begin{aligned}
(c \in C^{\mathrm{CGMR}}) &\Leftrightarrow (\forall i \in N, c \in C_i^{\mathrm{CGMR}}) \\
&\Leftrightarrow (\forall i \in N, (\forall H \in \mathbb{P}(N), ((i \in H) \to c \in C_H^{\mathrm{CGMR}}))) \\
&\Leftrightarrow (\forall i \in N, (\forall H \in \mathbb{P}(N), ((i \in H) \\
&\quad \to (\forall c' \in S_H^{++}(c), ((S_{\mathbb{P}(N \setminus H)}(c') \cap \phi_{\widetilde{H}}^{\sim}(c)) \neq \emptyset))))))
\end{aligned}
$$

である。 □

　これは，c からの H による提携改善（定義 6.2.2）が存在したとしても，そのいずれもが，H とは重ならない他の提携によるその後の状態遷移によって，H の中の少なくとも 1 人の主体にとって c と同等以下の状態に遷移させられてしまう可能性があることを表している。つまり，H が c からの状態遷移を実行することでコンフリクトを H の中のすべての主体にとって c よりも好ましい c' に遷移させることができるとしても，c' からの H とは重ならない他の提携によるその後の提携移動の列によって達成される状態の中に，H の中の少なくとも 1 人の主体にとって c と同等以下の状態 c'' が存在することを表している。

　ここで，「c' からの H とは重ならない他の提携によるその後の提携移動の列によって達成される状態」全体の集合は $S_{\mathbb{P}(N \setminus H)}(c')$（定義 6.2.3）で表現され，「$H$ の中の少なくとも 1 人の主体にとって c と同等以下の状態」全体の集合は $\phi_{\widetilde{H}}^{\sim}(c)$（定義 6.2.5）で表現されるので，$c''$ が「c' からの H とは重ならない他の提携によるその後の提携移動の列によって達成される状態」であることは $c'' \in S_{\mathbb{P}(N \setminus H)}(c')$ と書くことができ，c'' が「H の中の少なくとも 1 人の主体にとって c と同等以下の状態」であることは，$c'' \in \phi_{\widetilde{H}}^{\sim}(c)$ と書くことができる。したがって，c が H について CGMR であることは，c からの H

によるどの提携改善 $c' \in S_H^{++}(c)$ に対しても，ある c'' が c' からの H とは重ならない他の提携によるその後の提携移動の列によって達成される状態全体の集合 $S_{\mathbb{P}(N \backslash H)}(c')$ の中に少なくとも 1 つ存在して，その c'' が H の中の少なくとも 1 人の主体にとって c と同等以下の状態全体の集合 $\phi_{\widetilde{H}}(c)$ の要素であることとして表現されることになる。

CGMR では H は，ある c からの提携改善が存在したとしても，それが実行された後の H とは重ならない他の提携による状態遷移によって H の中の少なくとも 1 人の主体にとって c と同等以下の状態が達成されてしまう可能性がある場合には，その提携改善を実行しないと想定されるので，c は H について安定であるとみなされて，$c \in C_H^{\mathrm{CGMR}}$ となる。逆に，c からの H による提携改善の中に，それが実行された後の H とは重ならない他の提携によるいかなる状態遷移を考えても，H の中の少なくとも 1 人の主体にとって c と同等以下の状態が達成される可能性がないようなものが存在する場合には，H は c からのその提携改善を実行すると想定されるので，c は H について安定ではないとみなされて，$c \notin C_H^{\mathrm{CGMR}}$ となる。

例 6.2.9（エルマイラのコンフリクトのグラフモデルの **CGMR**）　エルマイラのコンフリクトのグラフモデル（1.4.5 節の図 1.8）における CGMR を考える。ある状態が CNash であれば，その状態は CGMR でもある（命題 6.2.7 を参照）ので，CNash ではない状態が CGMR であるかどうかを検討していく。

ある提携 H についてある状態 c が CNash かどうかは，表 6.3 に示されている提携改善 $S_H^{++}(c)$ が空集合 ($\emptyset$) であるかどうかを確認すればよい。$S_H^{++}(c)$ が空集合であれば c は H について CNash であり，$S_H^{++}(c)$ が空集合でなければ c は H について CNash ではない。$S_H^{++}(c)$ が空集合ではない H と c を，$c' \in S_H^{++}(c)$ であるような c' と $S_{\mathbb{P}(N \backslash H)}(c') \cap \phi_{\widetilde{H}}(c)$ とともにまとめたものが表 6.8 である。

表 6.8 の一番左の列には提携 H が書かれており，左から 2 列目には，H について $S_H^{++}(c)$ が空集合ではないような c が書かれている。3 列目には $S_H^{++}(c)$ の要素となっている状態 c' が書かれ，一番右の列には，同じ行の左から 1 列目から 3 列目にある H，c，c' についての $S_{\mathbb{P}(N \backslash H)}(c') \cap \phi_{\widetilde{H}}(c)$ が書かれている。2 列目と 3 列目の情報は表 6.3 から得られ，一番右の列の情報は表 6.4 と定義 6.2.5 を用いることで特定できる。

表 6.8 図 1.8 のエルマイラのコンフリクトのグラフモデルの CGMR
提携 H について状態 c が CGMR であるのは，その H と c の組み合わせについてのすべての行の 4 列目の $S_{\mathbb{P}(N \setminus H)}(c') \cap \phi_{\widetilde{H}}(c)$ が空集合（$\emptyset$）ではない場合である。

	表 6.3		表 6.4 と定義 6.2.5
H	$c: S_H^{++}(c) \neq \emptyset$	$c' \in S_H^{++}(c)$	$S_{\mathbb{P}(N \setminus H)}(c') \cap \phi_{\widetilde{H}}(c)$
{U}	②	④	$\{⑧\} \cap \{②,⑥\} = \emptyset$
		⑨	$\emptyset \cap \{②,⑥\} = \emptyset$
	③	⑨	$\emptyset \cap \{②,③,⑥,⑦\} = \emptyset$
	⑥	⑧	$\{④\} \cap \{⑥\} = \emptyset$
		⑨	$\emptyset \cap \{⑥\} = \emptyset$
	⑦	⑨	$\emptyset \cap \{②,⑥,⑦\} = \emptyset$
{L}	①	⑤	$\{⑥,⑦,⑧,⑨\} \cap \{①,②,④,⑥,⑧,⑨\}$ $= \{⑥,⑧,⑨\} \neq \emptyset$
	②	⑥	$\{⑧,⑨\} \cap \{②,⑨\} = \{⑨\} \neq \emptyset$
	③	⑦	$\{⑧,⑨\} \cap \{①,②,③,④,⑤,⑥,⑧,⑨\}$ $= \{⑧,⑨\} \neq \emptyset$
	④	⑧	$\{⑨\} \cap \{②,④,⑨\} = \{⑨\} \neq \emptyset$
{M, U}	②	④	$\{⑧\} \cap \{②,⑥,⑨\} = \emptyset$
	⑤	⑧	$\{④\} \cap \{①,②,③,⑤,⑥,⑦,⑨\} = \emptyset$
	⑥	⑧	$\{④\} \cap \{⑥,⑨\} = \emptyset$
{M, L}	①	⑤	$\{⑦,⑨\} \cap \{①,②,④,⑥,⑧,⑨\}$ $= \{⑨\} \neq \emptyset$
	③	⑦	$\{⑨\} \cap \{①,②,③,④,⑤,⑥,⑧,⑨\}$ $= \{⑨\} \neq \emptyset$
{U, L}	②	④	$\emptyset \cap \{②,⑥,⑨\} = \emptyset$
		⑧	$\emptyset \cap \{②,⑥\} = \emptyset$
	⑥	⑧	$\emptyset \cap \{②,④,⑥,⑨\} = \emptyset$
N	②	④	$\emptyset \cap \{②,⑥,⑨\} = \emptyset$
		⑧	$\emptyset \cap \{②,⑥\} = \emptyset$
	⑥	⑧	$\emptyset \cap \{②,④,⑥,⑨\} = \emptyset$

　ある H とある c について，その H と c に関するすべての行の一番右の列にある $S_{\mathbb{P}(N \setminus H)}(c') \cap \phi_{\tilde{H}}(c)$ が空集合でなければ，H について c は CGMR であり，空集合であれば CGMR ではない。例えば，提携 {U} と②については，表 6.8 の 3 行目と 4 行目に記載がある。これら 2 つの行とも一番右の列にある $S_{\mathbb{P}(N \setminus H)}(c') \cap \phi_{\tilde{H}}(c)$ は空集合（$\emptyset$）なので，提携 {U} について②は CGMR ではないことがわかる。一方，提携 {L} と③については，表 6.8 の 12 行目と 13 行目に記載があり，一番右の列にある $S_{\mathbb{P}(N \setminus H)}(c') \cap \phi_{\tilde{H}}(c)$ は空集合ではないので，提携 {L} について③は CGMR であることがわかる。

　ある提携について，ある状態が CNash であれば，それは CGMR でもある（命題 6.2.7 を参照）。各提携について CNash である状態は表 6.7 に示されている。これ以外に，表 6.8 によって新たに CGMR であることがわかるのは，提携 {L} についての①，②，③，④と，提携 {M, L} についての①，③である。これにより，主体 M についての CGMR として，CNash であった状態（表 6.7 を参照）に新たに①，③が加わり，また，主体 L についての CGMR として，新たに①，③，④が加わる。そしてさらに，CGMR 均衡として，CNash 均衡であった状態（表 6.7 を参照）に新たに①，④が加わることがわかる。　　　　　　　　　　　　　　　　　　　　　　　　　　　　　　□

　2.2.2 節の命題 2.2.2 で証明された Nash（定義 2.2.7）と GMR（定義 2.2.8）の間の関係と同様の関係が，CNash（定義 6.2.7）と CGMR（定義 6.2.8）の間にも命題 6.2.7 で示される通り成立する。

命題 6.2.7（CNash ならば CGMR である）　状態 $c \in C$ と提携 H に対して，c が H について CNash（定義 2.2.7）ならば，c は同時に H について CGMR（定義 6.2.8）でもある。つまり，どの H に対しても $C_H^{\text{CNash}} \subseteq C_H^{\text{CGMR}}$ である。したがって，どんな主体 i に対しても $C_i^{\text{CNash}} \subseteq C_i^{\text{CGMR}}$ であり，また，$C^{\text{CNash}} \subseteq C^{\text{CGMR}}$ である。　　　　　　　　　　□

　（証明）　c が H について CNash であるとする。これは $S_H^{++}(c) = \emptyset$ であることを意味する。$S_i^{++}(c) = \emptyset$ のときには，CGMR の定義（定義 6.2.8）の $(\forall c')(c' \in S_H^{++}(c) \to (S_{\mathbb{P}(N \setminus H)}(c') \cap \phi_{\tilde{H}}(c) \neq \emptyset))$ の中の $c' \in S_H^{++}(c)$ の部分がどのような c' に対しても「偽（False）」となる。この $c' \in S_H^{++}(c)$ の部

分は論理における $p \rightarrow q$ (1.5.1 節のリストの 4 を参照) の中の p にあたる。$p \rightarrow q$ の真理値表 (1.6.1 節の演習問題 1 の表 1.5, および, その解答 (付録「演習問題のチャレンジ問題：解説と解答例」の解答 (演習問題) 1 の表 8.4)) により, p が「偽 (False)」のときには $p \rightarrow q$ は「真 (True)」となるので, どのような c' に対しても $(c' \in S_H^{++}(c) \rightarrow (\exists \cdots))$ が「真 (True)」となることがわかり, c は CGMR の定義を満たすことになる。つまり, どの H に対しても $C_H^{\text{CNash}} \subseteq C_H^{\text{CGMR}}$ である。

またどの主体 $i \in N$ に対しても, もし $c \in C_i^{\text{CNash}}$ ならば $i \in H$ であるようなすべての H に対して $c \in C_H^{\text{CNash}}$ が成立する。したがって, $i \in H$ であるようなすべての H に対して $c \in C_H^{\text{CGMR}}$ が成立することになるので, $c \in C_i^{\text{CGMR}}$ となることがわかる。よって, $i \in H$ であるようなすべての H に対して $C_H^{\text{CNash}} \subseteq C_H^{\text{CGMR}}$ が成立することになるので, どんな主体 i に対しても $C_i^{\text{CNash}} \subseteq C_i^{\text{CGMR}}$ である。さらに, $c \in C^{\text{CNash}}$ である場合には, すべての主体 i に対して $c \in C_i^{\text{CGMR}}$ が成立する。すべての主体 i に対して $C_i^{\text{CNash}} \subseteq C_i^{\text{CGMR}}$ が成立することを用いると, すべての主体 i に対して $c \in C_i^{\text{CGMR}}$ となる。これは $c \in C^{\text{CGMR}}$ であることを意味する。したがって, $C^{\text{CNash}} \subseteq C^{\text{CGMR}}$ が成立する。 ∎

この命題により, ある状態が CNash であれば, それは同時に CGMR でもある, ということがわかる。

提携対称メタ合理性 (Coalition Symmetric MetaRationality: CSMR) とは何か

この章で紹介する 4 つ目の安定性概念は提携対称メタ合理性 (Coalition Symmetric MetaRationality: CSMR) (定義 6.2.9) である。この安定性概念の定義には, 提携改善 $S_H^{++}(c)$ (定義 6.2.2), 提携移動の列 $S_{\mathbb{F}}(c)$ (定義 6.2.3), 特にある提携 H について $S_{\mathbb{P}(N \backslash H)}(c)$ で表されるもの (例 6.2.4 や命題 6.2.3 を参照), 提携にとっての同等以下の状態 $\phi_{\widetilde{H}}(c)$ (定義 6.2.5), および, 提携移動 $S_H(c)$ (定義 6.2.1) が用いられる。

定義 6.2.9(提携対称メタ合理性 (Coalition Symmetric MetaRationality: CSMR)) 状態 $c \in C$ と提携 H に対して, c が H について提携対称メ

タ合理的（Coalition symmetric metarational），あるいは，CSMR であるとは，
どの $c' \in S_H^{++}(c)$ に対しても，ある $c'' \in S_{\mathbb{P}(N \setminus H)}(c')$ が少なくとも1つ存在し
て $c'' \in \phi_{\widetilde{H}}(c)$ を満たし，かつ，どの $c''' \in S_H(c'')$ に対しても $c''' \in \phi_{\widetilde{H}}(c)$ を
満たすときをいう。これは，どの $c' \in S_H^{++}(c)$ に対しても，ある $c'' \in$
$(S_{\mathbb{P}(N \setminus H)}(c') \cap \phi_{\widetilde{H}}(c))$ が少なくとも1つ存在して，$S_H(c'') \subseteq \phi_{\widetilde{H}}(c)$ である，
つまり $(\forall c' \in S_H^{++}(c), (\exists c'' \in (S_{\mathbb{P}(N \setminus H)}(c') \cap \phi_{\widetilde{H}}(c)), S_H(c'') \subseteq \phi_{\widetilde{H}}(c)))$，ある
いは，より正確に，$(\forall c')(c' \in S_H^{++}(c) \to (\exists c'')((c'' \in (S_{\mathbb{P}(N \setminus H)}(c') \cap \phi_{\widetilde{H}}(c))) \wedge$
$(S_H(c'') \subseteq \phi_{\widetilde{H}}(c))))$ と書き換えることができる。

H について CSMR である状態全体の集合を C_H^{CSMR} で表す。つまり，

$$(c \in C_H^{\mathrm{CSMR}}) \Leftrightarrow (\forall c')\,(c' \in S_H^{++}(c)$$
$$\to (\exists c'')((c'' \in (S_{\mathbb{P}(N \setminus H)}(c') \cap \phi_{\widetilde{H}}(c))) \wedge (S_H(c'') \subseteq \phi_{\widetilde{H}}(c))))$$

である。また，主体 $i \in N$ について，$i \in H$ であるようなすべての H につ
いて c が CSMR であるとき，c は主体 i について提携対称メタ合理的，ある
いは，CSMR であるといい，主体 i について CSMR である状態全体の集合
を C_i^{CSMR} で表す。そして，すべての主体について CSMR である状態を提携
対称メタ合理的均衡，あるいは，CSMR 均衡（CSMR equiribrium）と呼び，
CSMR 均衡全体の集合を C^{CSMR} で表す。すなわち，

$$(c \in C_i^{\mathrm{CSMR}}) \Leftrightarrow (\forall H \in \mathbb{P}(N), ((i \in H) \to c \in C_H^{\mathrm{CSMR}}))$$
$$\Leftrightarrow (\forall H \in \mathbb{P}(N), ((i \in H) \to (\forall c' \in S_H^{++}(c),$$
$$(\exists c'' \in (S_{\mathbb{P}(N \setminus H)}(c') \cap \phi_{\widetilde{H}}(c)), S_H(c'') \subseteq \phi_{\widetilde{H}}(c)))))$$

であり，

$$(c \in C^{\mathrm{CSMR}}) \Leftrightarrow (\forall i \in N, c \in C_i^{\mathrm{CSMR}})$$
$$\Leftrightarrow (\forall i \in N, (\forall H \in \mathbb{P}(N), ((i \in H) \to c \in C_H^{\mathrm{CSMR}})))$$
$$\Leftrightarrow (\forall i \in N, (\forall H \in \mathbb{P}(N), ((i \in H) \to (\forall c' \in S_H^{++}(c),$$
$$(\exists c'' \in (S_{\mathbb{P}(N \setminus H)}(c') \cap \phi_{\widetilde{H}}(c)), S_H(c'') \subseteq \phi_{\widetilde{H}}(c))))))$$

である。　　　　　　　　　　　　　　　　　　　　　　　　　　　　□

これは，c からの H による提携改善（定義 6.2.2）が存在したとしても，そ

のいずれもが，H とは重ならない他の提携によるその後の状態遷移によって，H の中の少なくとも 1 人の主体にとって c と同等以下の状態に遷移させられてしまう可能性があり，さらに，その後の H によるどの状態遷移を考えても，H の中の少なくとも 1 人の主体にとって c と同等以下の状態にしか遷移できないことを表している。つまり，H が c からの状態遷移を実行することでコンフリクトを H の中のすべての主体にとって c よりも好ましい c' に遷移させることができるとしても，c' からの H とは重ならない他の提携によるその後の状態遷移による提携移動の列によって達成される状態の中に，H の中の少なくとも 1 人の主体にとって c と同等以下の状態 c'' が存在し，さらに，c'' からの H による提携移動のいずれについても，やはり，H の中の少なくとも 1 人の主体にとって c と同等以下の状態しか存在しないということを意味している。

　ここで，「c' からの H とは重ならない他の提携によるその後の状態遷移による提携移動の列によって達成される状態」全体の集合は $S_{\mathbb{P}(N \setminus H)}(c')$（定義 6.2.3）で表現され，「$H$ の中の少なくとも 1 人の主体にとって c と同等以下の状態」全体の集合は $\phi_{\widetilde{H}}^{\approx}(c)$（定義 6.2.5）で表現されることに注意しよう。さらに，「c'' からの H による提携移動」全体の集合が $S_H(c'')$（定義 2.2.1）と表現される。したがって，c が H について CSMR であることは，c からの H によるどの提携改善 $c' \in S_H^{++}(c)$ に対しても，ある c'' が c' からの H とは重ならない他の提携によるその後の状態遷移による提携移動の列によって達成される状態全体の集合 $S_{\mathbb{P}(N \setminus H)}(c')$ の中に少なくとも 1 つ存在して，その c'' が H の中の少なくとも 1 人の主体にとって c と同等以下の状態全体の集合 $\phi_{\widetilde{H}}^{\approx}(c)$ の要素であり，かつ，c'' からの H による提携移動全体の集合 $S_H(c'')$ のどの要素も H の中の少なくとも 1 人の主体にとって c と同等以下の状態全体の集合 $\phi_{\widetilde{H}}^{\approx}(c)$ の要素となっていることとして表現されることになる。

　CSMR では H は，ある c からの提携改善が存在したとしても，それが実行された後の H とは重ならない他の提携による状態遷移によって H の中の少なくとも 1 人の主体にとって c と同等以下の状態が達成されてしまう可能性があり，さらにその後の H によるどの状態遷移を考えたとしても H の中の少なくとも 1 人の主体にとって c と同等以下の状態しか達成することができない場合には，その提携改善を実行しないと想定されるので，c は H について安定であるとみなされて，$c \in C_H^{\mathrm{CSMR}}$ となる。逆に，c からの H による提携改善の

中に，それが実行された後の H とは重ならない他の提携によるいかなる状態遷移を考えても H の中の少なくとも1人の主体にとって c と同等以下の状態が達成される可能性がないようなものや，H の中の少なくとも1人の主体にとって c と同等以下の状態が達成される可能性があるものの，その後の H による状態遷移によって H の中のすべての主体にとって c よりも好ましい c' に遷移させることができる場合には，元の提携改善を実行すると想定されるので，c は H について安定ではないとみなされて，$c \notin C_H^{\mathrm{CSMR}}$ となる。

例 6.2.10（エルマイラのコンフリクトのグラフモデルの **CSMR**）　エルマイラのコンフリクトのグラフモデル（1.4.5節の図1.8）における CSMR を考える。ある状態が CNash であれば，その状態は CSMR でもあり，また，ある状態が CSMR であれば，その状態は CGMR である（命題 6.2.8 を参照）ので，CNash ではなく，かつ，CGMR である状態が CSMR であるかどうかを検討していく。

表 6.8 により，ある提携 H について，CNash ではなく，かつ，CGMR である状態 c は，提携 {L} についての①，②，③，④と，提携 {M, L} についての①，③である。これらの H と c の組み合わせについては，どの $c' \in S_H^{++}(c)$ に対しても，$c'' \in (S_{\mathbb{P}(N \backslash H)}(c') \cap \phi_{\widetilde{H}}(c))$ であるような c'' が少なくとも1つ存在する。このような c が H について CSMR であるかどうかは，c'' が $S_H(c'') \subseteq \phi_{\widetilde{\widetilde{H}}}(c)$ を満たしているかどうかを確かめればよい。

表 6.9 は，上記の H と c の組み合わせそれぞれについて，$c' \in S_H^{++}(c)$ であるような c' と $c'' \in (S_{\mathbb{P}(N \backslash H)}(c') \cap \phi_{\widetilde{H}}(c))$ であるような c'' に関して $S_H(c'') \subseteq \phi_{\widetilde{H}}(c)$ であるかどうかをまとめたものである。表 6.9 の左から1列目には H，2列目には $S_H^{++}(c) \neq \emptyset$ であるような c，3列目には $c' \in S_H^{++}(c)$ であるような c'，4行目には $c'' \in S_{\mathbb{P}(N \backslash H)}(c') \cap \phi_{\widetilde{H}}(c)$ であるような c'' を表6.8に基づいて示してある。また，5行目には表 6.1 に基づいて $S_H(c'')$ が，6行目には定義 6.2.5 に基づいて $\phi_{\widetilde{H}}(c)$ が示されている。そして7列目の ✓ は，同じ行の H，c，c''，c'' について，$S_H(c'') \subseteq \phi_{\widetilde{H}}(c)$ が成立していることを示している。

表 6.9 において，ある H についてある c が CSMR であるのは，その H と c の組み合わせについてのいずれかの行の7列目に ✓ がある場合である。このエルマイラのコンフリクトのグラフモデルの場合には，表 6.9 に列挙されているすべての H と c の組み合わせについて，H について c が CSMR となっ

表 6.9　図 1.8 のエルマイラのコンフリクトのグラフモデルの CSMR
提携 H について状態 c が CSMR であるのは，その H と c の組み合わせについてのいずれかの行の 7 列目に ✓ がある場合である。

	表 6.8			表 6.1	定義 6.2.5	
H	c	c'	c''	$S_H(c'')$	$\phi_{\widetilde{H}}(c)$	$S_H(c'') \subseteq \phi_{\widetilde{H}}(c)$
{L}	①	⑤	⑥	{②}	{①, ②, ④, ⑥, ⑧, ⑨}	✓
			⑧	{④}	{①, ②, ④, ⑥, ⑧, ⑨}	✓
			⑨	∅	{①, ②, ④, ⑥, ⑧, ⑨}	✓
	②	⑥	⑨	∅	{②, ⑨}	✓
	③	⑦	⑧	{④}	{①, ②, ③, ④, ⑤, ⑥, ⑧, ⑨}	✓
			⑨	∅	{①, ②, ③, ④, ⑤, ⑥, ⑧, ⑨}	✓
	④	⑧	⑨	∅	{②, ④, ⑨}	✓
{M, L}	①	⑤	⑨	∅	{①, ②, ④, ⑥, ⑧, ⑨}	✓
	③	⑦	⑨	∅	{①, ②, ③, ④, ⑤, ⑥, ⑧, ⑨}	✓

ていて，CGMR と CSMR が一致していることがわかる。　　　　　　　□

2.2.2 節の命題 2.2.3 で証明された Nash（定義 2.2.7）と SMR（定義 2.2.9）と GMR（定義 2.2.8）の間の関係と同様の関係が，CNash（定義 6.2.7）と CSMR（定義 6.2.9）と CGMR（定義 6.2.8）の間にも命題 6.2.8 で示される通り成立する。

命題 6.2.8（CNash ならば CSMR である；CSMR ならば CGMR である）
状態 $c \in C$ と提携 H に対して次の 2 つが成り立つ。

1. c が H について CNash（定義 6.2.7）ならば，c は同時に H について CSMR（定義 6.2.9）でもある。つまり，どの H に対しても $C_H^{\mathrm{CNash}} \subseteq C_H^{\mathrm{CSMR}}$ である。したがって，どの主体 i に対しても $C_i^{\mathrm{CNash}} \subseteq C_i^{\mathrm{CSMR}}$ であり，また，$C^{\mathrm{CNash}} \subseteq C^{\mathrm{CSMR}}$ である。
2. c が H について CSMR（定義 6.2.9）ならば，c は同時に H について CGMR（定義 6.2.9）でもある。つまり，どの H に対しても $C_H^{\mathrm{CSMR}} \subseteq C_H^{\mathrm{CGMR}}$ である。したがって，どの主体 i に対しても $C_i^{\mathrm{CSMR}} \subseteq C_i^{\mathrm{CGMR}}$

であり，また，$C^{\mathrm{CSMR}} \subseteq C^{\mathrm{CGMR}}$ である。　　　　　　　　　　　　□

（証明）　1 について，c が H について CNash であるときに，同時に H について CSMR でもあることは，命題 6.2.7 と同様に証明できる。つまり，c が H について CNash であることは $S_H^{++}(c) = \emptyset$ であることを意味し，$S_H^{++}(c) = \emptyset$ のときには，CSMR の定義（定義 6.2.9）における $(\forall c' \in S_H^{++}(c), (\exists \cdots))$ の中の $c' \in S_i^{++}(c)$ の部分がどのような c' に対しても「偽（False）」となる。したがって，命題 6.2.7 の証明と同様に，どのような c' に対しても $(\forall c' \in S_i^{++}(c), (\exists \cdots))$ が「真（True）」となることがわかり，c は CSMR の定義を満たすことになる。

　2 について，c が H について CSMR であるとすると，CSMR の定義（定義 6.2.9）により，どの $c' \in S_H^{++}(c)$ に対しても，ある $c'' \in (S_{\mathbb{P}(N \setminus H)}(c') \cap \phi_{\widetilde{H}}(c))$ が少なくとも 1 つ存在して，$S_H(c'') \subseteq \phi_{\widetilde{H}}(c)$ である。これは特に，どの $c' \in S_H^{++}(c)$ に対しても，$(S_{\mathbb{P}(N \setminus H)}(c') \cap \phi_{\widetilde{H}}(c)) \neq \emptyset$ であることを意味し，c が CGMR の定義（定義 6.2.8）を満足することがわかる。　　　■

　この命題により，ある状態が CNash であれば，それは同時に CSMR でもあり，また同時に CGMR でもある，ということがわかる。

提携連続安定性（Coalition SEQuential stability: CSEQ）とは何か

　提携分析における安定性概念として紹介する 5 つ目の安定性概念は提携連続安定性（Coalition SEQuential stability: CSEQ）（定義 6.2.10）である。提携連続安定性の定義には，提携改善 $S_H^{++}(c)$（定義 6.2.2），提携改善の列 $S_{\mathbb{F}}^{++}(c)$（定義 6.2.4），特にある提携 H について $S_{\mathbb{P}(N \setminus H)}^{++}(c)$ で表されるもの（例 6.2.5 を参照），および，提携にとっての同等以下の状態 $\phi_{\widetilde{H}}(c)$（定義 6.2.5）が用いられる。

定義 6.2.10（提携連続安定性（Coalition SEQuential stability: CSEQ））

状態 $c \in C$ と提携 H に対して，c が H について提携連続安定（Coalition sequential stable），あるいは，CSEQ であるとは，どの $c' \in S_H^{++}(c)$ に対しても，ある $c'' \in S_{\mathbb{P}(N \setminus H)}^{++}(c')$ が少なくとも 1 つ存在して $c'' \in \phi_{\widetilde{H}}(c)$ を満たすと

きをいう。これは，どの $c' \in S_H^{++}(c)$ に対しても $(S_{\mathbb{P}(N \setminus H)}^{++}(c') \cap \phi_{\widetilde{H}}(c)) \neq \emptyset$ である，つまり $(\forall c' \in S_H^{++}(c), ((S_{\mathbb{P}(N \setminus H)}^{++}(c') \cap \phi_{\widetilde{H}}(c)) \neq \emptyset))$，あるいは，より正確に，$(\forall c')(c' \in S_H^{++}(c) \to ((S_{\mathbb{P}(N \setminus H)}^{++}(c') \cap \phi_{\widetilde{H}}(c)) \neq \emptyset))$ と書き換えることができる。

H について CSEQ である状態全体の集合を C_H^{CSEQ} で表す。つまり，

$$(c \in C_H^{\mathrm{CSEQ}}) \Leftrightarrow (\forall c' \in S_H^{++}(c), ((S_{\mathbb{P}(N \setminus H)}^{++}(c') \cap \phi_{\widetilde{H}}(c)) \neq \emptyset))$$

である。また，主体 $i \in N$ について，$i \in H$ であるようなすべての H について c が CSEQ であるとき，c は主体 i について提携連続安定，あるいは，CSEQ であるといい，主体 i について CSEQ である状態全体の集合を C_i^{CSEQ} で表す。そして，すべての主体について CSEQ である状態を提携連続安定均衡，あるいは，CSEQ 均衡（CSEQ equiribrium）と呼び，CSEQ 均衡全体の集合を C^{CSEQ} で表す。すなわち，

$$
\begin{aligned}
(c \in C_i^{\mathrm{CSEQ}}) \Leftrightarrow & (\forall H \in \mathbb{P}(N), ((i \in H) \to c \in C_H^{\mathrm{CSEQ}})) \\
\Leftrightarrow & (\forall H \in \mathbb{P}(N), ((i \in H) \\
& \to (\forall c' \in S_H^{++}(c), ((S_{\mathbb{P}(N \setminus H)}^{++}(c') \cap \phi_{\widetilde{H}}(c)) \neq \emptyset))))
\end{aligned}
$$

であり，

$$
\begin{aligned}
(c \in C^{\mathrm{CSEQ}}) \Leftrightarrow & (\forall i \in N, c \in C_i^{\mathrm{CSEQ}}) \\
\Leftrightarrow & (\forall i \in N, (\forall H \in \mathbb{P}(N), ((i \in H) \to c \in C_H^{\mathrm{CSEQ}}))) \\
\Leftrightarrow & (\forall i \in N, (\forall H \in \mathbb{P}(N), ((i \in H) \\
& \to (\forall c' \in S_H^{++}(c), ((S_{\mathbb{P}(N \setminus H)}^{++}(c') \cap \phi_{\widetilde{H}}(c)) \neq \emptyset)))))
\end{aligned}
$$

である。 □

これは，c からの H による提携改善（定義 6.2.2）が存在したとしても，そのいずれもが，H とは重ならない他の提携によるその後の提携改善によって，H の中の少なくとも 1 人の主体にとって c と同等以下の状態に遷移させられてしまう可能性があることを表している。つまり，H が c からの状態遷移を実行することでコンフリクトを H の中のすべての主体にとって c よりも好ましい c' に遷移させることができるとしても，c' からの H とは重ならない他の

提携によるその後の提携改善の列によって達成される状態の中に，H の中の少なくとも 1 人の主体にとって c と同等以下の状態 c'' が存在することを表している。ここで，「c' からの H とは重ならない他の提携によるその後の提携改善の列によって達成される状態」全体の集合は $S^{++}_{\mathbb{P}(N \setminus H)}(c')$（定義 6.2.3）で表現され，「$H$ の中の少なくとも 1 人の主体にとって c と同等以下の状態」全体の集合は $\phi^{\widetilde{=}}_i(c)$（定義 6.2.5）で表現されるので，$c''$ が「c' からの H とは重ならない他の提携によるその後の提携改善の列によって達成される状態」であることは $c'' \in S^{++}_{\mathbb{P}(N \setminus H)}(c')$ と書くことができ，c'' が「H の中の少なくとも 1 人の主体にとって c と同等以下の状態」であることは，$c'' \in \phi^{\widetilde{=}}_H(c)$ と書くことができる。したがって，c が H について CSEQ であることは，c からの H によるどの提携改善 $c' \in S^{++}_H(c)$ に対しても，ある c'' が c' からの H とは重ならない他の提携によるその後の提携改善の列によって達成される状態全体の集合 $S^{++}_{\mathbb{P}(N \setminus H)}(c')$ の中に少なくとも 1 つ存在して，その c'' が H の中の少なくとも 1 人の主体にとって c と同等以下の状態全体の集合 $\phi^{\widetilde{=}}_H(c)$ の要素であることとして表現されることになる。

　CSEQ では H は，ある c からの提携改善が存在したとしても，それが実行された後の H とは重ならない他の提携による提携改善によって H の中の少なくとも 1 人の主体にとって c と同等以下の状態が達成されてしまう可能性がある場合には，その提携改善を実行しないと想定されるので，c は H について安定であるとみなされて，$c \in C^{\mathrm{CSEQ}}_H$ となる。逆に，c からの H による提携改善の中に，それが実行された後の H とは重ならない他の提携によるいかなる提携改善を考えても，H の中の少なくとも 1 人の主体にとって c と同等以下の状態が達成される可能性がないようなものが存在する場合には，H は c からのその提携改善を実行すると想定されるので，c は H について安定ではないとみなされて，$c \notin C^{\mathrm{CSEQ}}_H$ となる。

　CGMR においては，H の提携改善の後の H とは重ならない他の提携による状態遷移として，すべての提携移動の列を考慮するのに対し，CSEQ においては，H の提携改善の後の H とは重ならない他の提携による状態遷移としては，提携改善の列のみを考慮する。H とは重ならない他の提携による提携移動の列を考えるか提携改善の列を考えるかだけが，CGMR と CSEQ の違いである。

例 6.2.11（エルマイラのコンフリクトのグラフモデルの **CSEQ**） エルマイラのコンフリクトのグラフモデル（1.4.5 節の図 1.8）における CSEQ を考える。ある状態が CNash であれば，その状態は CSEQ でもある（命題 6.2.9 を参照）ので，CNash ではない状態が CSEQ であるかどうかを検討していく。

ある提携 H についてある状態 c が CNash かどうかは，表 6.3 に示されている提携改善 $S_H^{++}(c)$ が空集合 ($\emptyset$) であるかどうかを確認すればよい。$S_H^{++}(c)$ が空集合であれば c は H について CNash であり，$S_H^{++}(c)$ が空集合でなければ c は H について CNash ではない。$S_H^{++}(c)$ が空集合 ($\emptyset$) ではない H と c を，$c' \in S_H^{++}(c)$ であるような c' と $S_{\mathbb{P}(N \setminus H)}^{++}(c') \cap \phi_{\widetilde{H}}(c)$ とともにまとめたものが表 6.10 である。

表 6.10 の一番左の列には提携 H が書かれており，左から 2 列目には，H について $S_H^{++}(c)$ が空集合ではないような c が書かれている。3 列目には $S_H^{++}(c)$ の要素となっている状態 c' が書かれ，一番右の列には，同じ行の左から 1 列目から 3 列目にある H, c, c' についての $S_{\mathbb{P}(N \setminus H)}^{++}(c') \cap \phi_{\widetilde{H}}(c)$ が書かれている。2 列目と 3 列目の情報は表 6.3 から得られ，一番右の列の情報は表 6.5 と定義 6.2.5 を用いることで特定できる。

ある H とある c について，その H と c に関するすべての行の一番右の列にある $S_{\mathbb{P}(N \setminus H)}^{++}(c') \cap \phi_{\widetilde{H}}(c)$ が空集合でなければ，H について c は CSEQ であり，空集合であれば CSEQ ではない。例えば，提携 {U} と②については，表 6.10 の 3 行目と 4 行目に記載がある。これら 2 つの行とも一番右の列にある $S_{\mathbb{P}(N \setminus H)}^{++}(c') \cap \phi_{\widetilde{H}}(c)$ は空集合なので，提携 {U} について②は CSEQ ではないことがわかる。一方，提携 {L} と③については，表 6.10 の 12 行目と 13 行目に記載があり，一番右の列にある $S_{\mathbb{P}(N \setminus H)}^{++}(c') \cap \phi_{\widetilde{H}}(c)$ は空集合ではないので，提携 {L} について③は CSEQ であることがわかる。

ある提携について，ある状態が CNash であれば，それは CSEQ でもある（命題 6.2.9 を参照）。各提携について CNash である状態は表 6.7 に示されている。これ以外に，表 6.10 によって新たに CSEQ であることがわかるのは，提携 {L} についての①，②，③と，提携 {M, L} についての③である。これにより，主体 M についての CSEQ として，CNash であった状態（表 6.7 を参照）に新たに③が加わり，また，主体 L についての CSEQ として，新たに③が加わる。しかし CSEQ 均衡として，CNash 均衡であった状態（表 6.7 を参照）に新たに加わる状態はない。つまり，このエルマイラのコンフリクトのグ

表 6.10　図 1.8 のエルマイラのコンフリクトのグラフモデルの CSEQ

提携 H について状態 c が CSEQ であるのは，その H と c の組み合わせについてのすべての行の 4 列目の $S_{\mathbb{P}(N \setminus H)}^{++}(c') \cap \phi_{\widetilde{H}}^{\simeq}(c)$ が空集合（$\emptyset$）ではない場合である。

	表 6.3		表 6.5 と定義 6.2.5
H	$c : S_H^{++}(c) \neq \emptyset$	$c' \in S_H^{++}(c)$	$S_{\mathbb{P}(N \setminus H)}^{++}(c') \cap \phi_{\widetilde{H}}^{\simeq}(c)$
{U}	②	④	$\{⑧\} \cap \{②, ⑥\} = \emptyset$
		⑨	$\emptyset \cap \{②, ⑥\} = \emptyset$
	③	⑨	$\emptyset \cap \{②, ③, ⑥, ⑦\} = \emptyset$
	⑥	⑧	$\emptyset \cap \{⑥\} = \emptyset$
		⑨	$\emptyset \cap \{⑥\} = \emptyset$
	⑦	⑨	$\emptyset \cap \{②, ⑥, ⑦\} = \emptyset$
{L}	①	⑤	$\{⑧\} \cap \{①, ②, ④, ⑥, ⑧, ⑨\} = \{⑧\} \neq \emptyset$
	②	⑥	$\{⑧, ⑨\} \cap \{②, ⑨\} = \{⑨\} \neq \emptyset$
	③	⑦	$\{⑨\} \cap \{①, ②, ③, ④, ⑤, ⑥, ⑧, ⑨\}$ $= \{⑨\} \neq \emptyset$
	④	⑧	$\emptyset \cap \{②, ④, ⑨\} = \emptyset$
{M, U}	②	④	$\{⑧\} \cap \{②, ⑥, ⑨\} = \emptyset$
	⑤	⑧	$\emptyset \cap \{①, ②, ③, ⑤, ⑥, ⑦, ⑨\} = \emptyset$
	⑥	⑧	$\emptyset \cap \{⑥, ⑨\} = \emptyset$
{M, L}	①	⑤	$\emptyset \cap \{①, ②, ④, ⑥, ⑧, ⑨\} = \emptyset$
	③	⑦	$\{⑨\} \cap \{①, ②, ③, ④, ⑤, ⑥, ⑧, ⑨\}$ $= \{⑨\} \neq \emptyset$
{U, L}	②	④	$\emptyset \cap \{②, ⑥, ⑨\} = \emptyset$
		⑧	$\emptyset \cap \{②, ⑥\} = \emptyset$
	⑥	⑧	$\emptyset \cap \{②, ④, ⑥, ⑨\} = \emptyset$
N	②	④	$\emptyset \cap \{②, ⑥, ⑨\} = \emptyset$
		⑧	$\emptyset \cap \{②, ⑥\} = \emptyset$
	⑥	⑧	$\emptyset \cap \{②, ④, ⑥, ⑨\} = \emptyset$

ラフモデルについては，CSEQ 均衡は CNash 均衡と一致することがわかる。

$$\square$$

2.2.2 節の命題 2.2.4 で証明された Nash（定義 2.2.7）と SEQ（定義 2.2.10）と GMR（定義 2.2.8）の間の関係と同様の関係が，CNash（定義 6.2.7）と CSEQ（定義 6.2.10）と CGMR（定義 6.2.8）の間にも命題 6.2.9 で示される通り成立する。

命題 6.2.9（CNash ならば CSEQ である；CSEQ ならば CGMR である）
状態 $c \in C$ と提携 H に対して次の 2 つが成り立つ。

1. c が H について CNash（定義 6.2.7）ならば，c は同時に H について CSEQ（定義 6.2.10）でもある。つまり，どの H に対しても $C_H^{\mathrm{CNash}} \subseteq C_H^{\mathrm{CSEQ}}$ である。したがって，どの主体 i に対しても $C_i^{\mathrm{CNash}} \subseteq C_i^{\mathrm{CSEQ}}$ であり，また，$C^{\mathrm{CNash}} \subseteq C^{\mathrm{CSEQ}}$ である。

2. c が H について CSEQ（定義 6.2.10）ならば，c は同時に H について CGMR（定義 6.2.9）でもある。つまり，どの H に対しても $C_H^{\mathrm{CSEQ}} \subseteq C_H^{\mathrm{CGMR}}$ である。したがって，どの主体 i に対しても $C_i^{\mathrm{CSEQ}} \subseteq C_i^{\mathrm{CGMR}}$ であり，また，$C^{\mathrm{CSEQ}} \subseteq C^{\mathrm{CGMR}}$ である。 $\square$

（証明）　1 について，c が H について CNash であるときに，同時に H について CSEQ でもあることは，命題 6.2.7 や命題 6.2.8 と同様に証明できる。つまり，c が H について CNash であることは $S_H^{++}(c) = \emptyset$ であることを意味し，$S_H^{++}(c) = \emptyset$ のときには，CSEQ の定義（定義 6.2.10）における $(\forall c' \in S_H^{++}(c), (\exists \cdots))$ の中の $c' \in S_i^{++}(c)$ の部分がどのような c' に対しても「偽（False）」となる。したがって，命題 6.2.7 や命題 6.2.8 の証明と同様に，どのような c' に対しても $(\forall c' \in S_i^{++}(c), (\exists \cdots))$ が「真（True）」となることがわかり，c は CSEQ の定義を満たすことになる。

2 について，c が H について CSEQ であるとすると，CSEQ の定義（定義 6.2.10）により，どの $c' \in S_H^{++}(c)$ に対しても，$(S_{\mathbb{P}(N \setminus H)}^{++}(c') \cap \phi_{\widetilde{H}}(c)) \neq \emptyset$ である。命題 6.2.4 により $S_{\mathbb{P}(N \setminus H)}^{++}(c) \subset S_{\mathbb{P}(N \setminus H)}(c)$ が成立するので，これは特に，どの $c' \in S_H^{++}(c)$ に対しても，$(S_{\mathbb{P}(N \setminus H)}(c') \cap \phi_{\widetilde{H}}(c)) \neq \emptyset$ であること

を意味し，c が CGMR の定義（定義 6.2.8）を満足することがわかる。　　　　■

　この命題により，ある CNash であれば，それは同時に CSEQ でもあり，また同時に CGMR でもある，ということがわかる。

6.3　安定性概念の間に成立する関係には何があるか

　この章で紹介してきた提携分析における安定性概念には，CSTR（定義 6.2.6），CNash（定義 6.2.7），CGMR（定義 6.2.8），CSMR（定義 6.2.9），CSEQ（定義 6.2.10）の5つがあり，これらの安定性概念の間に成立する関係が命題 6.2.6，命題 6.2.7，命題 6.2.8，命題 6.2.9 という4つの命題で述べられていた。これら4つの命題から，ある提携 H について状態 c が CSTR であれば，c は CNash，CGMR，CSMR，CSEQ でもあり，c が CNash であればそれは CGMR，CSMR，CSEQ でもあることがわかる。さらに，c が CSMR あるいは CSEQ であればそれは CGMR でもあることもわかる。このような安定性概念の間の関係を用いると，例 6.2.7，例 6.2.8，例 6.2.9，例 6.2.10，例 6.2.11 で示された図 1.8 のエルマイラのコンフリクトのグラフモデルの提携分析の結果は表 6.11 のようにまとめられる。

　表 6.11 の中の T は CSTR を，N は CNash を，M は CGMR かつ CSMR であることを，そして，Q は CSEQ かつ CGMR かつ CSMR であることを，それぞれ表している。例 6.9 で確認したように，このエルマイラのコンフリクトのグラフモデルについては CGMR と CSMR が一致するので，これらをまとめて M と表記している。

　⑨はすべての提携とすべての主体について T と表記されており，これは CSTR であることを表している。均衡の行の⑨の列の T は，⑨が CSTR 均衡であることを意味している。⑧は，提携 {M} については T，それ以外の提携とすべての主体については N と表記されている。T は CSTR を意味し，CSTR ならば CNash でもあるので，⑧はすべての提携とすべての主体について CNash であり，したがって CNash 均衡である。これは，均衡の行の⑧の列の N によって表現されている。④の列を見ると，各提携について T，N，あるいは，M と表記されている。T は CSTR を意味し，CSTR ならば CGMR かつ CSMR でもある。N は CNash を意味し，CNash ならば CGMR

表 6.11 図 1.8 のエルマイラのコンフリクトのグラフモデルの提携分析の結果 T は CSTR を，N は CNash を，M は CGMR かつ CSMR であることを，そして，Q は CSEQ かつ CGMR かつ CSMR であることを，それぞれ表している。

安定性概念		コンフリクトの状態								
		①	②	③	④	⑤	⑥	⑦	⑧	⑨
	均衡	M			M				N	T
	主体 [M]	M	Q	N				N	N	T
	主体 [U]	N		N				N		T
T: CSTR	主体 [L]	M	Q	M	N			N	N	T
N: CNash	提携 {M}	N	T	N	T	N	T	N	T	T
M: CGMR	提携 {U}	N			N	N			N	T
かつ CSMR	提携 {L}	Q	Q	Q	M	N	N		N	T
Q: CSEQ	提携 {M, U}	N			N				N	T
	提携 {M, L}	M	N	Q	N	N	N	N	N	T
	提携 {U, L}	N		N	N	N			N	T
	提携 {M, U, L}	N		N	N	N			N	T

かつ CSMR でもある。したがって，④はすべての提携とすべての主体につ
いて CGMR かつ CSMR であり，よって，CGMR 均衡かつ CSMR 均衡であ
る。これは，均衡の行の ④ の列の M によって表現されている。③の列の主
体 [M] の行には Q と表記されている。これは，③ が主体 [M] について CSEQ
かつ CGMR かつ CSMR であることを表している。実際，主体 [M] が入って
いる提携としては，提携 {M}，提携 {M, U}，提携 {M, L}，提携 {M, U,
L} の 4 つがあり，それぞれの行には，N，N，Q，および，N と書かれてい
る。N は CNash を意味し，CNash ならば CSEQ かつ CGMR かつ CSMR で
もある。したがって③は，主体 [M] について CSEQ かつ CGMR かつ CSMR
であることがわかる。

　合理分析における安定性概念と提携分析における安定性概念の間にはどの
ような関係があるだろうか。CSTR と STR の間には命題 6.3.1 に示されてい
る通りの関係があり，また，文献 [7] に示されている通り，CNash と Nash，
CGMR と GMR，CSMR と SMR の間にもそれぞれ，命題 6.3.2，命題 6.3.3，
命題 6.3.4，命題 6.3.5 で証明されるような関係がある。

命題 6.3.1（**CSTR ならば STR**）　状態 $c \in C$ と主体 $i \in N$ に対して，c が主体 i について CSTR ならば c は主体 i について STR である。　　　　□

（証明）　c が主体 i について CSTR であるとすると，定義 6.2.6 より，$i \in H$ であるようなすべての H に対して $S_H(c) = \emptyset$ であるので，特に $H = \{i\}$ とすると $S_{\{i\}}(c) = \emptyset$ を得る。どの $i \in N$，どの $c \in C$ に対しても $S_i(c) \subset S_{\{i\}}(c)$ が成り立つ（定義 2.2.3 の後に続く説明と例 6.2.2 を参照）ので，$S_i(c) = \emptyset$ が成立することになり，したがって定義 2.2.6 より，c は主体 i について STR である。　　　　■

　命題 6.3.1 の証明では，本書で仮定している主体のグラフの推移性（定義 1.3.1 のあとに続く説明を参照）の条件を使っていない。つまり命題 6.3.1 で示されている CSTR と STR の間の関係は，主体のグラフの推移性の仮定がなくても成立する。同様に，次の命題 6.3.2 で示されている CNash と Nash の間の関係も，主体のグラフの推移性の仮定がなくても成立する。

命題 6.3.2（**CNash ならば Nash**）　状態 $c \in C$ と主体 $i \in N$ に対して，c が主体 i について CNash ならば c は主体 i について Nash である。　　　　□

（証明）　c が主体 i について CNash であるとすると，定義 6.2.7 より，$i \in H$ であるようなすべての H に対して $S_H^{++}(c) = \emptyset$ であるので，特に $H = \{i\}$ とすると $S_{\{i\}}^{++}(c) = \emptyset$ を得る。

　いま $c' \in S_i^+(c)$ とすると，$c' \in S_i(c)$ かつ $c' \succ_i c$ である。$S_i(c) \subset S_{\{i\}}(c)$ はいつでも成り立つ（定義 2.2.3 の後に続く説明と例 6.2.2 を参照）ので，$c' \in S_{\{i\}}(c)$ かつ $c' \succ_i c$ が成立し，これは，$c' \in S_{\{i\}}^{++}(c)$ を意味する。つまり，どの $i \in N$，どの $c \in C$ に対しても，$S_i^+(c) \subset S_{\{i\}}^{++}(c)$ が成り立つ。

　$S_{\{i\}}^{++}(c) = \emptyset$ であることと $S_i^+(c) \subset S_{\{i\}}^{++}(c)$ であることから $S_i^+(c) = \emptyset$ が成立するので，定義 2.2.7 より，c は主体 i について Nash である。　　　　■

　以下の命題 6.3.3 と命題 6.3.4 の証明にも，主体のグラフの推移性の条件は用いない。

　まず，命題 6.3.3 は CGMR と GMR の間に成立する関係である。

命題 6.3.3（CGMR ならば GMR） 状態 $c \in C$ に対して，c が主体 i について CGMR ならば c は主体 i について GMR である。 □

（証明） c が主体 i について CGMR であるとすると，定義 6.2.8 より，$i \in H$ であるようなすべての H に対して，どの $c' \in S_H^{++}(c)$ に対しても $(S_{\mathbb{P}(N \setminus H)}(c') \cap \phi_{\widetilde{H}}(c)) \neq \emptyset$ が成立する。特に $H = \{i\}$ とすると，どの $c' \in S_{\{i\}}^{++}(c)$ に対しても $(S_{\mathbb{P}(N \setminus \{i\})}(c') \cap \phi_{\widetilde{\{i\}}}(c)) \neq \emptyset$ である。

ここで，命題 6.3.2 の証明にある通り，$S_i^+(c) \subseteq S_{\{i\}}^{++}(c)$ がいつでも成立する。また，定義 6.2.5 に続く説明の通り，$\phi_{\widetilde{H}}(c) = \cup_{i \in H}\phi_{\widetilde{i}}(c)$ がいつでも成立し，したがって特に $H = \{i\}$ の場合を考えると $\phi_{\widetilde{\{i\}}}(c) = \phi_{\widetilde{i}}(c)$ である。さらに命題 6.2.3 で，どの c，どの H に対しても $S_{\mathbb{P}(N \setminus H)}(c) = S_{N \setminus H}(c)$ が成立することが示されているので，特に $H = \{i\}$ ならば $S_{\mathbb{P}(N \setminus \{i\})}(c) = S_{N \setminus \{i\}}(c)$ であることがわかる。

$S_i^+(c) \subseteq S_{\{i\}}^{++}(c)$ であることと，$\phi_{\widetilde{\{i\}}}(c) = \phi_{\widetilde{i}}(c)$ であること，および，$S_{\mathbb{P}(N \setminus \{i\})}(c) = S_{N \setminus \{i\}}(c)$ であることを用いると，「どの $c' \in S_{\{i\}}^{++}(c)$ に対しても $(S_{\mathbb{P}(N \setminus \{i\})}(c') \cap \phi_{\widetilde{i}}(c)) \neq \emptyset$ である」という条件から，「どの $c' \in S_i^+(c)$ に対しても $(S_{N \setminus \{i\}}(c') \cap \phi_{\widetilde{i}}(c)) \neq \emptyset$ である」という条件が導かれることがわかる。これは c が主体 i について GMR であることを意味する（定義 2.2.8 を参照）。 ■

また，命題 6.3.4 の通り，CSMR と SMR の間にも，CGMR と GMR の間に成立する関係（命題 6.3.3 を参照）と同様の関係が成立する。

命題 6.3.4（CSMR ならば SMR） 状態 $c \in C$ に対して，c が主体 i について CSMR ならば c は主体 i について SMR である。 □

（証明） c が主体 i について CSMR であるとすると，定義 6.2.9 より，$i \in H$ であるようなすべての H に対して，どの $c' \in S_H^{++}(c)$ に対しても，$c'' \in (S_{\mathbb{P}(N \setminus H)}(c') \cap \phi_{\widetilde{H}}(c))$ が少なくとも 1 つ存在して，$S_H(c'') \subseteq \phi_{\widetilde{H}}(c)$ である。特に $H = \{i\}$ とすると，どの $c' \in S_{\{i\}}^{++}(c)$ に対しても，$c'' \in (S_{\mathbb{P}(N \setminus \{i\})}(c') \cap \phi_{\widetilde{\{i\}}}(c))$ が少なくとも 1 つ存在して，$S_{\{i\}}(c'') \subseteq \phi_{\widetilde{\{i\}}}(c)$ であるということが成立する。

　ここで，$S_i(c) \subset S_{\{i\}}(c)$ かつ $S_i^+(c) \subseteq S_{\{i\}}^{++}(c)$ であること，$\phi_{\widetilde{\{i\}}}(c) = \phi_{\widetilde{i}}(c)$ であること，および，$S_{\mathbb{P}(N\setminus\{i\})}(c) = S_{N\setminus\{i\}}(c)$ であることは，命題 6.3.3 の証明で示されている通りである。

　したがって，c が $H = \{i\}$ について CSMR であること，つまり，どの $c' \in S_{\{i\}}^{++}(c)$ に対しても，$c'' \in (S_{\mathbb{P}(N\setminus\{i\})}(c') \cap \phi_{\widetilde{\{i\}}}(c))$ が少なくとも 1 つ存在して，$S_{\{i\}}(c'') \subseteq \phi_{\widetilde{i}}(c)$ であることは，どの $c' \in S_i^+(c)$ に対しても，$c'' \in (S_{N\setminus\{i\}}(c') \cap \phi_{\widetilde{i}}(c))$ が少なくとも 1 つ存在して，$S_i(c'') \subseteq \phi_{\widetilde{i}}(c)$ であることを導くことがわかる。これは定義 2.2.9 より，c が主体 i について SMR であることを意味する。　■

　CSEQ と SEQ の間には，命題 6.3.5 の通り，主体の数が 2 の場合には，CGMR と GMR の間，および，CSMR と SMR の間に成立する関係（それぞれ命題 6.3.3 と命題 6.3.4 を参照）が，主体のグラフの推移性と主体の選好の推移性の条件のもとで成り立つ。

命題 6.3.5（**主体の数が 2 の場合，CSEQ ならば SEQ**）　主体の数が 2 の場合，つまり，$|N| = 2$ のときを考える。また，すべての主体のグラフが推移性（定義 1.3.1 のあとに続く説明を参照）を満たし，さらに，主体 j の選好 $\succsim_j$ が推移性（1.5.3 節のリストの 3 を参照）を満たしているとする。このとき，状態 $c \in C$ に対して，c が主体 $i \in N$ について CSEQ ならば c は主体 i について SEQ である。　□

　（証明）　$N = \{i, j\}$ とし，c が主体 i について CSEQ であるとする。定義 6.2.10 より，$i \in H$ であるようなすべての H に対して，どの $c' \in S_H^{++}(c)$ に対しても $(S_{\mathbb{P}(N\setminus H)}^{++}(c') \cap \phi_{\widetilde{H}}(c)) \neq \emptyset$ が成立する。特に $H = \{i\}$ とすると，どの $c' \in S_{\{i\}}^{++}(c)$ に対しても $(S_{\mathbb{P}(N\setminus\{i\})}^{++}(c') \cap \phi_{\widetilde{\{i\}}}(c)) \neq \emptyset$ である。また $N = \{i, j\}$ であるため，これは，どの $c' \in S_{\{i\}}^{++}(c)$ に対しても $(S_{\mathbb{P}(\{j\})}^{++}(c') \cap \phi_{\widetilde{\{i\}}}(c)) \neq \emptyset$ である，ということを意味する。

　さらに，命題 6.3.3 の証明で見た通り，$S_i^+(c) \subseteq S_{\{i\}}^{++}(c)$ が成立し，また，$\phi_{\widetilde{\{i\}}}(c) = \phi_{\widetilde{i}}(c)$ であるので，どの $c' \in S_{\{i\}}^{++}(c)$ に対しても $(S_{\mathbb{P}(\{j\})}^{++}(c') \cap \phi_{\widetilde{\{i\}}}(c)) \neq \emptyset$ であるという条件は，どの $c' \in S_i^+(c)$ に対しても $(S_{\mathbb{P}(\{j\})}^{++}(c') \cap \phi_{\widetilde{i}}(c)) \neq \emptyset$ であることを導く。

主体 j のグラフの推移性 (定義 1.3.1 のあとに続く説明を参照) と主体 j の選好 $\succsim_j$ の推移性 (1.5.3 節のリストの 3 を参照) の仮定のもとでは，$S^{++}_{\mathbb{P}(\{j\})}(c')$ $= S^{++}_{\{j\}}(c')$ となる。実際，$c'' \in S^{++}_{\{j\}}(c')$ の場合，$\{j\} \in \mathbb{P}(\{j\})$ なので，定義 6.2.4 の (i) より，$c'' \in S^{++}_{\mathbb{P}(\{j\})}(c')$ である。つまり $S^{++}_{\{j\}}(c') \subseteq S^{++}_{\mathbb{P}(\{j\})}(c')$ である。また $c'' \in S^{++}_{\mathbb{P}(\{j\})}(c')$ の場合，定義 6.2.4 の (ii) より，互いに異なる状態 c_1, c_2, ..., c_m が存在して，$c_1 \in S^{++}_{\{j\}}(c')$, $c_2 \in S^{++}_{\{j\}}(c_1)$, ..., $c_m \in S^{++}_{\{j\}}(c_{m-1})$, および，$c'' \in S^{++}_{\{j\}}(c_m)$ が成り立つ。この c_1, c_2, ..., c_m に対しては，定義 6.2.2 から，$c_1 \in S_{\{j\}}(c')$ かつ $c_1 \succsim_j c'$, $c_2 \in S_{\{j\}}(c_1)$ かつ $c_2 \succsim_j c_1$, ..., $c_m \in S_{\{j\}}(c_{m-1})$ かつ $c_m \succsim_j c_{m-1}$, および，$c'' \in S_{\{j\}}(c_m)$ かつ $c'' \succsim_j c_m$ が成立することがわかる。ここで，主体 j のグラフの推移性と主体 j の選好 $\succsim_j$ の推移性を繰り返し用いると，$c'' \in S_{\{j\}}(c')$ かつ $c'' \succsim_j$ c' が導かれ，$c'' \in S^{++}_{\{j\}}(c')$ が成立することがわかる (定義 6.2.2 を参照)。したがって，$S^{++}_{\mathbb{P}(\{j\})}(c') \subseteq S^{++}_{\{j\}}(c')$ である。そして，$S^{++}_{\{j\}}(c') \subseteq S^{++}_{\mathbb{P}(\{j\})}(c')$ と $S^{++}_{\mathbb{P}(\{j\})}(c') \subseteq S^{++}_{\{j\}}(c')$ を合わせると，$S^{++}_{\mathbb{P}(\{j\})}(c') = S^{++}_{\{j\}}(c')$ が成立することがわかる。

さらに，主体 j のグラフの推移性の仮定のもとでは $S^{++}_{\{j\}}(c') = S^+_j(c')$ が成り立つことを確認しよう。$c'' \in S^+_j(c')$ とすると，$c'' \in S_j(c')$ かつ $c'' \succ_i c'$ (定義 2.2.2 を参照) であり，また $S_j(c') \subset S_{\{j\}}(c')$ はいつでも成り立つ (定義 2.2.3 の後に続く説明と例 6.2.2 を参照) ので，$c'' \in S_{\{j\}}(c')$ かつ $c'' \succ_j c'$ が成立することになり，したがって $c'' \in S^{++}_{\{j\}}(c')$ となる (定義 6.2.2 を参照) ため，$S^+_j(c') \subseteq S^{++}_{\{j\}}(c')$ がいつでも成り立つことがわかる。一方，$c'' \in S^{++}_{\{j\}}(c')$ とすると，$c'' \in S_{\{j\}}(c')$ かつ $(\forall k \in \{j\}, c'' \succ_k c')$ であり (定義 6.2.2 を参照)，また 主体 j のグラフの推移性の仮定から $S_{\{j\}}(c') = S_j(c')$ が成立 (定義 2.2.3 の後に続く説明と例 6.2.2 を参照) し，さらに，$k \in \{j\}$ である場合には $k = j$ であるため，$c'' \in S_j(c')$ かつ $c'' \succ_i c'$ が成立するので $c'' \in S^+_j(c')$ となる (定義 2.2.2 を参照)。したがって，$S^{++}_{\{j\}}(c') \subseteq S^+_j(c')$ が主体 j のグラフの推移性の仮定のもとで成り立つことがわかる。そして，$S^+_j(c') \subseteq S^{++}_{\{j\}}(c')$ と $S^{++}_{\{j\}}(c') \subseteq S^+_j(c')$ を合わせると，$S^{++}_{\{j\}}(c') = S^+_j(c')$ が成立することがわかる。

この $S^+_j(c')$ は，主体 j のグラフの推移性の仮定のもとでは $S^+_{\{j\}}(c')$ に等しい。なぜなら，定義 2.2.4 の (i) から，$S^+_j(c') \subseteq S^+_{\{j\}}(c')$ がいつでも成り立つことがわかり，また $c'' \in S^+_{\{j\}}(c')$ とすると，定義 2.2.4 の (ii) より，互い

に異なる状態 $c_1,\ c_2,\ \ldots,\ c_m$ が存在して，$c_1 \in S_j^+(c')$，$c_2 \in S_j^+(c_1)$，$\ldots$，$c_m \in S_j^+(c_{m-1})$，および，$c'' \in S_j^+(c_m)$ が成り立つ。この $c_1,\ c_2,\ \ldots,\ c_m$ に対しては，定義 2.2.2 から，$c_1 \in S_j(c')$ かつ $c_1 \succsim_j c'$，$c_2 \in S_j(c_1)$ かつ $c_2 \succsim_j c_1$，$\ldots$，$c_m \in S_j(c_{m-1})$ かつ $c_m \succsim_j c_{m-1}$，および，$c'' \in S_j(c_m)$ かつ $c'' \succsim_j c_m$ が成立することがわかる。ここで，主体 j のグラフの推移性と主体 j の選好 $\succsim_j$ の推移性を繰り返し用いると，$c'' \in S_j(c')$ かつ $c'' \succsim_j c'$ が導かれ，$c'' \in S_j^+(c')$ が成立することがわかる。したがって，$S_{\{j\}}^+(c') \subseteq S_j^+(c')$ である。そして，$S_j^+(c') \subseteq S_{\{j\}}^+(c')$ と $S_{\{j\}}^+(c') \subseteq S_j^+(c')$ を合わせると，$S_j^+(c') = S_{\{j\}}^+(c')$ が成立することがわかる。

$\{j\} = N \backslash \{i\}$ であることに注意すると，この $S_{\{j\}}^+(c')$ は $S_{N \backslash \{i\}}^+(c')$ と書き換えられる。

ここで示された $S_{\mathbb{P}(\{j\})}^{++}(c') = S_{\{j\}}^{++}(c') = S_j^+(c') = S_{N \backslash \{i\}}^+(c')$ という関係を，どの $c' \in S_i^+(c)$ に対しても $(S_{\mathbb{P}(\{j\})}^{++}(c') \cap \phi_i^{\sim}(c)) \neq \emptyset$ であるという条件に当てはめると，どの $c' \in S_i^+(c)$ に対しても $(S_{N \backslash \{i\}}^+(c') \cap \phi_i^{\sim}(c)) \neq \emptyset$ であるという条件になる。これは，定義 2.2.10 より，c が主体 i について SEQ であることを意味する。　　■

主体の数が 3 のときには，CSEQ と SEQ の間には一般的には包含関係が成立しない。このことを示すコンフリクトのグラフモデルの例を，例 6.3.1 に挙げておこう。

例 6.3.1（CSEQ と SEQ の間に包含関係が成立しない例） 図 6.1 で表現されるコンフリクトのグラフモデルを考える。このコンフリクトのグラフモデルにおいては CSEQ と SEQ の間に包含関係が成立しない。実際，合理分析における安定性概念である STR，Nash，GMR，SMR，SEQ に関する均衡と，提携分析における安定性概念である CSTR，CNash，CGMR，CSMR，CSEQ に関する均衡，また，効率的な状態は表 6.12 の通りとなる。

表 6.12 の 2 列目から 6 列目までは合理分析の結果を示してある。各状態に対応している行に ✓ があれば，その状態は，対応する列に示されている安定性概念に関して均衡である。7 列目から 11 行目は提携分析の結果で，同じくどの状態がどの安定性概念に関して均衡かを示してある。一番右の列では，効率的な状態に ✓ を入れてある。

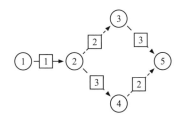

主体の選好	もっとも好ましい ↔ もっとも好ましくない				
主体 ①2	③	④	②	①	⑤
主体 ②2	①	⑤	②	③	④
主体 ③2	①	⑤	②	④	③

図 6.1 SEQ と CSEQ の間に包含関係がないグラフモデルの例

表 6.12 図 6.1 のコンフリクトのグラフモデルにおける均衡

状態	合理分析における均衡					提携分析における均衡					効率性
	STR	Nash	GMR	SMR	SEQ	CSTR	CNash	CGMR	CSMR	CSEQ	
①			✓	✓			✓	✓	✓		✓
②		✓	✓	✓	✓						✓
③											✓
④											✓
⑤	✓	✓	✓	✓	✓	✓	✓	✓	✓	✓	

　表 6.12 の 7 列目と 11 列目からわかる通り，SEQ に関する均衡は②と⑤であり，CSEQ に関する均衡は①と⑤である。このうち①は主体 1 について SEQ ではなく主体 2 と主体 3 についてはそれぞれ SEQ である一方，すべての提携とすべての主体について CSEQ である。②はすべての主体について SEQ である。しかし提携 {2,3} について CSEQ ではななく，{2,3} 以外の提携についてはそれぞれ CSEQ である。つまり②は主体 2 と主体 3 については CSEQ ではない。⑤は STR 均衡であり CSTR 均衡であることからもわかる通り，すべての主体についてそれぞれ SEQ であり，同時にすべての提携についてそれぞれ CSEQ でもある。一番右の列には，①，②，③，④が効率的で

あり，⑤は効率的ではないことが示されている。これらのことについての確認は課題としておこう（課題 16 を参照）。　　　　　　　　　　　　　□

6.4　演習問題

この節の演習問題の解説と解答例については巻末の「演習問題・チャレンジ問題の解説と解答例」の解答（演習問題）を参照せよ。解答の番号は演習問題の番号に対応している。

演習問題 21　（提携移動）

表 6.1 の中の 3 つの「演習 21」の部分に入る状態をすべて求めよ。すなわち，①と提携 $\{M, U, L\}$ に対する提携移動 $S_{\{M,U,L\}}(①)$，⑤と提携 $\{M, U\}$ に対する提携移動 $S_{\{M,U\}}(⑤)$，および，⑤と提携 $\{M, U, L\}$ に対する提携移動 $S_{\{M,U,L\}}(⑤)$ をすべて求めよ。　　　　　　　　　□

演習問題 22　（提携移動）

表 6.2 の中の 3 つの「演習 22」の部分に入る状態をすべて求めよ。すなわち，状態 ① からの $\{M, U, L\}$ の中の主体による個人改善の列によって達成される状態全体の集合 $S^+_{\{M,U,L\}}(①)$，状態 ⑤ からの $\{M, U\}$ の中の主体による個人改善の列によって達成される状態全体の集合 $S^+_{\{M,U\}}(⑤)$，および，状態 ⑤ からの $\{M, U, L\}$ の中の主体による個人改善の列によって達成される状態全体の集合 $S^+_{\{M,U,L\}}(⑤)$ をすべて求めよ。　　　　　　　　　□

演習問題 23　（提携改善）

表 6.3 の中の 3 つの「演習 23」の部分に入る状態をすべて求めよ。すなわち，状態 ① からの提携 $\{M, U, L\}$ による提携改善全体の集合 $S^{++}_{\{M,U,L\}}(①)$，状態 ⑤ からの $\{M, U\}$ による提携改善全体の集合 $S^{++}_{\{M,U\}}(⑤)$，および，状態 ⑤ からの $\{M, U, L\}$ による提携改善全体の集合 $S^{++}_{\{M,U,L\}}(⑤)$ をすべて求めよ。　　　　　　　　　□

6.5　課題

課題 15（エルマイラのコンフリクトのグラフモデルの構成要素）

1.4.5 節の図 1.8 で表現されているエルマイラのコンフリクトのグラフモデルの構成要素が例 6.2.1 に示されている通りになることを確認せよ。　　　□

課題 16（**CSEQ** と **SEQ** の間の違い）

例 6.3.1 の図 6.1 で表現されるコンフリクトのグラフモデルについて，SEQ に関する均衡が ② と ⑤ であり，CSEQ に関する均衡が ① と ⑤ であることを確認せよ。特に，① が主体 1 について SEQ ではなく主体 2 と主体 3 についてはそれぞれ SEQ であること，および，すべての提携とすべての主体について CSEQ であることと，② がすべての主体について SEQ であり，提携 {2,3} について CSEQ ではななく，{2,3} 以外の提携についてはそれぞれ CSEQ であることを確認せよ。　　　□

第7章

提携分析の結果から得られる示唆は何か

　この章では，提携分析の結果，および，そこから得られる示唆の例を紹介する。示唆には，提携分析の結果からだけでなく，それを合理分析と効率分析の結果とあわせて得られるものも含まれる。

　合理分析，効率分析，提携分析の分析結果は序.4節の図序.2の中の「(5)解・命題」にあたる。また，これらの結果得られる示唆は序.4節の図序.2の中の「(7)問題解決への示唆」にあたる。そして，分析結果から示唆を得るプロセスが，序.4節の図序.2の中の「(6)解釈」に該当する。

7.1　提携分析の結果の例には何があるか

　この節では，第1章でストーリーを挙げたコンフリクトの例について，その提携分析の結果の例を記述する。特に，6.2.2節で紹介した5つの安定性概念を用いた分析結果を示し，さらに，合理分析と効率分析の結果と合わせて考察することで，各コンフリクトの構造をより詳しく明らかにする。

7.1.1　囚人のジレンマのグラフモデルの分析結果

　まず，囚人のジレンマの分析結果を見よう。これは1.1.1節でそのストーリが紹介され1.4.1節でグラフモデルが示されている。表7.1は，図1.1の囚人のジレンマのグラフモデルの分析結果である。2列目から6列目までが合理分析の結果，7列目から11行目が提携分析の結果で，一番右の列が効率分析の結果である。

　合理分析の結果と提携分析の結果の間の大きな違いは，④が均衡であるかどうかである。すなわち，合理分析の結果においては④はNash，GMR，SMR，SEQのいずれに関しても均衡であるが，提携分析の結果においてはどの安定性概念に関しても均衡ではない。

表 **7.1**　図 1.1 で表現される囚人のジレンマのコンフリクトのグラフモデルの分析結果

状態	合理分析における均衡					提携分析における均衡					効率性
	STR	Nash	GMR	SMR	SEQ	CSTR	CNash	CGMR	CSMR	CSEQ	
①			✓	✓	✓			✓	✓	✓	✓
②											✓
③											✓
④		✓	✓	✓	✓						

表 **7.2**　図 1.2 で表現される不可逆的な状態遷移を含む囚人のジレンマのグラフモデルの分析結果

状態	合理分析における均衡					提携分析における均衡					効率性
	STR	Nash	GMR	SMR	SEQ	CSTR	CNash	CGMR	CSMR	CSEQ	
①			✓	✓	✓			✓	✓	✓	✓
②											✓
③											✓
④	✓	✓	✓	✓	✓	✓	✓	✓	✓	✓	

　では，図 1.2 の不可逆的な状態遷移を含む囚人のジレンマのグラフモデルについてはどうだろうか。分析結果は表 7.2 の通りになる。

　表 7.1 と表 7.2 の間の違いは，やはり④に関してである。この違いは④が STR に関して均衡であり，したがって，合理分析と提携分析のすべての安定性概念に関して均衡であることから導かれる。つまり，表 7.1 で④は Nash，GMR，SMR，SEQ だけに関して均衡であるが，表 7.2 では，すべての安定性概念に関して均衡となっている。

　図 1.3 の多段階の行動を考えた囚人のジレンマの拡張のグラフモデルの分析結果も見てみよう。表 7.3 の通りとなる。

　表 7.1 では明らかではなかった，合理分析における GMR，SMR，SEQ と

表 **7.3**　図 1.3 で表現される多段階の行動を考えた囚人のジレンマの拡張のグラフモデルの分析結果

状態	合理分析における均衡					提携分析における均衡					効率性
	STR	Nash	GMR	SMR	SEQ	CSTR	CNash	CGMR	CSMR	CSEQ	
①			✓	✓	✓			✓	✓	✓	✓
②			✓		✓			✓		✓	✓
③			✓		✓			✓		✓	✓
④			✓	✓	✓						
⑤			✓	✓	✓						
⑥			✓	✓	✓						
⑦			✓	✓	✓						
⑧											
⑨											
⑩	✓		✓	✓	✓						

提携分析における CGMR，CSMR，CSEQ の間の違いが，表 7.3 によってある程度明確になることがわかる。例えば，GMR と CGMR の間，SMR と CSMR の間，SEQ と CSEQ の間には，定義の違いだけでなく，分析結果の違いが実際に存在することがわかる。また，SMR が GMR および SEQ と，そして，CSMR が CGMR および CSEQ と，分析結果において実際に異なることがわかる。特に，7.2.1 節で述べる通り，CSMR に関して①が唯一の均衡となっていることは，効率的な結果を達成するための主体の行動基準としての CSMR の特徴として示唆に富む。

7.1.2　チキンゲームのグラフモデルの提携分析の結果

　次にチキンゲームの分析結果を見る。チキンゲームのストーリーは 1.1.2 節で紹介され，グラフモデルは 1.4.3 節で示されている。表 7.4 が，図 1.4 のチキンゲームのグラフモデルの分析結果である。

　表 7.4 から，図 1.4 のチキンゲームのグラフモデルの場合には，合理分析の結果と提携分析の結果に違いがないことがわかる。

　不可逆的な状態遷移を含むチキンゲームのグラフモデル（図 1.5 を参照）の

表 **7.4**　図 1.4 で表現されるチキンゲームのグラフモデルの分析結果

状態	合理分析における均衡					提携分析における均衡					効率性
	STR	Nash	GMR	SMR	SEQ	CSTR	CNash	CGMR	CSMR	CSEQ	
①		✓	✓				✓	✓			✓
②	✓	✓	✓	✓		✓	✓	✓	✓		✓
③	✓	✓	✓	✓	✓	✓	✓	✓	✓		✓
④											

表 **7.5**　図 1.5 で表現される不可逆的な状態遷移を含むチキンゲームのグラフモデルの分析結果

状態	合理分析における均衡					提携分析における均衡					効率性
	STR	Nash	GMR	SMR	SEQ	CSTR	CNash	CGMR	CSMR	CSEQ	
①	✓	✓	✓	✓	✓	✓	✓	✓	✓	✓	✓
②		✓	✓	✓	✓		✓	✓	✓	✓	✓
③		✓	✓	✓	✓		✓	✓	✓	✓	✓
④											

分析結果は表 7.5 のようになる。

　表 7.4 と表 7.5 を比較すると，①の STR，Nash，SEQ，CSTR，CNash，CSEQ に違いがあることがわかる。これらの違いはいずれも不可逆的な状態遷移により主体の状態遷移が制限されたことによって生じたものである。

7.1.3　共有地の悲劇のグラフモデルの提携分析の結果

　1.4.4 節の図 1.6 の牛 1 頭の移動についての共有地の悲劇のグラフモデルの分析結果は表 7.6 のようになる。共有地の悲劇のストーリーは 1.1.3 節で紹介されている。

　図 1.6 の牛 1 頭の移動についての共有地の悲劇のグラフモデルにおいては，

表 7.6 図 1.6 で表現される牛 1 頭の移動についての共有地の悲劇のグラフモデルの分析結果

状態	合理分析における均衡					提携分析における均衡					効率性
	STR	Nash	GMR	SMR	SEQ	CSTR	CNash	CGMR	CSMR	CSEQ	
①			✓	✓	✓			✓	✓	✓	✓
②			✓	✓	✓			✓	✓	✓	✓
③			✓	✓	✓			✓	✓	✓	✓
④											
⑤			✓	✓	✓			✓	✓	✓	✓
⑥											
⑦											
⑧		✓	✓	✓	✓						

①はどの主体も牛を移動させていない状態，②，③，⑤は 1 人の主体だけが牛を移動させている状態，④，⑥，⑦は 2 人の主体が牛を移動させている状態，⑧は 3 人の主体全員が牛を移動させている状態である。どの主体も牛を移動させていない①と 1 人の主体だけが牛を移動させている②，③，⑤は，GMR，SMR，SEQ，CGMR，CSMR，CSEQ に関して均衡であり，さらに効率的でもある。2 人の主体が牛を移動させている④，⑥，⑦はどの安定性概念に関しても均衡ではなく，また効率的でもない。3 人の主体全員が牛を移動させている⑧は Nash，GMR，SMR，SEQ に関しても均衡であるが，提携分析の結果においてはどの安定性概念に関しても均衡ではなく，効率的でもない。

3.1.3 節で指摘されている，図 1.1 の囚人のジレンマのグラフモデルと図 1.6 の牛 1 頭の移動についての共有地の悲劇のグラフモデルの間の類似性が，表 7.1 と表 7.6 を比較することによっても確認できる。すなわち，いずれのグラフモデルにおいても，各状態が，Nash，GMR，SMR，SEQ に関して均衡であるもの，GMR，SMR，SEQ，CGMR，CSMR，CSEQ に関して均衡であるもの，そして，いずれの安定性概念に関しても均衡ではないもの，という 3 グループに分類され，Nash，GMR，SMR，SEQ に関して均衡である状態は効率的でない，という類似性がある。一方で，いずれの安定性概念に関し

表 **7.7**　図 1.8 のエルマイラのコンフリクトのグラフモデルの分析結果

状態	合理分析における均衡					提携分析における均衡					効率性
	STR	Nash	GMR	SMR	SEQ	CSTR	CNash	CGMR	CSMR	CSEQ	
①			✓	✓				✓	✓		✓
②											
③											✓
④			✓	✓				✓	✓		✓
⑤		✓	✓	✓	✓						✓
⑥											
⑦											✓
⑧		✓	✓	✓	✓		✓	✓		✓	✓
⑨	✓	✓	✓	✓	✓	✓	✓	✓	✓	✓	

ても均衡ではない状態が，図 1.1 の囚人のジレンマのグラフモデルでは効率的であり，図 1.6 の牛 1 頭の移動についての共有地の悲劇のグラフモデルでは効率的でない，という相違があることもわかる。

7.1.4　エルマイラ（**Elmira**）のコンフリクトのグラフモデルの提携分析の結果

　第 6 章を通じて例として詳細に分析を行い，表 6.11 に提携分析の結果がまとめられている 1.4.5 節の図 1.8 のエルマイラのコンフリクトのグラフモデルについて，合理分析における均衡，提携分析における均衡，各状態の効率性は，表 7.7 の通りになる。エルマイラのコンフリクトのストーリーは 1.1.4 節で紹介されている。

　エルマイラのコンフリクトについての合理分析の結果と提携分析の結果の違いとしては，合理分析の結果では⑤が Nash，GMR，SMR，SEQ に関して均衡であるが，提携分析の結果では⑤はいずれの安定性概念に関しても均衡となっていないことが挙げられる。このうち合理分析の結果は，表 6.2 からわかる通り，$S_{\{M\}}^{+}(⑤)$，$S_{\{U\}}^{+}(⑤)$，$S_{\{L\}}^{+}(⑤)$ のいずれもが空集合（$\emptyset$）であること，つまり⑤からの個人改善がどの主体についても存在しないことから導か

れる。提携分析の結果については，表 6.3 と 6.4 節の演習問題 23 で確かめられるように，$S^{++}_{\{M,U\}}(⑤) = \{⑧\}$ であること，すなわち⑤からの提携 $\{M, U\}$ による提携改善 $S^{++}_{\{M,U\}}(⑤)$ として⑧が存在することに起因する。

7.2 提携分析の結果から得られる示唆には何があるか

この節では提携分析の結果を合理分析の結果と効率分析の結果とあわせて現実のコンフリクトの文脈で解釈することで得られる，問題解決のための示唆の例を挙げる。これは序.4 節の図序.2 の「(7) 問題解決への示唆」にあたる。

3.2 節では，問題解決のための示唆を得るための視点として，(1) 誰にとっての示唆を得ようとするのか，(2) 各安定性概念が想定する主体の違いが安定あるいは均衡の状態の違いを生じるかどうか，(3)1 つのコンフリクトを単独で分析することで示唆を得ようとするのか，あるいは，複数のコンフリクトを分析して結果の類似性や相違点から示唆を得ようとするのか，そして，(4) 達成されそうな状態と，達成されてほしい，あるいは，達成されるべき状態の差，の 4 つが挙げられていた。

このうち (1) については，合理分析や提携分析における安定性概念を用いて各主体についての状態の安定性を論じることによって，コンフリクトに巻き込まれている特定の 1 人についての示唆を得ることができ，また，提携分析における安定性概念を用いて各提携についての状態の安定性を検討することで，特定の 1 つの提携についての示唆を得ることができる。そして，合理分析や提携分析における均衡，効率分析における効率性概念を用いることで，コンフリクトに巻き込まれている主体全体からなる社会についての示唆を得ることができる。(2) と (3) については，特に合理分析が想定する主体と提携分析が想定する主体の振る舞いの類似性や相違点，すなわち合理分析の結果と提携分析の結果の間の類似性や相違点に注目して示唆を得ることが有用である。(4) についても，達成されそうな状態として合理分析と提携分析における均衡を，そして達成されてほしい・達成されるべき状態として効率分析の結果を取り上げて，それらの間に重なりがあるかどうかの検討を通じて示唆を得ることが考えられる。

以下では 7.1 節の各小節で示されているコンフリクトのグラフモデルの分析結果，すなわち，表 7.1，表 7.2，表 7.3，表 7.4，表 7.5，表 7.6，表 7.7 を用

いて，そこから得られる示唆の例について述べていく。

7.2.1　囚人のジレンマのグラフモデルの提携分析の結果から得られる示唆

　まず，表 7.1 を用いて，図 1.1 で表現される囚人のジレンマのコンフリクトのグラフモデルを検討しよう。

　7.1.1 節で確認したように，表 7.1 における合理分析の結果と提携分析の結果の間の大きな違いは，効率的でない④が均衡であるかどうかである。④は，合理分析における安定性概念である Nash，GMR，SMR，SEQ について均衡であるのに対し，提携分析におけるすべての安定性概念について均衡ではない。このことからは，効率性を満足しない④の達成を避けるためには，各主体が合理分析が想定する主体ではなく，提携分析が想定する主体として振る舞うべきである，という示唆が得られる。また，提携分析における CNash については，いずれの状態も均衡ではなく，CGMR，CSMR，CSEQ については，効率性を満足する①だけが均衡であるということからは，効率性を満足する①を達成するためには，各主体が CGMR，CSMR，CSEQ が想定する主体として振る舞うべきである，という示唆が得られる。

　図 1.2 で表現される不可逆的な状態遷移を含む囚人のジレンマのグラフモデルの分析結果である表 7.2 からは，④が STR かつ CSTR であるため，社会が④になってしまうと，各主体がどの安定性概念が想定する主体として振る舞ったとしても，社会はそこから抜け出すことができないことがわかる。したがって各主体は，この状態に陥らないようにしなければならないという示唆が得られる。また，各主体が合理分析における GMR，SMR，SEQ，あるいは，提携分析における CGMR，CSMR，CSEQ が想定している主体として振る舞えば，効率性を満足する①が達成されうることも示唆される。

　図 1.3 で表現される多段階の行動を考えた囚人のジレンマの拡張のグラフモデルの分析結果をまとめた表 7.3 には，合理分析と提携分析の間の違いや，Nash および CNash とその他の安定性概念の違い，および，SMR および CSMR とその他の安定性の違いがよく現れている。まず，命題 6.3.2，命題 6.3.3，命題 6.3.4，命題 6.3.5 でも示されている通り，表 7.3 において，CNash，CGMR，CSMR，CSEQ における均衡が，それぞれ Nash，GMR，SMR，SEQ における均衡でもあり，さらにそれぞれが異なっていることには，合理分析と提携分析の間の違い，つまり，主体個人による移動や改善だけ

を考慮するか，提携による移動や改善も考慮するかという違いが表れている。また，CNash，CGMR，CSMR，CSEQ における均衡全体の集合が効率的な状態全体の集合に包含されることは，提携による移動や改善を考慮することの効果である。実際，次の命題 7.2.1 が成立する。

命題 7.2.1（**提携分析における提携 N についての安定性と効率性**）　コンフリクトのグラフモデル $(N, C, (A_i)_{i \in N}, (\succsim_i)_{i \in N})$（定義 1.3.1 を参照）が 1 つ与えられているとし，すべての主体からなる提携 N が，どの状態からどの状態へも状態遷移を実行できる場合，つまり，どの $c \in C$，どの $c' \in C$ に対しても $c' \in S_N(c)$ が成立している場合を考える。もし，ある状態 $c \in C$ が提携分析における CNash，CGMR，CSMR，CSEQ のいずれか 1 つに関して N について安定ならば，c は wE 効率的（4.2.4 節の定義 4.2.4 を参照）である。　　□

（証明）　c が CNash，CGMR，CSMR，CSEQ のいずれか 1 つに関して N について安定であるとし，この c が wE 効率的「ではない」，つまり，$\neg(\exists c' \in C, (\forall i \in N, c' \succ_i c))$ が成立「しない」とする（4.2.4 節の定義 4.2.4 を参照）。このとき，$(\exists c' \in C, (\forall i \in N, c' \succ_i c))$ が成立する。どの $c \in C$，どの $c' \in C$ に対しても $c' \in S_N(c)$ が成立しているという前提により，この c と c' についても $c' \in S_N(c)$ が成立する。したがって c' は，$c' \in S_N(c)$ かつ $(\forall i \in N, c' \succ_i c)$ を満足することになり，定義 6.2.2 より，$c' \in S_N^{++}(c)$ が導かれる。これは c が CNash に関して N について安定であること（定義 6.2.7 を参照）と矛盾する。また，$H = N$ の場合には，$(N \backslash H) = \emptyset$ となり，したがって $\mathbb{P}(N \backslash H) = \emptyset$ となる（定義 6.2.3 の 2 つ前の段落の説明を参照）ので，$S_{\mathbb{P}(N \backslash H)}(c') = \emptyset$ かつ $S_{\mathbb{P}(N \backslash H)}^{++}(c') = \emptyset$ となる（それぞれ，定義 6.2.3 と定義 6.2.4 を参照）。これらは c が CGMR，CSMR，CSEQ のいずれか 1 つに関して N について安定であることと矛盾する。したがって，c が CNash，CGMR，CSMR，CSEQ のいずれか 1 つに関して N について安定である場合には，c が wE 効率的であることがわかる。　　■

この命題 7.2.1 は，wE 効率的な結果を達成するためには，主体全体からなる提携 N を形成することが重要であるという示唆を与えている。また，命題 7.2.1 を用いれば，図 1.1 で表現される囚人のジレンマのグラフモデルに

ついての分析結果である表 7.1 において，効率性を満足しない④が提携分析における安定性概念である CNash，CGMR，CSMR，CSEQ に関して均衡でないことや，CGMR，CSMR，CSEQ に関して均衡である①が，効率性を満足することを説明することができる。さらに，図 1.2 で表現される不可逆的な状態遷移を含む囚人のジレンマのグラフモデルの分析結果である表 7.2 においてすべての安定性概念関して均衡となっている④が効率性を満足しないことは，この不可逆的な状態遷移を含む囚人のジレンマのグラフモデルが，命題 7.2.1 の結論が成立するための条件である，「どの $c \in C$ と $c' \in C$ に対しても $c' \in S_N(c)$ が成立している」ということが成り立っていないことによるものであると理解できる。

　図 1.3 で表現される多段階の行動を考えた囚人のジレンマの拡張のグラフモデルの分析結果をまとめた表 7.3 において，Nash についての均衡が⑩だけであり CNash についての均衡が存在しないことは，図 1.1 で表現される囚人のジレンマのコンフリクトのグラフモデルの分析結果である表 7.1 において，Nash についての均衡が④だけであり CNash についての均衡が存在しないことと類似の構造である。また，SMR が GMR と SEQ とは異なる均衡を与えること，および，CSMR が CGMR と CSEQ と異なる均衡を与えることには，GMR と CGMR，および，SEQ と CSEQ が想定する主体や提携が，ある主体あるいは提携による改善と，その後の他の主体あるいは提携による状態遷移までを考慮するのに対し，SMR と CSMR が想定する主体と提携が，ある主体あるいは提携による改善と，その後の他の主体あるいは提携による状態遷移，および，さらにそれに続く元の主体あるいは提携による状態遷移を考慮することの効果が現れている。この効果と提携を考慮することの効果が明確に現れているのが CSMR である。実際，CGMR と CSEQ については，このグラフモデルにおける効率的な状態である①，②，③すべてが均衡であるのに対して，CSMR についての均衡は①だけである。つまりこのグラフモデルにおいて CSMR は，複数存在する効率的な状態の中から 1 つを選び出すという精緻化の効果を持つことが示されている。以上のことより，このグラフモデルにおいて効率的な状態を達成するためには，各主体は，CGMR，CSEQ，CSMR のいずれかが想定する主体として振る舞うべきであり，さらに①を達成するには，CSMR が想定する主体として振る舞うべきである，という示唆が得られる。

7.2.2 チキンゲームのグラフモデルの提携分析の結果から得られる示唆

図 1.4 で表現されるチキンゲームのコンフリクトのグラフモデルの分析結果である表 7.4 と図 1.5 で表現される不可逆的な状態遷移を含むチキンゲームのグラフモデルの分析結果である表 7.5 からはどのような示唆が得られるであろうか。

7.1.2 節で確認した通り，表 7.4 からは，合理分析の結果と提携分析の結果に違いがないことがわかる。これにより，図 1.4 で表現されるチキンゲームのコンフリクトのグラフモデルにおいては，提携の形成を考慮するかしないかは，どの状態が達成されるか，特に，効率的な状態が達成されるかどうかに影響を与えないという示唆が得られる。また命題 7.2.1 を用いることで，効率性を満足しない④が提携分析における安定性概念である CNash, CGMR, CSMR, CSEQ に関して均衡でないことや，CNash, CGMR, CSMR, CSEQ に関して均衡である①，②，③が，効率性を満足することを説明することができる。

表 7.5 においても，合理分析の結果と提携分析の結果に違いがないことがわかるので，図 1.5 で表現される不可逆的な状態遷移を含むチキンゲームのグラフモデルにおいても，提携の形成は，達成される状態，特に，効率的な状態の達成に影響を与えないという示唆が得られる。

7.2.3 牛 1 頭の移動についての共有地の悲劇のグラフモデルの提携分析の結果から得られる示唆

表 7.6 からはどのような示唆が得られるだろうか。表 7.6 は，図 1.6 で表現される牛 1 頭の移動についての共有地の悲劇のグラフモデルの分析結果である。

7.1.3 節で説明されている通り，このグラフモデルにおける 8 つの状態は，どの主体も牛を移動させていない状態である①，1 人の主体だけが牛を移動させている状態である②，③，⑤，2 人の主体が牛を移動させている状態である④，⑥，⑦，そして，3 人の主体全員が牛を移動させている状態である⑧という 4 種類に分類できる。このうち①，②，③，⑤の 4 つの状態は，GMR, SMR, SEQ, CGMR, CSMR, CSEQ に関して均衡であり，かつ，効率的である。また⑧は Nash, GMR, SMR, SEQ に関して均衡であるが，効率的ではない。残りの④，⑥，⑦はどの安定性概念に関しても均衡でなく，かつ，

効率的でもない。

　合理分析における均衡と提携分析における均衡の違いに注目すると，この分析結果からは，効率的でない状態である⑧の達成を避けるためには，各主体が提携分析に関する安定性概念が想定する主体として振る舞うことが重要であるという示唆が得られる。また，効率的な状態である①，②，③，⑤を達成するためには，提携分析に関する安定性概念のうち CGMR，CSMR，CSEQ が想定する主体として各主体が振る舞うことが有効であることが示唆される。これは，命題 7.2.1 を用いることでも説明されることである。

　図 1.1 で表現される囚人のジレンマのグラフモデルの分析結果である表 7.1 と，図 1.6 で表現される牛 1 頭の移動についての共有地の悲劇のグラフモデルの分析結果である表 7.6 の間の類似性と相違からは次のような示唆が得られる。図 1.1 で表現される囚人のジレンマのグラフモデルにおける 4 つの状態は，図 1.6 で表現される牛 1 頭の移動についての共有地の悲劇のグラフモデルと同様に，GMR，SMR，SEQ，CGMR，CSMR，CSEQ に関して均衡であるもの（①），Nash，GMR，SMR，SEQ に関して均衡であるもの（④），そして，どの安定性概念に関しても均衡ではないもの（② と ③）に分類される。このうち最初の，GMR，SMR，SEQ，CGMR，CSMR，CSEQ に関して均衡である状態については，表 7.1 と表 7.6 の両方において，共通して効率的である。これは，命題 7.2.1 を用いることで説明ができ，効率的な状態を達成するためには，CGMR，CSMR，CSEQ が想定する主体として各主体が振る舞うことが有効であることが示唆される。また 2 番目の，Nash，GMR，SMR，SEQ に関して均衡である状態については，表 7.1 と表 7.6 の両方において，共通して効率的ではない。これも，これらの状態が CNash，CGMR，CSMR，CSEQ のいずれに関しても均衡ではないことから，命題 7.2.1 を用いて説明でき，効率的でない状態の達成を避けるためには，提携分析に関する安定性概念が想定する主体として各主体が振る舞うことが重要であることが示唆が得られる。最後の，どの安定性概念に関しても均衡ではない状態は，表 7.1 では効率的であり，表 7.6 では効率的ではない。この相違は，図 1.1 で表現される囚人のジレンマのグラフモデルにおいては，該当する 2 つの状態（② と ③）が 2 人の主体のうちのいずれかにとってもっとも好ましい状態である一方，図 1.6 で表現される牛 1 頭の移動についての共有地の悲劇のグラフモデルにおいては，該当する 3 つの状態（④，⑥，⑦）すべてが，どの主体

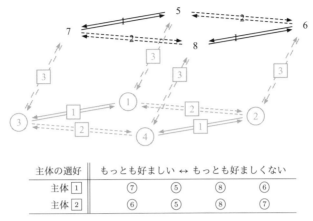

図 **7.1** 主体 3 が牛を移動させ，それを変化させない場合の共有地
の悲劇のグラフモデル（図 1.6 を参照）

にとっても①より好ましくない状態であるということから生じている。実際，
仮に主体 3 が牛を移動させ，それを変化させない場合を考えると，残りの 2
人の主体，つまり，主体 1 と主体 2 は，⑤，⑥，⑦，⑧という 4 つの状態か
らなるコンフリクトに直面している（図 7.1 を参照）ことになり，このコンフ
リクトは，4 つの状態の番号をそれぞれ ①，②，③，④と置き換えることで，
図 1.1 で表現される囚人のジレンマのグラフモデルと同一であることがわか
る。

　したがって，この主体 1 と主体 2 の 2 人が直面している 4 つの状態からな
るコンフリクトにおいては，⑥と⑦は主体 1 と主体 2 の 2 人で構成される社
会にとっては効率的である（表 7.1 を参照）。これにより，社会を構成する主体
として誰を考えるかや，達成されうる状態として何を考えるかが変われば，ど
の状態が効率的であるかが変わりうることがわかるので，コンフリクトをグラ
フモデルで表現する際には主体や状態の選択が重要であることが示唆される。

7.2.4　エルマイラ（Elmira）のコンフリクトのグラフモデルの提携分析の結果から得られる示唆

　図 1.8 で表現されるエルマイラのコンフリクトのグラフモデルの合理分析，
効率分析，提携分析の結果は，表 7.7 にまとめられている。このうち特に提携

分析の結果の詳細を与えているのが表 6.11 である。

　表 7.7 における合理分析の結果と提携分析の結果の違いとしては，⑤が均衡になっているかどうかが挙げられる。つまり，合理分析の結果においては，Nash，GMR，SMR，SEQ に関して⑤が均衡になっている一方，提携分析の結果においては，どの安定性概念に関しても⑤が均衡になっていない。

　合理分析の結果において，Nash，GMR，SMR，SEQ に関して⑤が均衡になるのは，例 6.2.3 にある通り，$S_\mathrm{M}^+(⑤)$，$S_\mathrm{U}^+(⑤)$，$S_\mathrm{L}^+(⑤)$ がいずれも空集合（$\emptyset$）であるためである。さらにこれらのことは，表 6.2 と演習問題 22 の通り，どの提携 H に対しても $S_H^+(⑤) = \emptyset$ であることを導く。つまり，このコンフリクトのグラフモデルにおいては，Nash，GMR，SMR，SEQ が想定する主体を考えると，どの主体についても⑤からの個人改善が存在せず，また，どの提携についても⑤からの，その提携の中の主体による個人改善の列によって達成される状態が存在しないということがわかる。

　提携分析の結果において，どの安定性概念に関しても⑤が均衡にならないのは，表 6.11 に示されている通り，提携 {M, U} について⑤がどの安定性概念に関しても安定ではないからである。そしてこのことは，表 6.3 と 6.4 節の演習問題 23 から，$S_{\{\mathrm{M,U}\}}^{++}(⑤) = \{⑧\}$ であることが強く関係している。実際，このコンフリクトのグラフモデルにおいては，提携分析の安定性概念が想定する主体を考えると，提携 {M, U} について⑤からの提携改善として⑧が存在するため，⑤は CNash（定義 6.2.7）に関して均衡ではない。また，表 6.4 に示されている通り，$S_{\mathbb{P}(N\setminus\{\mathrm{M,U}\})}(⑧) = \{④\}$ であり，さらに図 1.8 から，⑤ $\succsim_\mathrm{M}$ ④ でも⑤ $\succsim_\mathrm{U}$ ④ でもないため，$\phi_{\{\mathrm{M,U}\}}^{\widetilde{\sim}}(⑤)$ には④は含まれない。したがって⑤は CGMR（定義 6.2.8）に関しても CSMR（定義 6.2.9）に関しても均衡ではない。そして，表 6.5 から $S_{\mathbb{P}(N\setminus\{\mathrm{M,U}\})}^{++}(⑧) = \emptyset$ であることがわかるので，⑤は CSEQ（定義 6.2.10）に関しても均衡ではない。

　提携 {M, U} の振る舞いをさらに詳しく検討するために，主体 L が厳しい管理命令の適用を主張し，それを変化させない場合を考えよう。この場合のコンフリクトのグラフモデルは図 7.2 のようになる。つまり，この場合のコンフリクトのグラフモデルの主体は M と U だけであり，達成されうる状態は⑤，⑥，⑦，⑧，⑨の5つである。また M と U の選好は，図 1.8 における各主体の選好を⑤，⑥，⑦，⑧，⑨に制限したものになっている。

　そして，図 7.2 で表現される，主体 L が厳しい管理命令の適用を主張し，

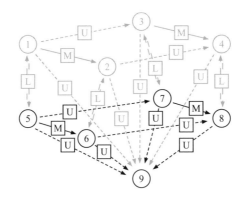

主体の選好	もっとも好ましい ↔ もっとも好ましくない				
主体 M	⑦	⑧	⑤	⑥	⑨
主体 U	⑧	⑤	⑨	⑦	⑥

図 **7.2** 主体 L が厳しい管理命令の適用を主張し，それを変化させない場合のエルマイラのコンフリクトのグラフモデル（図 1.8 を参照）

それを変化させない場合のエルマイラのコンフリクトのグラフモデルの分析結果は，表 7.8 の通りとなる。

表 7.8 においても，表 7.7 と同様に，合理分析の結果においては，Nash，GMR，SMR，SEQ に関して⑤が均衡になっており，提携分析の結果においては，どの安定性概念に関しても⑤が均衡になっていない。一方，M，U，L の 3 主体が関わるグラフモデルの分析結果である表 7.7 において⑤が効率的であるのに対し，M と U の 2 主体だけが関わっているグラフモデルの分析結果である表 7.8 においては⑤は効率的ではない。

M，U，L の 3 主体が Nash，GMR，SMR，SEQ が想定する主体として振る舞うとすると，表 7.7 に示されている通り，⑤が均衡であり効率的でもあるので，⑤はコンフリクトの決着・結末の状態の 1 つとして捉えられ，また，M，U，L の 3 主体からなる社会にとって一定程度の望ましさを備えているということが示唆される。しかし L が厳しい管理命令の適用を主張し，それを変化させない場合に，M と U の 2 主体が CNash が想定する主体として振る舞うとすると，表 7.8 からわかる通り，⑤は均衡でもなく効率的でもないの

表 7.8　図 7.2 の，主体 L が厳しい管理命令の適用を主張し，それを変化させない場合のエルマイラのコンフリクトのグラフモデルの分析結果

状態	合理分析における均衡					提携分析における均衡					効率性
	STR	Nash	GMR	SMR	SEQ	CSTR	CNash	CGMR	CSMR	CSEQ	
⑤		✓	✓	✓	✓						
⑥											
⑦											✓
⑧		✓	✓	✓	✓		✓	✓	✓	✓	✓
⑨	✓	✓	✓	✓	✓	✓	✓	✓	✓	✓	

で，⑤をコンフリクトの決着・結末の状態として捉えることは難しく，また，MとUの2主体からなる社会にとっては，達成されてほしい，あるいは，達成されるべき状態でもないということが示唆される。

　つまり，7.2.3 節での指摘と同様に，どの主体が社会を構成すると考えるかや，どの状態が達成されうると考えるかに依存して，均衡や効率的な状態が変わりうるということがわかるので，ここでもまた，コンフリクトのグラフモデルにおける主体や状態の設定の重要性が示唆される。

　1.1.4 節にある通り，エルマイラのコンフリクトは，1990 年頃にカナダ・オンタリオ州のエルマイラ町で発生したコンフリクトである。文献 [10] の記述によれば，実際のエルマイラのコンフリクトの状態は，図 1.8 のグラフモデルにおける①，⑤，⑧の順に遷移したとされている。この実際のエルマイラのコンフリクトの状態遷移は，合理分析の結果である表 3.7，および，提携分析の結果である表 6.3，表 6.7，表 6.8，表 6.9，表 6.10 を使って，次のように説明することが可能である。

　まず，①から⑤への状態遷移については，合理分析の結果である表3.7 からは，Nash または SEQ が想定する主体としての L による個人改善として捉えることができる。提携分析のうち CNash についての分析結果である表6.7 と，CSEQ についての分析結果である表 6.10 からは，①から⑤への状態遷移は，CNash が想定する提携としての {L}，あるいは，CNash または CSEQ が想定する提携としての {M, L} による提携改善として捉えられる。ただし，①

から⑤への状態遷移が {M, L} による提携改善として捉えられるのは，それが L による個人改善であり，かつ，M にとって⑤が①よりも好ましいからである。表 6.3 により，①からの改善には，L または {L} または {M, L} による ⑤へのものしか存在しない。したがって，①から⑤への状態遷移が個人改善か提携改善を意図したものであったとすると，それは，Nash または SEQ が想定する主体としての L か，CNash が想定する提携としての {L} か，CNash または CSEQ が想定する提携としての {M, L} によるものであったといえる。そしてもし L が GMR や SMR が想定する主体として振る舞っていたら（表 3.7 を参照），あるいはもし {L} が CGMR, CSMR, CSEQ が想定する提携として振る舞っていたら（それぞれ表 6.8，表 6.9，表 6.10 を参照），①が L や {L} について安定となるため，①から⑤への状態遷移は実行されなかった，ということもいえる。

　次に，⑤から⑧への状態遷移を検討しよう。この状態遷移は合理分析の結果である表 3.7 を用いることでは説明ができない。⑤が，Nash, GMR, SMR, SEQ のいずれに関しても，そして，M, U, L のいずれについても，安定だからである。提携分析のうち，CNash についての分析結果である表 6.7，CGMR についての分析結果である表 6.8，CSMR についての分析結果である表 6.9，CSEQ についての分析結果である表 6.10 からは，⑤からの状態遷移はそれぞれ，CNash, CGMR, CSMR, CSEQ が想定する提携としての {M, U} による提携改善として捉えられる。⑤が，各安定性概念のいずれに関しても，{M, U} について安定ではないからである。表 6.3 と 6.4 節の演習問題 23 により，⑤からの提携改善には，{M, U} による⑧へのものしか存在しない。したがって⑤から⑧への状態遷移は，合理分析における安定性概念が想定する主体ではなく，提携分析における CNash, CGMR, CSMR, CSEQ が想定する提携としての {M, U} によるものだったといえる。そしてもし M や U が Nash, GMR, SMR, SEQ などの合理分析の安定性概念が想定する主体として振る舞っていたら（表 3.7 を参照），⑤が M についても U についても安定となるため，⑤から⑧への状態遷移は実行されなかった，ということもいえる。

7.3 安定性概念の間の包含関係と相違には何があるか

2.2.2節では，合理分析における代表的な安定性概念の定義を与え，2.3節では，それらの安定性概念の間の関係について，命題2.2.1，命題2.2.2，命題2.2.3，命題2.2.4という4つの命題を証明し，これら4つの命題で証明された合理分析の安定性概念の間の関係を図2.11に示した。

また，6.2.2節では，提携分析における代表的な安定性概念の定義を与え，それらの安定性概念の間の関係について，命題6.2.6，命題6.2.7，命題6.2.8，命題6.2.9という4つの命題を証明した。そして，6.3節では，合理分析の安定性概念と提携分析の安定性概念の間の関係を示す，命題6.3.2，命題6.3.3，命題6.3.4，命題6.3.5を証明し，例6.3.1を挙げた。

さらに，第3章と第6章，および，この章では，1.1節で紹介されたコンフリクトのストーリーについてのグラフモデルの例（1.4節を参照）やその他の特別なグラフモデルの例の分析結果を表3.1（図3.1を参照），表3.2（図3.2を参照），表3.3（図3.3を参照），表3.4（図3.4を参照），表3.5（図3.5を参照），表3.6（図3.6を参照），表3.7（図3.7を参照），図3.9，図3.10，表6.12（図6.1を参照），表7.1，表7.2，表7.3，表7.4，表7.5，表7.6，表7.7などに示して，合理分析の安定性概念と提携分析の安定性概念の間の類似性や相違を見た。

これらの命題やグラフモデルの例の分析結果からわかる合理分析の安定性概念と提携分析の安定性概念の間の関係，特に，安定性概念の間の包含関係や相違は，図7.3のようにまとめられる。

例えば，図7.3の中央の「STR＝CSTR」の枠内にある「表7.7エルマイラのコンフリクト-⑨」は，STRとCSTRを同時に満たす状態の例として，エルマイラのコンフリクトのグラフモデルの⑨が挙げられることを示している。また，そのすぐ上にある「表7.7エルマイラのコンフリクト-⑧」は，CNashではあるがSTRでもCSTRでもない状態の例としてエルマイラのコンフリクトのグラフモデルの⑧があることを示している。同様に，エルマイラのコンフリクトのグラフモデルには，NashではあるがCGMRではない⑤や，CSMRではあるがSEQではない①と④など，安定性概念間の相違を示す状態の例が含まれている。囚人のジレンマのグラフモデルの状態の中に

は，Nash や CNash ではないが SMR，SEQ，CSMR，CSEQ である ① や，
Nash ではあるが CGMR ではない ④ がある。チキンゲームのグラフモデル
には，CSMR ではあるが SEQ ではない ① が，多段階の行動を考えた囚人の
ジレンマのグラフモデルには，CSEQ ではあるが SMR ではない ② と ③ が
ある。図 3.9 で表現されるグラフモデルの ① は，GMR ではあるが，SMR で
も SEQ でもなく，また CGMR でもない。図 3.10 で表現されるグラフモデルの
① は，GMR ではあるが，SMR でも SEQ でもなく，しかし CGMR である。

一方で，☆1 や☆2，および，☆3 は，本書で分析したグラフモデルの中
には，該当する状態の例が見つけられないことを示している。☆1 は，SMR
ではあるが SEQ でも CGMR でもない状態，☆2 は，主体の数が 2 以上で，
SMR かつ SEQ であり，Nash でも CGMR でもない状態，☆3 は，SMR で
はあるが SEQ ではなく，CGMR ではあるが CSMR でも CSEQ でもない状
態を指している。このような状態や，図 7.3 の中の表や図の番号が書き込まれ
ていない部分に該当する状態を含むグラフモデルを見つけること，あるいは，
そのような状態を含むグラフモデルは存在しないことを証明することで，安定
性概念の間の関係や相違についてのより多くの知識が蓄積されることになる
（課題 17 を参照）。

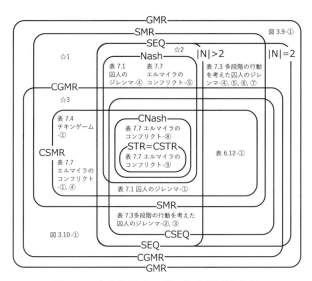

図 **7.3** 安定性概念の間の包含関係と相違

7.4　問題解決に向けて何ができるか

　前節の 7.2 節で得られた示唆は，序.4 節の図序.2 の中の「(7) 問題解決への
示唆」にあたる。これは序.4 節の図序.2 における「(1) 現実の問題」の解決
を行うために，同じ図の中の (2) から (6) を経て得られたものである。この
「(1) 現実の問題」の解決に向けて，「(7) 問題解決への示唆」の「(8) 適用」と
して何ができるかを，特に，提携分析における提携 N についての安定性と効
率性の間の関係を述べている命題 7.2.1 と，7.2.1 節の囚人のジレンマのグラ
フモデルの提携分析の結果から得られる示唆，特に，図 1.3 で表現される多段
階の行動を考えた囚人のジレンマの拡張のグラフモデルの分析結果をまとめた
表 7.3 から得られる示唆，および，7.2.4 節のエルマイラのコンフリクトのグ
ラフモデルの提携分析の結果から得られる示唆を取り上げて考えよう。

　合理分析では合理的な個人による振る舞いに注目してコンフリクトの決着や
帰結を知ろうとしていた。そして，合理分析の結果と効率分析の結果をあわせ
て考察することで，コンフリクトの決着や帰結が効率的であるかどうかを検討
していた。提携分析では提携による振る舞いに注目して，効率的な状態が均衡
となるような，あるいは，効率的ではない状態が均衡にならないような例を，
第 6 章と第 7 章を通して観察していた。そして，重要な知見の 1 つとして命
題 7.2.1 が得られている。この命題は，コンフリクトのグラフモデルが状態遷
移に関して「どの状態からどの状態へも状態遷移が可能である」という条件
を満足していれば，ある状態が提携分析における安定性概念である CNash,
CGMR, CSMR, CSEQ のうちいずれか 1 つに関してすべての主体からな
る提携 N について安定であれば，その状態は wE 効率性の意味で効率的で
あるということを示している。この命題は，コンフリクトの中の主体が，す
べての主体からなる提携 N を形成し，提携分析の安定性概念である CNash,
CGMR, CSMR, CSEQ などが想定する主体として振る舞うことで，効率的
な状態がコンフリクトの決着や帰結となることを意味している。したがって，
効率的な状態の達成のためにできる「(8) 適用」として，すべての主体からな
る提携 N 形成されること，および，各主体や各提携が，提携分析の安定性
概念である CNash, CGMR, CSMR, CSEQ などが想定する主体や提携と
して振る舞うこと，という 2 点を促すことで，すべての主体からなる社会に

とって効率的な状態がコンフリクトの決着や帰結になる，あるいは，効率的ではない状態がコンフリクトの決着や帰結にならないことが考えられる。特に，図 1.3 で表現される多段階の行動を考えた囚人のジレンマの拡張のグラフモデルの分析結果をまとめた表 7.3 には，提携分析の安定性概念の中でも CSMR が，すべての主体からなる社会にとって効率的な状態を唯一の均衡として達成することが示されている。これは CSMR が，ある主体や提携の改善，その後の他の主体や提携による状態遷移，および，さらにそれに続く元の主体や提携による状態遷移という 3 段階を考慮していることによる。このことから，各主体や提携が CSMR が想定する主体や提携として振る舞うことを促すことが，効率的な状態がコンフリクトの決着や帰結になることにつながることが考えられる。

　エルマイラのコンフリクトのグラフモデルの提携分析の結果からは，文献 [10] で実際に起こったとされている ①，⑤，⑧（図 1.8 を参照）という順の状態遷移について，①から⑤への状態遷移は，Nash，SEQ，CNash，CSEQ が想定する主体や提携によるものであり，⑤から⑧への状態遷移は，CNash，CGMR，CSMR，CSEQ が想定する主体や提携によるものであるという示唆が得られた（7.2.4 節を参照）。したがって，仮にすべての主体や提携が CNash か CSEQ が想定する主体や提携として振る舞うとすると，実際の①，⑤，⑧という順の状態遷移が達成されることが考えられる。しかし各主体や各提携が CNash でも CSEQ でもない安定性概念が想定する主体や提携として振る舞うとすると，実際の状態遷移は達成されず，①や⑤がコンフリクトの決着や帰結であったことが考えられる。①，⑤，⑧については，③，④，⑤，⑦などとともに，いずれもすべての主体からなる社会にとって効率的であるため，この効率性という基準だけでは，これらのうちどれが社会にとって達成されてほしい，あるいは，達成されるべきであるかは決められない。加えて①，⑤，⑧に対する各主体の選好は，好ましい方から，M は ⑧，⑤，① の順，U は ①，⑧，⑤ の順，そして，L は ⑤，①，⑧ の順となっていて，いわゆる「三すくみ」の関係にある。このような場合の問題解決には，例えば主体の選好について，各主体がどの状態を許容できるかについての新たな情報や状態に対する主体の選好の強さについての新たな情報が有用である場合がある。また，5.4 節でも述べたように，コンフリクトの構成要素に影響を与えることができる立場にある人や組織が存在する場合には，規制の緩和や強化などによっ

て実行可能な状態遷移に変化を生じさせたり，報酬や罰，あるいは，新たな評価基準や主体が相互に選好を考慮しあうことの導入によって主体の選好に変化を生じさせることが問題解決に有用である場合がある。

7.5　課題

課題 17（CSEQ と SEQ の間の違い）
　図 7.3 の中の☆ 1 や☆ 2，および，☆ 3 について，本書で分析したグラフモデルの中には，該当する状態の例が存在しないことを確認せよ。　　　　　□

終　章

GMCRの展開

終.1　まとめ

　本書では,「コンフリクト解決のためのグラフモデル（The Graph Model for Conflict Resolution: GMCR)」という数理的アプローチによって, コンフリクトの表現や分析が可能であるということを, コンフリクトのストーリーの例やそのグラフモデルによる表現例, グラフモデルの合理分析, 効率分析, 提携分析の分析結果の例, そして, その分析結果から得られる示唆の例を用いて示してきた。

　序.4節の図序.2では本書における現実問題への数理的アプローチの考え方を示し, 1.1節でコンフリクトの代表例のストーリーを紹介した。そして 1.3節の定義1.3.1でコンフリクトのグラフモデルの数理的な定義を与え, 続く1.4節でコンフリクトの代表例のグラフモデルによる表現例を示した。その後グラフモデルの分析方法について, 2.2節で合理分析の代表的な安定性概念である STR, Nash, GMR, SMR, SEQ の数理的な定義を, 4.2節で効率分析で用いられる効率性の概念である U 効率性, E 効率性, UMEP 効率性, wE効率性の数理的な定義を, そして, 6.2節で提携分析の代表的な安定性概念である CSTR, CNash, CGMR, CSMR, CSEQ の数理的な定義を, それぞれ与えた。また, 合理分析, 効率分析, 提携分析をコンフリクトのグラフモデルに適用して得られる分析結果の例や, そこから得られる示唆を, それぞれ, 第3章, 第5章, 第7章で詳しく取り上げた。そして, 問題解決に向けての示唆の適用として何ができるかを, 5.4節と 7.4節で述べた。さらに, 合理分析の安定性概念, 効率分析における効率性の概念, および, 提携分析の安定性概念について, 概念の間の包含関係や相違を, 2.3節の図 2.11, 4.3節の図 4.3, 7.3節の図 7.3 に示した。これらにより読者には, グラフモデルの, コンフリ

クトの表現方法としての柔軟性の程度や，分析方法の多様性の程度，分析結果
から得らえる示唆の深さの程度，および，グラフモデルの数理モデルとしての
利点や欠点，適用が可能な範囲や限界などを理解していただけたと思う。

　実際，グラフモデルの利点としては，コンフリクトの表現の柔軟性の高さと
可視化に優れているという点が挙げられ，欠点としては，現実の問題からの状
態や状態遷移の抽出が困難な場合があることが挙げられる。グラフモデルを用
いることができるコンフリクトの大きさや複雑さとしては，主体の数について
は 5 程度，状態の数については 50 程度が限界であろう。もちろん，計算プロ
グラムの力を用いれば，より大きく複雑なコンフリクトの表現や分析が可能で
ある。しかし，これ以上の主体数や状態数になると，現実の問題からの状態や
状態遷移の抽出が困難になり，また，分析結果の解釈も容易ではなくなる。

終.2　態度の導入への展開

　本書で紹介したグラフモデルの表現や分析は，グラフモデルの基盤である
4 つの構成要素だけを用いて実行できるものである。一方，グラフモデルに関
する研究トピックは多岐にわたり，現実のコンフリクトの多様な側面を扱う
ことを可能とするように，さまざまな方向に拡張されている。その中で筆者が
注目している拡張の方向性の 1 つとして，主体の間の人間関係を考慮するた
めの「態度」の導入がある（5.4 節を参照）。この態度の導入と関連する話題を
GMCR（The Graph Model for Conflict Resoution: コンフリクト解決のための
グラフモデル）の新たな展開として紹介することで本書の結びとしたい。

　本書で紹介したグラフモデルの分析，特に合理分析と提携分析においては，
各主体や各提携は，その主体自身の，あるいは，その提携に属している主体の
選好だけに基づいて達成されうるコンフリクトの状態を評価していた。一方，
グラフモデルに態度を導入すると，グラフモデルの分析において主体間の関係
を考慮することができるようになり，各主体や各提携が，その主体とは異なる
主体やその提携に属している主体以外の主体の選好を参照しながらコンフリ
クトの状態を評価することを表現できるようになる。例えば，ある主体がもう
1 人の主体に対して肯定的な態度を持っている場合，そのもう 1 人の主体にと
ってより好ましい状態を元の主体がより好ましいと評価する，というような利
他的な振る舞いが導かれると考え，逆に否定的な態度を持っている場合には，

そのもう1人の主体にとってより好ましくない状態を元の主体がより好ましいと評価する，というような加虐的な振る舞いが導かれると考えるのである。肯定的な態度と否定的な態度，および，中立的な態度を導入することで，コンフリクトの中の複数の主体の間の多様な人間関係の構造を記述することができ，また，態度を考慮に入れた安定性概念を新たに定義して，それを用いて各主体にとって安定な状態や均衡の状態を求めることで，主体間の利害関係に加えて主体間の人間関係を考慮する分析が可能になる。このような，グラフモデルの基盤である4つの構成要素に5つ目の構成要素として「態度」を加え，態度を考慮に入れた安定性概念を用いる分析方法は，文献 [5, 6, 8] などで提案されて以降，コンフリクト解決のためのグラフモデルの「態度分析」と呼ばれ，特に主体の間の利害関係だけではなく，主体の間の人間関係が強く関わるコンフリクトの表現や分析に用いられている。

　主体の間の態度を考慮することは，本書の第6章と第7章で扱った提携分析とも関連する。本書では，どの提携もそれに属する主体の間の人間関係によらず形成されうる，として安定性概念が定義されていた。一方で現実のコンフリクトにおいては，互いに否定的な態度を持っている複数の主体が提携を形成することは想定しにくく，互いに肯定的な態度を持っている複数の主体が提携を形成して調整や協力を行うことは想定しやすい。したがって，肯定的な態度を互いに持っている複数の主体の提携のみが形成されうる，などと仮定して，形成されうる提携を制限したうえで提携分析を実行する，という新たな展開が考えられる。

　肯定的な態度を互いに持っている複数の主体の提携のみが形成されうる，と考えるのであれば，さらに，そのような提携に属する主体だけに注目してコンフリクトのグラフモデルの一部分を抽出して分析を行うことが意味を持つ。元のグラフモデルを「全体グラフモデル」，そこから抽出された，全体グラフモデルの一部分を「部分グラフモデル」と呼ぶことにすると，1.4.4 節の図 1.6 で表現される牛1頭の移動についての共有地の悲劇のグラフモデルを全体グラフモデルとした場合の，7.2.3 節の図 7.1 で表現されるグラフモデルが提携 {1, 2} に属する主体に注目した部分グラフモデルの1つであり，また，1.4.5 節の図 1.8 で表現されるエルマイラのコンフリクトのグラフモデルを全体グラフモデルとした場合の，7.2.4 節の図 7.2 で表現されるグラフモデルが提携 {M, U} に属する主体に注目した部分グラフモデルの1つである。通常，1つ

の全体グラフモデルからは複数の部分グラフモデルを抽出することができ，部分グラフモデルを分析することで全体グラフモデルの理解が進むことが考えられる。部分グラフモデルの分析結果から全体グラフモデルの分析結果を再現できる程度がわかれば，大きく複雑な全体グラフモデルの分析に小さく単純な部分グラフモデルの分析結果を活用できる度合いがわかるので，グラフモデルの研究の新たな展開として，全体グラフモデルと部分グラフモデルの間の関係を明らかにすることが挙げられる。

演習問題・チャレンジ問題の解説と解答例

解答（演習問題）1（1.6.1節 演習問題1の解答例）「∨」（または），「∧」（かつ），「¬」（〜ではない），「→」（ならば），および，「↔」（必要十分条件）の真理値は，それぞれ，表8.1，表8.2，表8.3，表8.4，表8.5の通り定義される。

表8.1 「∨」（または）

p	q	$p \vee q$
T	T	T
T	F	T
F	T	T
F	F	F

表8.2 「∧」（かつ）

p	q	$p \wedge q$
T	T	T
T	F	F
F	T	F
F	F	F

表8.3 「¬」（〜ではない）

p	$\neg p$
T	F
F	T

表8.4 「→」（ならば）

p	q	$p \to q$
T	T	T
T	F	F
F	T	T
F	F	T

表8.5 「↔」（必要十分条件）

p	q	$p \leftrightarrow q$
T	T	T
T	F	F
F	T	F
F	F	T

■

解答（演習問題）2（1.6.1 節　演習問題　2 の解答例）命題の真理値表の完成には表 8.6，表 8.7，表 8.8，表 8.9 のように段階を踏む必要がある。命題 $(\neg p) \vee q$ の真理値は表 8.9 の $\vee$ の列に示されている。この列が，「→」（ならば）の真理値表（解答（演習問題）1 の表 8.4）の $p \to q$ の列と等しいことを確認せよ。これにより，1.5.1 節のリストの 13 の性質が成立することがわかる。

表 8.6　第 1 段階（空の表）

p	q	$(\neg$	$p)$	$\vee$	q
T	T				
T	F				
F	T				
F	F				

表 8.7　第 2 段階（p の列と q の列の真理値の記入）

p	q	$(\neg$	$p)$	$\vee$	q
T	T		T		T
T	F		T		F
F	T		F		T
F	F		F		F

表 8.8　第 3 段階（p の列に対する $\neg$ の列の真理値の記入）

p	q	$(\neg$	$p)$	$\vee$	q
T	T	F	T		T
T	F	F	T		F
F	T	T	F		T
F	F	T	F		F

表 8.9　第 4 段階（$\neg$ の列と q の列に対する $\vee$ の列の真理値の記入（完成））

p	q	$(\neg$	$p)$	$\vee$	q
T	T	F	T	T	T
T	F	F	T	F	F
F	T	T	F	T	T
F	F	T	F	T	F

■

解答（演習問題）3（1.6.1 節 演習問題 3 の解答例） $(\neg(p \vee q)) \Leftrightarrow ((\neg p) \wedge (\neg q))$ という性質が成立することは，表 8.10 の ¬ の列と表 8.11 の ∧ の列が等しいことで確認できる。

表 **8.10** 命題 $\neg(p \vee q)$ の真理値表（¬ の列を参照）

p	q	$\neg$	$(p$	$\vee$	$q)$
T	T	F	T	T	T
T	F	F	T	T	F
F	T	F	F	T	T
F	F	T	F	F	F

表 **8.11** 命題 $(\neg p) \wedge (\neg q)$ の真理値表（∧ の列を参照）

p	q	$(\neg$	$p)$	$\wedge$	$(\neg$	$q)$
T	T	F	T	F	F	T
T	F	F	T	F	T	F
F	T	T	F	F	F	T
F	F	T	F	T	T	F

$(\neg(p \wedge q)) \Leftrightarrow ((\neg p) \vee (\neg q))$ という性質が成立することは，表 8.12 の ¬ の列と表 8.13 の ∨ の列が等しいことで確認できる。

表 **8.12** 命題 $\neg(p \wedge q)$ の真理値表（¬ の列を参照）

p	q	$\neg$	$(p$	$\wedge$	$q)$
T	T	F	T	T	T
T	F	T	T	F	F
F	T	T	F	F	T
F	F	T	F	F	F

表 **8.13** 命題 $(\neg p) \vee (\neg q)$ の真理値表（$\vee$ の列を参照）

p	q	$(\neg$	$p)$	$\vee$	$(\neg$	$q)$
T	T	F	T	F	F	T
T	F	F	T	T	T	F
F	T	T	F	T	F	T
F	F	T	F	T	T	F

■

解答（演習問題）4（1.6.1 節 演習問題 4 の解答例） 1 の $((p \rightarrow q) \wedge (q \rightarrow p)) \Leftrightarrow (p \leftrightarrow q)$ という性質が成立することは表 8.14 の $\wedge$ の列と「$\leftrightarrow$」（必要十分条件）の真理値表（解答（演習問題）1 の表 8.5）の $p \leftrightarrow q$ の列が等しいことで確認できる。

表 **8.14** 命題 $(p \rightarrow q) \wedge (q \rightarrow p)$ の真理値表（$\wedge$ の列を参照）

p	q	$(p$	$\rightarrow$	$q)$	$\wedge$	$(q$	$\rightarrow$	$p)$
T	T	T	T	T	T	T	T	T
T	F	T	F	F	F	F	T	T
F	T	F	T	T	F	T	F	F
F	F	F	T	F	T	F	T	F

2 の「$(p \wedge (p \rightarrow q)) \rightarrow q$ はつねに真である」という性質が成立することは，表 8.15 の右から 2 番目の列がすべて T（真）であることで確認できる。

表 **8.15** 命題 $(p \wedge (p \rightarrow q)) \rightarrow q$ の真理値表（右から 2 番目の列を参照）

p	q	$(p$	$\wedge$	$(p$	$\rightarrow$	$q))$	$\rightarrow$	q
T	T	T	T	T	T	T	T	T
T	F	T	F	T	F	F	T	F
F	T	F	F	F	T	T	T	T
F	F	F	F	F	T	F	T	F

3 の「$((p \to q) \land (q \to r)) \to (p \to r)$ はつねに真である」という性質が成立することは，表 8.16 の右から 4 番目の列がすべて T（真）であることで確認できる。

表 8.16　命題 $((p \to q) \land (q \to r)) \to (p \to r)$ の真理値表（右から 4 番目の列を参照）

p	q	r	$((p$	$\to$	$q)$	$\land$	$(q$	$\to$	$r))$	$\to$	$(p$	$\to$	$r)$
T	T	T	T	T	T	T	T	T	T	T	T	T	T
T	T	F	T	T	T	F	T	F	F	T	T	F	F
T	F	T	T	F	F	F	F	T	T	T	T	T	T
T	F	F	T	F	F	F	F	T	F	T	T	F	F
F	T	T	F	T	T	T	T	T	T	T	F	T	T
F	T	F	F	T	T	F	T	F	F	T	F	T	F
F	F	T	F	T	F	T	F	T	T	T	F	T	T
F	F	F	F	T	F	T	F	T	F	T	F	T	F

■

解答（演習問題）5（1.6.2 節 演習問題 5 の解答例）

$(A \subseteq B) \Leftrightarrow ((A \cup B) = B)$ であることの証明は次の通りである。

1. $(A \subseteq B) \Rightarrow ((A \cup B) = B)$ であること。
   $A \subseteq B$ を仮定したとき，$(A \cup B) = B$ が成立することを示す。$(A \cup B) = B$ が成立することを示すために，$(A \cup B) \subseteq B$ であることと，$B \subseteq (A \cup B)$ であることを示す。$x \in (A \cup B)$ とすると，$x \in A$ または $x \in B$ である。$x \in A$ である場合，$A \subseteq B$ の仮定から $x \in B$ が成立する。したがって，いつでも $x \in B$ となる。よって，$(A \cup B) \subseteq B$ である。$x \in B$ とすると，$x \in A$ または $x \in B$ が成立し，よって $x \in (A \cup B)$ であり，$B \subseteq (A \cup B)$ が成立する。したがって $(A \cup B) = B$ であることが示され，$(A \subseteq B) \Rightarrow (A \cup B = B)$ が成立することがわかる。

2. $((A \cup B) = B) \Rightarrow (A \subseteq B)$ であること。
   $(A \cup B) = B$ を仮定したとき，$A \subseteq B$ が成立することを示す。そのために，$x \in A$ を仮定したときに $x \in B$ となることを示す。$x \in A$ とすると，$x \in A$ または $x \in B$ が成立するので，よって $x \in (A \cup B)$ である。仮定より $(A \cup B) = B$ なので，$x \in B$ である。つまり，$A \subseteq B$ であることがわかり，$((A \cup$

$B) = B) \Rightarrow (A \subseteq B)$ が成立することがわかる。

以上より，$(A \subseteq B) \Leftrightarrow ((A \cup B) = B)$ であることが示される。 ■

$(A \subseteq B) \Leftrightarrow ((A \cap B) = A)$ であることの証明は次の通りである。

1. $(A \subseteq B) \Rightarrow ((A \cap B) = A)$ であること。
   $A \subseteq B$ を仮定したとき，$(A \cap B) = A$ が成立することを示す。$(A \cap B) = A$ が成立することを示すために，$(A \cap B) \subseteq A$ であることと，$A \subseteq (A \cap B)$ であることを示す。$x \in (A \cap B)$ とすると，$x \in A$ かつ $x \in B$ である。よって $x \in A$ である。したがって，$(A \cap B) \subseteq A$ である。$x \in A$ とすると，$A \subseteq B$ の仮定から $x \in B$ が成立する。したがって，$x \in (A \cap B)$ である。よって，$A \subseteq (A \cap B)$ が成立する。したがって $(A \cap B) = A$ であることが示され，$(A \subseteq B) \Rightarrow ((A \cap B) = A)$ が成立することがわかる。

2. $((A \cap B) = A) \Rightarrow (A \subseteq B)$ であること。
   $(A \cap B) = A$ を仮定したとき，$A \subseteq B$ が成立することを示す。そのために，$x \in A$ を仮定したときに $x \in B$ となることを示す。$x \in A$ とすると，$(A \cap B) = A$ の仮定から，$x \in (A \cap B)$ となり，$x \in A$ かつ $x \in B$ が成立する。よって $x \in B$ である。つまり，$A \subseteq B$ であることがわかり，$((A \cap B) = A) \Rightarrow (A \subseteq B)$ が成立することがわかる。

以上より，$(A \subseteq B) \Leftrightarrow ((A \cap B) = A)$ であることが示される。 ■

解答（演習問題）6（1.6.2 節 演習問題 6 の解答例）

$(A \subseteq B) \Leftrightarrow (B' \subseteq A')$ であることの証明は次の通りである。

1. $A \subseteq B$ を仮定したとき，$B' \subseteq A'$ が成立することを示す。$B' \subseteq A'$ が成立することを示すために，まず $x \in B'$ とし，かつ，$\neg(x \in A')$ と仮定する。$\neg(x \in A')$ から $\neg(\neg(x \in A))$ が成り立ち，$x \in A$ が成立する。$A \subseteq B$ の仮定から，$x \in B$ が導けるが，これは $x \in B'$ と矛盾する。したがって，$\neg(x \in A')$ という仮定が否定され，$x \in A'$ を得る。つまり，$x \in B'$ ならば $x \in A'$ であること，すなわち，$B' \subseteq A'$ が示される。よって，$(A \subseteq B) \Rightarrow (B' \subseteq A')$ であることがわかる。

2. $B' \subseteq A'$ を仮定したとき，$A \subseteq B$ が成立することを示す。$A \subseteq B$ が成立することを示すために，まず $x \in A$ とし，かつ，$\neg(x \in B)$ と仮定する。$\neg(x \in$

B) から $\neg(\neg(x \in B'))$ が成り立ち，$x \in B'$ が成立する。$B' \subseteq A'$ の仮定から，$x \in A'$ が導けるが，これは $x \in A$ と矛盾する。したがって，$\neg(x \in B)$ という仮定が否定され，$x \in B$ を得る。つまり，$x \in A$ ならば $x \in B$ であること，すなわち，$A \subseteq B$ が示される。よって，$(B' \subseteq A') \Rightarrow (A \subseteq B)$ であることがわかる。　　■

解答（演習問題）7（1.6.2 節 演習問題 7 の解答例）

1. $(A \cup B)' = (A' \cap B')$ であることの証明は次の通りである。

   $x \in (A \cup B)'$ とすると，$\neg(x \in (A \cup B))$ が得られ，よって，$\neg((x \in A) \vee (x \in B))$ を得る。論理に関するド・モルガンの法則（1.5.1 節のリストの 14）を使うことで，$((\neg(x \in A)) \wedge (\neg(x \in B)))$ が成立し，これは，$((x \in A') \wedge (x \in B'))$，すなわち，$x \in (A' \cap B')$ を意味する。逆に，$x \in (A' \cap B')$ とすると，$((x \in A') \wedge (x \in B'))$ であり，これは $((\neg(x \in A)) \wedge (\neg(x \in B)))$ となる。論理に関するド・モルガンの法則（1.5.1 節のリストの 14）を用いると，$\neg((x \in A) \vee (x \in B))$ を得る。これは，$\neg(x \in (A \cup B))$ を意味し，さらに $x \in (A \cup B)'$ を導く。したがって，$(A \cup B)' = (A' \cap B')$ が示される。　　■

2. $(A \cap B)' = (A' \cup B')$ であることの証明は次の通りである。

   $x \in (A \cap B)'$ とすると，$\neg(x \in (A \cap B))$ が得られ，よって，$\neg((x \in A) \wedge (x \in B))$ を得る。論理に関するド・モルガンの法則（1.5.1 節のリストの 14）を使うことで，$((\neg(x \in A)) \vee (\neg(x \in B)))$ が成立し，これは，$((x \in A') \vee (x \in B'))$，すなわち，$x \in (A' \cup B')$ を意味する。逆に，$x \in (A' \cup B')$ とすると，$((x \in A') \vee (x \in B'))$ であり，よって，$((\neg(x \in A)) \vee (\neg(x \in B)))$ となる。論理に関するド・モルガンの法則（1.5.1 節のリストの 14）を用いると，$\neg((x \in A) \wedge (x \in B))$ を得る。これは，$\neg(x \in (A \cap B))$ を意味し，さらに $x \in (A \cap B)'$ を導く。したがって，$(A \cap B)' = (A' \cup B')$ が示される。　　■

解答（演習問題）8（1.6.3 節 演習問題 8 の解答例）

(a)，(b)，(c) とも，次の通り，命題の論理的に同値（1.5.1 節のリストの 8）な変形によって証明できる。

(a) $((c \succ_i c') \vee (c \sim_i c'))$

$\Leftrightarrow (((c \succsim_i c') \wedge (\neg(c' \succsim_i c))) \vee ((c \succsim_i c') \wedge (c' \succsim_i c)))$

（$\succ_i$ と $\sim_i$ の定義（それぞれ，1.5.3 節のリストの 10 と 11）より）

$\Leftrightarrow ((c \succsim_i c') \wedge ((\neg(c' \succsim_i c)) \vee (c' \succsim_i c)))$
（分配法則（1.5.1 節のリストの 15）より）

$\Leftrightarrow (c \succsim_i c')$
$(((\neg(c' \succsim_i c)) \vee (c' \succsim_i c))$ がつねに真であること
（1.5.1 節のリストの 16）より） ■

(b) $((c \succsim_i c') \wedge (\neg(c \sim_i c')))$

$\Leftrightarrow ((c \succsim_i c') \wedge (\neg((c \succsim_i c') \wedge (c' \succsim_i c))))$
（$\sim$ の定義（1.5.3 節のリストの 11）より）

$\Leftrightarrow ((c \succsim_i c') \wedge ((\neg(c \succsim_i c')) \vee (\neg(c' \succsim_i c))))$
（論理に関するド・モルガンの法則（1.5.1 節のリストの 14）より）

$\Leftrightarrow (((c \succsim_i c') \wedge (\neg(c \succsim_i c'))) \vee ((c \succsim_i c') \wedge (\neg(c' \succsim_i c))))$
（分配法則（1.5.1 節のリストの 15）より）

$\Leftrightarrow ((c \succsim_i c') \wedge (\neg(c' \succsim_i c)))$
$(((c \succsim_i c') \wedge (\neg(c \succsim_i c')))$ がつねに偽であること
（1.5.1 節のリストの 17）より）

$\Leftrightarrow (c \succ_i c')$（$\succ_i$ の定義（1.5.3 節のリストの 10）より） ■

(c) $((c \succsim_i c') \wedge (\neg(c \succ_i c')))$

$\Leftrightarrow ((c \succsim_i c') \wedge (\neg((c \succsim_i c') \wedge (\neg(c' \succsim_i c)))))$
（$\succ$ の定義（1.5.3 節のリストの 10）より）

$\Leftrightarrow ((c \succsim_i c') \wedge ((\neg(c \succsim_i c')) \vee (c' \succsim_i c)))$
（論理に関するド・モルガンの法則（1.5.1 節のリストの 14）より）

$\Leftrightarrow (((c \succsim_i c') \wedge (\neg(c \succsim_i c'))) \vee ((c \succsim_i c') \wedge (c' \succsim_i c)))$
（分配法則（1.5.1 節のリストの 15）より）

$\Leftrightarrow ((c \succsim_i c') \wedge (c' \succsim_i c))$
$(((c \succsim_i c') \wedge (\neg(c \succsim_i c')))$ がつねに偽であること
（1.5.1 節のリストの 17）より）

$\Leftrightarrow (c \sim_i c')$（$\sim_i$ の定義（1.5.3 節のリストの 11）より） ■

解答（演習問題）9（1.6.3 節 演習問題 9 の解答例）

　次の通り，命題の論理的に同値な変形，および，論理的に含意される変形（それ
ぞれ，1.5.1 節のリストの 8 と 11）によって証明できる。

$\succsim_i$ が完備である。

$\Leftrightarrow \forall c, c' \in C, ((c \succsim_i c') \vee (c' \succsim_i c))$
（$\succsim$ が完備であることの定義（1.5.3 節のリストの 4）より）

$\Rightarrow \forall c \in C, ((c \succsim_i c) \vee (c \succsim_i c))$ (c' として c をとった特別な場合)

$\Leftrightarrow \forall c \in C, (c \succsim_i c)$　（どんな p に対しても，$(p \vee p) \Leftrightarrow p$ が成立することより）

$\Leftrightarrow \succsim_i$ が反射的である。

　（$\succsim_i$ が反射的であることの定義（1.5.3 節のリストの 2）より）　　　■

解答（演習問題）10（1.6.3 節　演習問題 10 の解答例）

　$\succsim_i$ が完備（1.5.3 節のリストの 4）を参照）であるとすると，次の通り (a), (b), (c) を証明できる。

(a) $(\neg(c \succsim_i c')) \Leftrightarrow (c' \succ_i c)$ であることの証明は次の通りである。

まず $\neg(c \succsim_i c')$ を仮定する。$\succsim_i$ が完備なので，$\neg(c \succsim_i c')$ から $c' \succsim_i c$ がわかる。そして，$c' \succsim_i c$ かつ $\neg(c \succsim_i c')$ であることから，$c' \succ_i c$ を得る。次に $c' \succ_i c$ を仮定する。$\succ_i$ の定義から，$c' \succsim_i c$ かつ $\neg(c \succsim_i c')$ である。これは，特に $\neg(c \succsim_i c')$ を意味する。さらに，この証明の後半部分では $\succsim_i$ が完備であるという仮定を使っていないので，$(c' \succ_i c) \Rightarrow (\neg(c \succsim_i c'))$ であることは，完備でない $\succsim_i$ に対しても成立することがわかる。　　　■

(b) $(\neg(c' \succ_i c)) \Leftrightarrow (c \succsim_i c')$ であることの証明は次の通りである。

(a) の対偶（チャレンジ問題 1 を参照）をとると $(\neg(c' \succ_i c)) \Leftrightarrow (c \succsim_i c')$ である。さらに (a) の証明に基づくと，$(c \succsim_i c') \Rightarrow (\neg(c' \succ_i c))$ であることは，完備でない $\succsim_i$ に対しても成立することがわかる。　　　■

(c) $(\neg(c \sim_i c')) \Leftrightarrow ((c \succ_i c') \vee (c' \succ_i c))$ であることの証明は次の通りである。

まず，$\neg(c \sim_i c')$ を仮定する。これは，$\sim_i$ の定義（1.5.3 節のリストの 11 を参照）により，$\neg((c \succsim_i c') \wedge (c' \succsim_i c))$ と論理的に同値である。さらにこれは，論理に関するド・モルガンの法則（1.5.1 節のリストの 14 を参照）により，$((\neg(c \succsim_i c')) \vee (\neg(c' \succsim_i c)))$ と論理的に同値である。(i)$\neg(\neg(c \succsim_i c'))$,　(ii) $\neg(\neg(c' \succsim_i c))$,　(iii) $(\neg(c \succsim_i c') \wedge \neg(c' \succsim_i c))$ という 3 つの場合を考える。(i) の場合，$\neg(\neg(c \succsim_i c'))$ は，$\neg$ の性質から，$c \succsim_i c'$ を意味する。また，$\neg(\neg(c \succsim_i c'))$ という仮定から，$\neg(c' \succsim_i c)$ が成り立つ。したがって，$\succ_i$ の定義から，$c \succ_i c'$ が成立する。(ii) の場合，(i) の場合と同様に，$\neg(\neg(c' \succsim_i c))$ が $\neg$ の性質から $c' \succsim_i c$ を導き，同時に $\neg(\neg(c' \succsim_i c))$ という仮定から $\neg(c \succsim_i c')$ を導くので，$c' \succ_i c$ が成立する。(iii) の場合は $\succsim_i$ が完備であることに矛盾する。実際，$(\neg(c \succsim_i c') \wedge \neg(c' \succsim_i c))$ は，論理に関するド・モルガンの法則（1.5.1 節のリストの 14 を参照）から，$(\neg((c \succsim_i c') \vee (c' \succsim_i c)))$ と論理的に同値であり，これは，$\succsim_i$ が完備であることの否定である。

　次に，$(c \succ_i c') \vee (c' \succ_i c)$ であることを仮定し，(i)$\neg(c \succ_i c')$,　(ii)$\neg(c' \succ_i$

c), (iii)$(c \succ_i c') \wedge (c' \succ_i c)$ という3つの場合を考える。(i) の場合，$\neg(c \succ_i c')$ は，$(c \succ_i c') \vee (c' \succ_i c)$ の仮定から，$c' \succ_i c$ を導く。また，$\succ_i$ の定義（1.5.3 節のリストの 10 を参照）から，$\neg(c \succsim_i c')$ を得る。そして，$\sim_i$ の定義（1.5.3 節のリストの 11 を参照）から，$\neg(c \sim_i c')$ であることがわかる。(ii) の場合，(i) の場合と同様に，$\neg(c' \succ_i c)$ は，$(c \succ_i c') \vee (c' \succ_i c)$ の仮定から，$c \succ_i c'$ を導く。また，$\succ_i$ の定義（1.5.3 節のリストの 10 を参照）から，$\neg(c' \succsim_i c)$ を得る。そして，$\sim_i$ の定義（1.5.3 節のリストの 11 を参照）から，$\neg(c \sim_i c')$ であることがわかる。(iii) の $(c \succ_i c') \wedge (c' \succ_i c)$ は，$c \succsim_i c'$，$\neg(c' \succsim_i c)$，$c' \succsim_i c$，$\neg(c \succsim_i c')$ を同時に導くので，矛盾である。さらに，この証明の後半部分では $\succsim_i$ が完備であるという仮定を使っていないので，$((c \succ_i c') \vee (c' \succ_i c)) \Rightarrow (\neg(c \sim_i c'))$ であることは，完備でない $\succsim_i$ に対しても成立することがわかる。∎

解答（演習問題）11（4.4 節 演習問題 11 の解答例）

次の通り，式の論理的に同値（1.5.1 節のリストの 8）な変形によって証明できる。

$\forall c' \in C, ((\exists i \in N, c' \succ_i c) \to (\exists j \in N, c \succ_j c'))$

$\Leftrightarrow \forall c' \in C, (\neg(\exists i \in N, c' \succ_i c) \vee (\exists j \in N, c \succ_j c'))$ （1.5.1 節のリストの 13 参照）

$\Leftrightarrow \forall c' \in C, ((\forall i \in N, \neg(c' \succ_i c)) \vee (\exists j \in N, c \succ_j c'))$ （1.5.1 節のリストの 18 参照）∎

解答（演習問題）12（4.4 節 演習問題 12 の解答例）

次の通り，式の論理的に同値（1.5.1 節のリストの 8）な変形によって証明できる。

$\forall c' \in C, ((\exists i \in N, c' \succ_i c) \to (\exists j \in N, c \succ_j c'))$

$\Leftrightarrow \forall c' \in C, (\neg(\exists i \in N, c' \succ_i c) \vee (\exists j \in N, c \succ_j c'))$
　　　（1.5.1 節のリストの 13 を参照）

$\Leftrightarrow \neg(\neg(\forall c' \in C, (\neg(\exists i \in N, c' \succ_i c) \vee (\exists j \in N, c \succ_j c'))))$
　　　（1.5.1 節のリストの 9 を参照）

$\Leftrightarrow \neg(\exists c' \in C, \neg(\neg(\exists i \in N, c' \succ_i c) \vee (\exists j \in N, c \succ_j c')))$
　　　（1.5.1 節のリストの 18 を参照）

$\Leftrightarrow \neg(\exists c' \in C, ((\exists i \in N, c' \succ_i c) \wedge \neg(\exists j \in N, c \succ_j c')))$
　　　（1.5.1 節のリストの 14 を参照）

$\Leftrightarrow \neg(\exists c' \in C, (\neg(\exists j \in N, c \succ_j c') \wedge (\exists i \in N, c' \succ_i c)))$
　　　（$\wedge$ の両側の交換が可能なことより）

$\Leftrightarrow \neg(\exists c' \in C, ((\forall j \in N, \neg(c \succ_j c')) \land (\exists i \in N, c' \succ_i c)))$
　（1.5.1 節のリストの 18 を参照）

$\Leftrightarrow \neg(\exists c' \in C, ((\forall i \in N, \neg(c \succ_i c')) \land (\exists j \in N, c' \succ_j c)))$
　（主体の記号 i と j の入れ替えより）　　　　　　　　　　　　　■

解答（演習問題）13（4.4 節 演習問題 13 の解答例）

　1.5.3 節のリストの 17 の (b) の性質により，主体の選好 $(\succsim_i)_{i \in N}$ が完備（1.5.3 節のリストの 4 参照）である場合，$(\neg(c' \succ_i c)) \Leftrightarrow (c \succsim_i c')$ が成立する。c と c' の位置を入れ替えてこれを用いると，次の通り，式の論理的に同値（1.5.1 節のリストの 8）な変形によって証明できる。

$\neg(\exists c' \in C, ((\forall i \in N, \neg(c \succ_i c')) \land (\exists j \in N, c' \succ_j c)))$
$\Leftrightarrow \neg(\exists c' \in C, ((\forall i \in N, c' \succsim_i c) \land (\exists j \in N, c' \succ_j c)))$
　　$((\neg(c \succ_i c')) \Leftrightarrow (c' \succsim_i c))$ より）　　　　　　　　　　■

解答（演習問題）14（4.4 節 演習問題 14 の解答例）

　1.5.3 節のリストの 10 の通り，$c \succ_i c'$ は $((c \succsim_i c') \land (\neg(c' \succsim_i c)))$ が成立していることとして定義される。j が N の要素であることを考慮し，i を j で入れ替え，さらに，c と c' の位置を入れ替えてこれを用いると，次の通り，式の論理的に同値（1.5.1 節のリストの 8）な変形によって証明できる。

$\neg(\exists c' \in C, ((\forall i \in N, c' \succsim_i c) \land (\exists j \in N, c' \succ_j c)))$
$\Leftrightarrow \neg(\exists c' \in C, ((\forall i \in N, c' \succsim_i c) \land (\exists j \in N, ((c' \succsim_j c) \land (c' \succ_j c)))))$
　　（j が N の要素であることより）
$\Leftrightarrow \neg(\exists c' \in C, ((\forall i \in N, c' \succsim_i c) \land$
　　　$(\exists j \in N, ((c' \succsim_j c) \land ((c' \succsim_j c) \land (\neg(c \succsim_j c')))))))$
　　（$c' \succ_j c \Leftrightarrow ((c' \succsim_j c) \land (\neg(c \succsim_j c')))$ より）
$\Leftrightarrow \neg(\exists c' \in C, ((\forall i \in N, c' \succsim_i c) \land (\exists j \in N, ((c' \succsim_j c) \land (\neg(c \succsim_j c'))))))$
　　（$\land$ の性質（結合律とべき等律）より）
$\Leftrightarrow \neg(\exists c' \in C, ((\forall i \in N, c' \succsim_i c) \land (\exists j \in N, \neg(c \succsim_j c'))))$
　　（j が N の要素であることより）　　　　　　　　　　　　　■

解答（演習問題）15（4.4 節 演習問題 15 の解答例）

　次の通り，式の論理的に同値（1.5.1 節のリストの 8）な変形によって証明できる。

$\neg(\exists c' \in C, ((\forall i \in N, c' \succsim_i c) \land (\exists j \in N, c' \succ_j c)))$

$\Leftrightarrow \forall c' \in C, \neg((\forall i \in N, c' \succsim_i c) \land (\exists j \in N, c' \succ_j c))$

　　（1.5.1 節のリストの 18 を参照）

$\Leftrightarrow \forall c' \in C, (\neg(\forall i \in N, c' \succsim_i c) \lor \neg(\exists j \in N, c' \succ_j c))$

　　（1.5.1 節のリストの 14 を参照）

$\Leftrightarrow \forall c' \in C, (\neg(\exists j \in N, c' \succ_j c) \lor \neg(\forall i \in N, c' \succsim_i c))$

　　（$\lor$ の両側の交換が可能なことより）

$\Leftrightarrow \forall c' \in C, ((\forall j \in N, \neg(c' \succ_j c)) \lor (\exists i \in N, \neg(c' \succsim_i c)))$

　　（1.5.1 節のリストの 18 を参照）

$\Leftrightarrow \forall c' \in C, ((\forall i \in N, \neg(c' \succ_i c)) \lor (\exists j \in N, \neg(c' \succsim_j c)))$

　　（主体の記号 i と j の入れ替えより）　　　　　　　　　　■

解答（演習問題）16（4.4 節 演習問題 16 の解答例）

　1.5.3 節のリストの 17 の (a) の性質により，主体の選好 $(\succsim_i)_{i \in N}$ が完備（1.5.3 節のリストの 4 参照）である場合，$(\neg(c \succsim_i c')) \Leftrightarrow (c' \succ_i c)$ が成立する。i を j で入れ替え，c と c' の位置を入れ替えてこれを用いると，次の通り，式の論理的に同値（1.5.1 節のリストの 8）な変形によって証明できる。

$\forall c' \in C, ((\exists i \in N, c' \succ_i c) \to (\exists j \in N, \neg(c' \succsim_j c)))$

$\Leftrightarrow \forall c' \in C, ((\exists i \in N, c' \succ_i c) \to (\exists j \in N, c \succ_j c'))$

　$((\neg(c' \succ_j c)) \Leftrightarrow (c \succsim_j c')$ より）　　　　　　　　　　■

解答（演習問題）17（4.4 節 演習問題 17 の解答例）

　次の通り，式の論理的に同値（1.5.1 節のリストの 8）な変形によって証明できる。

$\forall c' \in C, (\exists i \in N, c \succsim_i c')$

$\Leftrightarrow \neg(\neg(\forall c' \in C, (\exists i \in N, c \succsim_i c')))$　　（1.5.1 節のリストの 9 を参照）

$\Leftrightarrow \neg(\exists c' \in C, (\forall i \in N, \neg(c \succsim_i c')))$　　（1.5.1 節のリストの 18 を参照）　■

解答（演習問題）18（4.4 節 演習問題 18 の解答例）

　1.5.3 節のリストの 17 の (a) の性質により，主体の選好 $(\succsim_i)_{i \in N}$ が完備（1.5.3 節のリストの 4 参照）である場合，$(\neg(c \succsim_i c')) \Leftrightarrow (c' \succ_i c)$ が成立する。これを用いると，次の通り，式の論理的に同値（1.5.1 節のリストの 8）な変形によって証明できる。

$\neg(\exists c' \in C, (\forall i \in N, \neg(c \succsim_i c')))$

$\Leftrightarrow \neg(\exists c' \in C, (\forall i \in N, c' \succ_i c))$　$((\neg(c \succsim_i c')) \Leftrightarrow (c' \succ_i c)$ より)　■

解答（演習問題）19（4.4 節 演習問題 19 の解答例）

次の通り，式の論理的に同値（1.5.1 節のリストの 8）な変形によって証明できる。

$\neg(\exists c' \in C, (\forall i \in N, c' \succ_i c))$

$\Leftrightarrow \forall c' \in C, \neg(\forall i \in N, c' \succ_i c)$（1.5.1 節のリストの 18 を参照）

$\Leftrightarrow \forall c' \in C, (\forall i \in N, \neg(c' \succ_i c))$（1.5.1 節のリストの 18 を参照）　■

解答（演習問題）20（4.4 節 演習問題 20 の解答例）

1.5.3 節のリストの 17 の (b) の性質により，主体の選好 $(\succsim_i)_{i \in N}$ が完備（1.5.3 節のリストの 4 参照）である場合，$(\neg(c' \succ_i c)) \Leftrightarrow (c \succsim_i c')$ が成立する。これを用いると，次の通り，式の論理的に同値（1.5.1 節のリストの 8）な変形によって証明できる。

$\forall c' \in C, (\exists i \in N, \neg(c' \succ_i c))$

$\Leftrightarrow \forall c' \in C, (\exists i \in N, c \succsim_i c')$　$((\neg(c' \succ_i c)) \Leftrightarrow (c \succsim_i c')$ より)　■

解答（演習問題）21（6.4 節 演習問題 21 の解答例）

$S_{\{M,U,L\}}(①)$ の要素は②，③，④，⑤，⑥，⑦，⑧，⑨の 8 つの状態である。$S_{\{M,U\}}(⑤)$ の要素は⑥，⑦，⑧，⑨の 4 つの状態である。$S_{\{M,U,L\}}(⑤)$ の要素は①，②，③，④，⑥，⑦，⑧，⑨の 8 つの状態である。　■

解答（演習問題）22（6.4 節 演習問題 22 の解答例）

$S^+_{\{M,U,L\}}(①)$ の要素は⑤の 1 つである。$S^+_{\{M,U\}}(⑤)$ は空集合（∅）である。$S^+_{\{M,U,L\}}(⑤)$ は空集合である。　■

解答（演習問題）23（6.4 節 演習問題 23 の解答例）

$S^{++}_{\{M,U,L\}}(①)$ は空集合（∅）である。$S^{++}_{\{M,U\}}(⑤)$ の要素は⑧の 1 つである。$S^{++}_{\{M,U,L\}}(⑤)$ は空集合である。　■

解答（チャレンジ問題）1（3.3 節 チャレンジ問題 1 の解答例）

次の通り，命題の論理的に同値（1.5.1 節のリストの 8）な変形によって証明できる。

$p \rightarrow q$

$\Leftrightarrow ((\neg p) \vee q)$ （1.5.1 節のリストの 13 より）

$\Leftrightarrow (\neg(\neg((\neg p) \vee q)))$ （1.5.1 節のリストの 9 より）

$\Leftrightarrow (\neg((\neg(\neg p)) \wedge (\neg q)))$ （1.5.1 節のリストの 14 より）

$\Leftrightarrow (\neg(p \wedge (\neg q)))$ （1.5.1 節のリストの 9 より）

$\Leftrightarrow ((\neg p) \vee (\neg(\neg q)))$ （1.5.1 節のリストの 14 より）

$\Leftrightarrow ((\neg q) \rightarrow (\neg p))$

（$\vee$ の両側の命題は交換が可能であることと，1.5.1 節のリストの 13 より） ∎

解答（チャレンジ問題）2（4.4 節 チャレンジ問題 2 の解答例）

一般性を失うことなく，主体 1 の選好 $\succsim_1$ が完備であるとしてよい。状態 c が U 効率的ならば，

$$\forall c' \in C, ((\exists i \in N, c' \succ_i c) \rightarrow (\exists j \in N, c \succ_j c'))$$

である。次の 2 つの場合を考えよう。すなわち，(i)$(\exists i \in N, c' \succ_i c)$ と (ii)$\neg(\exists i \in N, c' \succ_i c)$ である。

(i) の場合，上の式から $(\exists j \in N, c \succ_j c')$ が成立し，これは $(\exists j \in N, c \succsim_j c')$ を導く。

(ii) の場合，1.5.1 節のリストの 18 から，$(\forall i \in N, \neg(c' \succ_i c))$ となり，$i = 1$ の場合を考えると，$\neg(c' \succ_1 c)$ となる。主体 1 の選好 $\succsim_1$ が完備なので，1.5.3 節のリストの 17 の (b) の性質により，$c \succsim_1 c'$ を得る。

つまり，(i) と (ii) のいずれの場合においても，$(\exists i \in N, c \succsim_i c')$ となることがわかり，したがって，

$$\forall c' \in C, (\exists i \in N, c \succsim_i c')$$

が成立することになる。これは，c が UMEP 効率的であることの定義の式である。

∎

参考文献

[1] Liping Fang, Keith W. Hipel, and D. Marc Kilgour. *Interactive Decision Making: The Graph Model for Conflict Resolution*. Wiley, New York, 1993.

[2] Garrett Hardin. The tragedy of the commons. *Science*, 162(3859): 1243–1248, 1968.

[3] Keith W. Hipel and Liping Fang. The graph model for conflict resolution and decision support. *IEEE Transactions on Systems, Man, and Cybernetics: Systems*, 51(1): 131–141, 2021.

[4] Keith W. Hipel, Liping Fang, and D. Marc Kilgour. The graph model for conflict resolution: Reflections on three decades of development. *Group Decision and Negotiation*, 29: 11–60, 2020.

[5] Takehiro Inohara. Relational dominant strategy equilibrium as a generalization of dominant strategy equilibrium in terms of a social psychological aspect of decision making. *European Journal of Operational Research*, 182(2): 856–866, 2007.

[6] Takehiro Inohara. Similarities, differences, and preservation of efficiencies, with application to attitude analysis, within the graph model for conflict resolution. *European Journal of Operational Research*, 306(3): 1330–1348, 2022.

[7] Takehiro Inohara and Keith W. Hipel. Interrelationships among noncooperative and coalition stability concepts. *Journal of Systems Science and Systems Engineering*, 17(1): 1–29, 2008.

[8] Takehiro Inohara, Keith W. Hipel, and Sean Walker. Conflict analysis approaches for investigating attitudes and misperceptions in the war of 1812. *Journal of Systems Science and Systems Engineering*, 16(2): 181–201, 2007.

[9] D. Marc Kilgour, Keith W. Hipel, and Liping Fang. The graph model for conflicts. *Automatica*, 23(1): 41–55, 1987.

[10] D. Marc Kilgour, Keith W. Hipel, Liping Fang, and Xiaoyong Peng. Coalition analysis in group decision support. *Group Decision and Negotiation*,

10: 159–175, 2001.

[11] William Poundstone. *Prisoner's Dilemma*. Anchor, New York, 1993.

索　引

著者略歴

東京工業大学リベラルアーツ研究教育院教授，同環境・社会理工学院社会・人間科学系 社会・人間科学コース担当。東京都国立市にある桐朋高校を 1988 年に卒業後，東京工業大学 第 1 類に入学。1992 年に東京工業大学理学部数学科を卒業し，同 大学院総合理工学研究科システム科学専攻へと進学，1994 年に修士（理学），1997 年に博士（理学）の学位を受ける。日本学術振興会の特別研究員（PD），東京工業大学大学院総合理工学研究科知能システム科学専攻 助手，同大学院社会理工学研究科価値システム専攻 講師，助教授，准教授，教授を経て，2016 年 4 月から現職。

教育と研究のキーワードは，意思決定，合意形成，紛争解決。社会における意思決定問題をモデル化・分析し，私たちの生活に有用な，社会の振る舞いについての知識を獲得すること，および，それができる人材の育成を目標としている。

主な著書に『合理性と柔軟性』（勁草書房，2002 年），『感情と認識』（勁草書房，2002 年），編著書に『合意形成学』（勁草書房，2011 年）がある。

入門 GMCR

コンフリクト解決のためのグラフモデル

2023 年 8 月 15 日　第 1 版第 1 刷発行

著　者　猪　原　健　弘

発行者　井　村　寿　人

発行所　株式会社　勁　草　書　房

112-0005 東京都文京区水道 2-1-1　振替　00150-2-175253
（編集）電話 03-3815-5277／FAX 03-3814-6968
（営業）電話 03-3814-6861／FAX 03-3814-6854
大日本法令印刷・中永製本

©INOHARA Takehiro　2023

ISBN978-4-326-50498-5　　Printed in Japan

＊落丁本・乱丁本はお取替いたします。
　ご感想・お問い合わせは小社ホームページから
　お願いいたします。

https://www.keisoshobo.co.jp

猪原健弘

合 理 性 と 柔 軟 性
競争と社会の非合理戦略 I

A5 判　3,080 円
50222-6

猪原健弘

感 情 と 認 識
競争と社会の非合理戦略 II

A5 判　2,860 円
50223-3

猪原健弘 編著

合 意 形 成 学

A5 判　3,080 円
30196-6

イツァーク・ギルボア／川越敏司 訳

不 確 実 性 下 の 意 思 決 定 理 論

A5 判　4,180 円
50391-9

イツァーク・ギルボア，デビッド・シュマイドラー／
浅野貴央・尾山大輔・松井彰彦 訳

決 め 方 の 科 学
事例ベース意思決定理論

A5 判　3,740 円
50259-2

ケネス・J・アロー／長名寛明 訳

社 会 的 選 択 と 個 人 的 評 価 第 三 版

A5 判　3,520 円
50373-5

岡田 章

ゲ ー ム 理 論 の 見 方・考 え 方
けいそうブックス

46 判　2,750 円
55087-6

―勁草書房刊

＊表示価格は 2023 年 8 月現在．消費税 (10%) が含まれています．